AF542170

Bizard (P.)

Recueil d'exercices

2me partie

1872

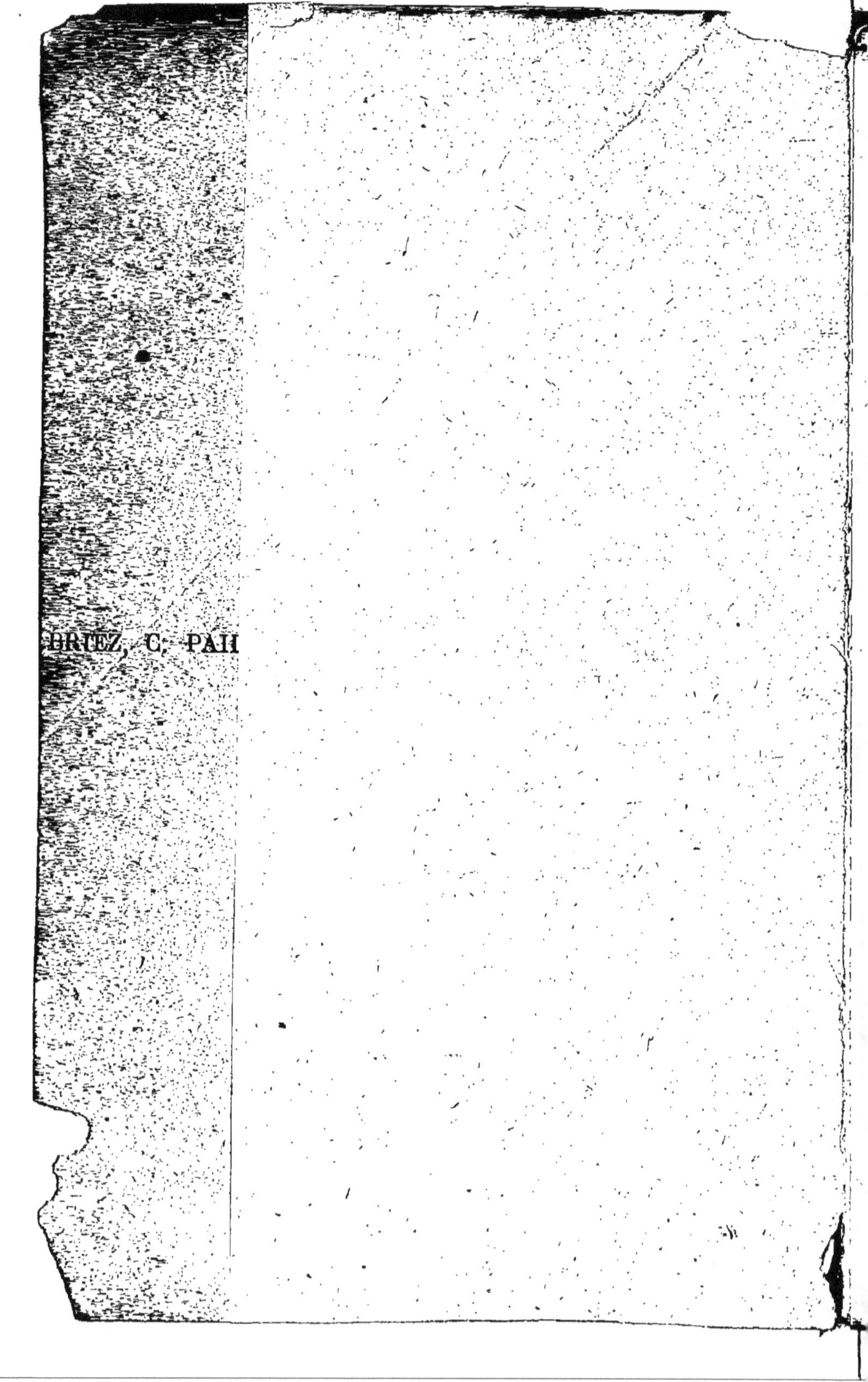
BRIEZ, C. PAI

RECUEIL D'EXERCICES

ET DE

PROBLÈMES ÉLÉMENTAIRES

SECONDE PARTIE

Tout exemplaire de cet ouvrage non revêtu de notre griffe sera réputé contrefait.

Charles Delagrave et Cie

1263. — Abbeville, imprimerie Briez, C. Paillart et Retaux.

RECUEIL D'EXERCICES

ET DE

PROBLÈMES ÉLÉMENTAIRES

USUELS ET INSTRUCTIFS

SUR L'ARITHMÉTIQUE, LA GÉOMÉTRIE PRATIQUE, L'ALGÈBRE
LA PHYSIQUE ET LA MÉCANIQUE

A L'USAGE

DES CLASSES SUPÉRIEURES, DES ÉCOLES ÉLÉMENTAIRES
DE TOUS LES DEGRÉS, DES ÉCOLES PROFESSIONNELLES, DES COURS D'ADULTES
ET DES ÉLÈVES QUI SE PRÉPARENT A SUBIR DES EXAMENS

PAR

P. BIZARD,

Ancien membre de l'Université.

SECONDE PARTIE.

PARIS
CH. DELAGRAVE ET Cie, LIB.-ÉDITEURS
58, RUE DES ÉCOLES, 58

1872

DEUXIÈME PARTIE.

I. PROBLÈMES SUR LES FRACTIONS ET LES NOMBRES FRACTIONNAIRES.

(Voir la première partie pour les explications.)

2021. D'une pièce de terre dont on a enlevé le $\frac{1}{3}$ et le $\frac{1}{4}$, il reste 5100 mètres carrés. Quelle était en ares la superficie totale de la pièce ?

2022. On a vendu le $\frac{1}{5}$ et les $\frac{2}{3}$ d'une pelote de ficelle ; le reste valant 3 fr. 15, on demande la longueur totale de la pelote. On sait que le mètre de ficelle vaut 0 fr. 025.

2023. Si je dépensais les $\frac{3}{5}$ de ce que j'ai, il me resterait une certaine somme ; si je n'en dépensais que le $\frac{1}{4}$, il me resterait 31 fr. 15 de plus : quelle somme ai-je ?

2024. Si je dépensais la moitié de mon argent, il me resterait une certaine somme ; si j'en dépensais les $\frac{4}{7}$, il me resterait 11 fr. 50 de moins : quelle somme ai-je ?

2025. Un père disait à son fils : s'il y avait dans cette bourse $\frac{1}{3}$ plus $\frac{3}{4}$ plus $\frac{5}{6}$ plus $\frac{5}{8}$ du quadruple de ce qu'il y a et 83 fr. de plus, elle contiendrait 418 fr. : quelle somme renferme-t-elle ?

2026. La pomme de terre, selon M. Payen, renferme le $\frac{1}{5}$ de son poids en fécule et celle-ci les $\frac{5}{8}$ du sien en alcool. Quel sera, en fécule et en alcool, le rendement de 10 doubles décalitres de pommes de terre pesant chacun 15 kil. 20 [1] ?

2027. Le métal des canons est composé de 0,9 de cuivre et de 0,1 d'étain. Le cuivre valant 4 fr. 10 le kilo et l'étain 5 fr. 10, on demande le prix de revient d'un canon du poids de 1555 kilos.

2028. Le mastic à greffer les arbres est composé de 0,7 de poix de Bourgogne, de $\frac{1}{6}$ de cire, de $\frac{1}{10}$ de résine et du reste de suif. Combien faut-il se procurer de chacune de ces substances pour faire un kilogramme de ce mastic ?

2029. L'air que nous respirons est composé, en volume, de 78 parties 9 d'azote, de 21 parties d'oxygène et d'environ $\frac{1}{10}$ de partie d'acide carbonique. On demande, d'après cela, combien il entre de litres de chacun de ces gaz dans un mètre cube d'air.

2030. Une dame achète 18 m. 60 de soie à 9 fr. 90 le mètre. Le mètre avec lequel on a mesuré étant trop court de 0 m. 01 $\frac{1}{2}$, on demande, en étoffe et en argent, la perte subie par cette dame.

2031. D'après le numéro précédent, si le mètre eût été trop long de 0 m. 01 $\frac{1}{5}$, qu'aurait gagné la dame en étoffe et en argent ?

2032. Le laiton ou cuivre jaune étant composé de 65 parties de cuivre et de 35 de zinc, on demande combien il entre de chacun de ces deux métaux dans 48 k. $\frac{2}{7}$ de laiton, et quel

1. On remarquera que nos énoncés renferment presque tous d'utiles renseignements. Instruire, tout en présentant, au point de vue du calcul, des données justes, claires, pratiques, tel est le but que nous avons poursuivi dans tout le cours de cet ouvrage.

est, non compris les frais de fabrication, le prix de revient d'un kilo de laiton, le cuivre valant 4 fr. 75 le kilo et le zinc 0 fr. 95.

2033. D'après le problème précédent, combien faut-il ajouter de zinc à 105 k. $\frac{1}{3}$ de cuivre pour obtenir du laiton? et quelle sera la valeur du laiton obtenu ?

2034. 2 ouvriers travaillent ensemble à un ouvrage que le premier peut faire seul en 3 jours $\frac{1}{2}$ et le second en 4 jours $\frac{1}{4}$. En combien de temps l'ouvrage sera-t-il achevé?

2035. Un ouvrier ferait seul un ouvrage en 7 jours $\frac{1}{2}$; un second ouvrier le ferait en 8 jours $\frac{1}{3}$, et un troisième en 12 jours $\frac{1}{2}$. En combien de temps ces trois ouvriers feront-ils l'ouvrage, s'ils travaillent ensemble ?

2036. Un cultivateur a refusé de vendre avant l'hiver, à raison de 0 fr. 92 le double décalitre, un tas de pommes de terre contenant 107 hectol. $\frac{3}{5}$. Il les vend 4 mois après 5 fr. 80 l'hectolitre; mais, à cette époque, $\frac{1}{8}$ sont gâtées et perdues pour la vente. Ce cultivateur a-t-il eu raison d'attendre?

2037. La laine lavée à dos se vend 3 fr. 20 le kilo et la laine en suint 1 fr. 55. Sachant qu'une toison en suint pèse, en moyenne, 3 kil. 7 et que le lavage lui enlève les 0,51 de son poids, on demande s'il est préférable de vendre la laine lavée ou en suint. Faire connaître, pour un troupeau de 285 moutons, le bénéfice résultant du choix du parti le plus avantageux.

2038. Le blé perd environ 1/20 de son poids par la dessiccation. Un cultivateur, qui a récolté 213 hectol. $\frac{1}{4}$ de blé pesant, au moment de la moisson, 80 kil. $\frac{1}{2}$ l'hectolitre, refuse de le vendre au prix de 2 fr. 15 les 8 kil.; 3 mois après, il le vend 29 fr. 10 le quintal. Dire ce qu'il a gagné ou perdu en refusant.

2039. Une prairie de 2 hectares 8 ares a produit 34800 kil. de foin vert que la dessiccation a réduit au $\frac{1}{4}$. Ce foin, qu'on aurait pu vendre sur pied à raison de 2 fr. $\frac{1}{5}$ l'are, a été livré sec au prix de 86 fr. $\frac{3}{4}$ le quintal. Les frais de fauchage et de fanage s'étant élevés à 46 fr. $\frac{3}{5}$ par hectare, dire si le propriétaire de la prairie a choisi le mode le plus avantageux, et faire connaître le gain ou la perte qu'il a faite.

2040. Les groseilles fournissent en jus les $\frac{3}{4}$ de leur poids total. Ce jus, auquel on ajoute un poids égal de sucre, donne à peu près, en confitures, les $\frac{5}{7}$ de son poids et de celui du sucre ajouté. Établir, d'après ces données, le prix de revient d'un kilo de confitures. On sait que les groseilles coûtent 0 fr. 45 le kilo et le sucre 1 fr. 50.

2041. On sait que la betterave fournit environ en jus les $\frac{19}{20}$ de son poids total, et que le jus produit en sucre les $\frac{4}{55}$ du sien. Déterminer, d'après cela, la quantité de terrain qu'il faudrait planter de betteraves pour obtenir la récolte nécessaire à la fabrication de 1700 quintaux de sucre. On admet qu'un hectare donne 32000 kil. de betteraves.

2042. On obtient une très-bonne encre par le mélange des substances suivantes, qu'on laisse bouillir ensemble pendant environ 5 min.: eau 10 litres; noix de galle 1 kil. 4 à 2 fr. 25 le $\frac{1}{2}$ kil.; couperose verte 840 gr. à 0 fr. 045 l'hectogr.; gomme 45 décag. à 2 fr. 40 le kil.; vitriol bleu 240 gr. à 1 fr. 40 le kil.; sucre candi 12 décag. à 2 fr. 05 le $\frac{1}{2}$ kil. A combien revient le litre d'encre ainsi obtenue?

2043. Une marchande d'œufs, à qui l'on demandait combien elle en avait, répondit: j'en ai vendu $\frac{1}{3}$, puis la moitié du reste plus 4, et j'en ai encore 12. Calculez maintenant combien j'en avais.

2044. Une fruitière a des oranges qu'elle a payées, savoir : $\frac{1}{3}$ à raison de 3 fr. 40 la douzaine; un autre $\frac{1}{3}$ à raison de 1 fr. 20 les 8 ; enfin le dernier tiers à raison de 2 fr. 50 la douzaine. Elle revend le tout 2 fr. 64 la douzaine et gagne ainsi 17 fr. 70. Combien avait-elle d'oranges?

2045. Le similor ou chrysocale, métal imitant l'or, se compose de $\frac{8}{9}$ de cuivre, de $\frac{1}{26}$ de zinc et du reste d'étain. Cela étant, on demande le poids exact de chacune des substances qui entrent dans 1 kil. de chrysocale.

2046. Le maillechort, métal qui imite l'argent, est composé de cuivre, de zinc et de nickel dans les proportions suivantes : cuivre $\frac{1}{2}$; zinc 0,3 ; nickel $\frac{1}{5}$. D'après cela, on demande le poids de chacune des substances qui entrent dans un kilo de maillechort.

2047. Une garnison a des vivres pour 40 jours; mais, par suite de circonstances impérieuses, on augmente cette garnison de $\frac{1}{3}$ sans augmenter les vivres, qui doivent alors durer 35 jours. De combien doit-on réduire la ration journalière de chaque homme?

2048. Deux pièces de terre contiennent ensemble 94 ares 8 cent.; l'une est deux fois $\frac{1}{5}$ plus grande que l'autre. Quel est le prix de chaque pièce, si le mètre carré est estimé 0 fr. 27 $\frac{1}{4}$?

2049. Deux héritiers se sont partagé une somme de 2460 fr.,

la part du premier, divisée par celle du second, a donné $2\frac{1}{3}$ au quotient. Déterminer la part de chacun.

2050. Un filateur achète de la laine mérinos et de la laine ordinaire pour une somme de 13385 fr. La laine mérinos vaut 4 fr. $\frac{1}{2}$ le kilo et l'ordinaire 3 fr. $\frac{1}{5}$. On sait d'ailleurs que les $\frac{2}{3}$ de la somme déboursée pour la laine mérinos surpassent de 950 fr. les $\frac{5}{4}$ de celle déboursée pour la laine ordinaire. Combien ce filateur a-t-il eu de laine de chaque sorte?

2051. Une ménagère fait confectionner une douzaine de chemises avec une toile qui revient à 1 fr. 85 le mètre. Il faut 2 m. $\frac{3}{5}$ pour chaque chemise, et l'on donne, non compris la nourriture, 4 fr. 50 par semaine de 6 jours à l'ouvrière. Calculer le prix de revient d'une chemise, sachant que l'ouvrière en fait 2 en 2 j. $\frac{1}{2}$ et qu'il entre pour 0 fr. 55 de fournitures dans chaque chemise. La nourriture est évaluée à 0 fr. 8 $\frac{1}{2}$ par jour.

2052. Le rendement moyen d'un bœuf en viande nette est de 58 p. 0/0 de son poids total. Dans cette viande, il y a 3 qualités valant : la première 1 fr. 75 le kilo, la deuxième 1 fr. 25, et la troisième 0 fr. 95. La première qualité entre d'ailleurs pour $\frac{1}{3}$ dans la totalité ; la deuxième pour $\frac{2}{5}$, et la troisième pour le reste. Le poids de la viande nette étant de 420 kil., on demande : 1° le poids total du bœuf qui l'a fournie ; 2° la valeur totale de la viande produite par lui.

2053. Une femme achète, au prix de 1 fr. 85 le mètre, une pièce de toile écrue de 15 m. $\frac{1}{2}$. Le blanchiment raccourcit la pièce de ses $\frac{3}{25}$. Quel est le prix de revient d'un mètre de toile blanchie?

2054. On a payé 105 fr. 60 une pièce de toile écrue de 36 m. 45 de longueur. Après le blanchiment, on trouve que le mètre de toile revient à 3 fr. 30. Combien p. 0/0 la pièce a-t-elle perdu de sa longueur ?

2055. Un sac pèse 35 grammes ; plein de pièces de 20 fr., de 2 fr. et de 10 cent., il pèse 3075 gr. Le poids des pièces de 2 fr. est de 740 gr.; le poids des pièces de 0 fr. 10 est les 0,405 $\frac{15}{37}$ de celui des pièces de 2 fr. Quel est le poids et le nombre des pièces d'or que contient le sac ?

2056. Un ouvrier débauché perd 1 journée $\frac{2}{3}$ par semaine de 6 jours ; un autre, laborieux et actif, travaille tous les jours et fait d'ailleurs, dans le même temps, $\frac{1}{5}$ de plus d'ouvrage que le premier. Celui-ci recevant 15 fr. 60 par semaine, on demande : 1° le prix de la journée de chaque ouvrier ; 2° ce que le deuxième gagne de plus que le premier par semaine.

2057. Un raffineur s'engage à fournir à un épicier une certaine quantité de sucre au prix de 135 fr, les 100 kil. Il doit recevoir en paiement 78 kil. de chocolat et 2233 fr. 50 en argent. Comme il n'a pu livrer que les 0,6 de la quantité de sucre promise, il ne reçoit en paiement que 1207 fr. 50 et les 78 kil. de chocolat. On demande la quantité de sucre que le raffineur devait livrer et le prix du kilo de chocolat.

2058. 4 ouvriers, d'inégale force, employés à casser des pierres sur une route, ont fait en 8 jours 37 mètres cubes $\frac{3}{4}$ d'ouvrage. Le premier fait 1 m. cub. $\frac{1}{3}$ par jour, le deuxième $\frac{7}{9}$ de m. cub. et le troisième 1 m. cub. $\frac{2}{5}$. Sachant que le mètre cube d'ouvrage est payé 3 fr. 75, on demande le prix de la journée du quatrième ouvrier.

2059. Un marchand achète une pièce d'étoffe au prix de 13 fr. 55 le mètre ; il en revend le $\frac{1}{3}$ à 14 fr. 40 le mètre, les $\frac{2}{7}$ à 12 fr. 80, et le reste à 16 fr. 20. De cette façon, il fait un bénéfice total de 30 fr. 20. Combien la pièce contenait-elle de mètres ?

2060. Une pièce de velours, achetée à raison de 26 fr. 80 le mètre, a été revendue, savoir : le $\frac{1}{4}$ à 27 fr. 20 le mètre ; le $\frac{1}{5}$ à 25 fr. 50 ; le $\frac{1}{3}$ à 26 fr., et le reste à 25 fr. La perte totale ayant été ainsi de 22 fr. 78 $\frac{1}{2}$, on demande le nombre de mètres que contenait la pièce.

II. PROBLÈMES SUR LES RÈGLES DE TROIS.

1° Règle de trois simple.

(Pour les explications, voir la première partie.)

2061. Un homme, dont la taille est de 1 m. 65, donne 3 m. 135 d'ombre. Quelle est la hauteur d'un arbre qui donne une ombre de 41 m. 80 ?

2062. Un arbre, dont la hauteur est de 22 mètres, donne 41 m. 80 d'ombre. Quelle serait la taille d'un homme qui donnerait une ombre de 3 m. 135 ?

2063. Le thermomètre centigrade marque zéro degré dans la glace fondante et 100 degrés dans l'eau bouillante ; le thermomètre Réaumur marque aussi zéro dans la glace fondante, mais il ne marque que 80 degrés dans l'eau bouillante. Le thermomètre Réaumur indiquant 24 degrés de chaleur, on demande d'évaluer, d'après ce qui précède, cette température en degrés centigrades.

2064. Lorsque le thermomètre centigrade marque 30 degrés, quelle est, d'après le numéro précédent, la température en degrés Réaumur?

2065. Une vache, achetée 190 fr., a été revendue 218 fr. 50. Qu'a-t-on gagné p. 0/0?

2066. Un blâtier revend 30 hectolitres d'orge 497 fr. 70. A ce compte il gagne 5 p. 0/0. Qu'a-t-il payé l'hectolitre d'orge?

2067. Lorsque le quintal de chocolat coûte 350 fr., que doit-on revendre le kilo pour gagner 15 p. 0/0?

2068. L'hectolitre de froment pèse 76 kil. 5 et coûte 21 fr. 80. Combien devrait-on revendre le double décalitre de ce froment pour gagner 7 fr. 20 sur 688 kil. 50?

2069. Un instituteur reçoit, au prix de 1 fr. 05 le volume, 52 exemplaires d'un ouvrage. Quel est le montant de sa facture, si on lui donne 13 volumes pour 12?

2070. Un éditeur vend 65 livres à raison de 2 fr. 25 pièce; mais il fait une remise de 15 0/0 et donne en outre 13 volumes pour 12. On demande, d'après cela, la somme que doit l'acheteur.

2071. Un libraire, tout en accordant une remise de 20 p. 0/0, donne 13 volumes pour 12 d'un ouvrage marqué 2 fr. 55. On demande la remise totale p. 0/0 faite par le libraire.

2072. Une provision de blé peut suffire pendant 45 jours à 4 personnes, la ration étant de 0 kil. 90 par jour. A combien devrait-on réduire cette ration pour que la provision pût suffire pendant le même temps à une personne de plus?

2073. Une provision de pain peut nourrir 9 personnes pendant 28 jours, la ration étant de 0 kil. 85 par jour. De combien devrait-on diminuer cette ration pour que la provision pût suffire pendant le même temps à 3 personnes de plus?

2074. Pour carreler le chœur d'une église, on emploie 204 dalles de 1 m. 20 de longueur: combien emploierait-on de dalles qui auraient 0 m. 30 de moins de longueur?

2075. Il faut, pour tapisser une chambre, 25 rouleaux d'un papier ayant 0 m. 50 de largeur. Pour tapisser une seconde chambre de même grandeur, on n'a employé que 20 rouleaux d'un autre papier. Quelle était la largeur de ce dernier?

2076. Le fumier est d'autant meilleur qu'il renferme plus

d'azote. Un cultivateur a fumé un champ de 1 hectare 35 avec 28 quintaux 35 de fumier contenant 0,02 d'azote. Quelle quantité d'un autre fumier renfermant 0,025 d'azote eût-il dû employer pour obtenir le même résultat ?

2077. Pour fumer une terre de 7 hect. 8 ares, il faut 112 quintaux d'un certain engrais. Quelle quantité faudrait-il d'un autre engrais contenant 19 p. 0/0 de plus de principes fertilisants pour fumer, de la même manière, un champ de 327 ares ?

2078. Il a fallu 78 m. de drap à $\frac{3}{4}$ de large pour faire des gilets ; si le drap n'avait eu que $\frac{3}{5}$ de large, combien aurait-il fallu de mètres pour faire le même nombre de gilets ?

2079. On a doublé 37 m. 6 d'une étoffe ayant $\frac{4}{5}$ de large avec 45 m. 12 de toile. Quelle est la largeur de cette toile ?

2080. On sait qu'il faut environ, pour 9 heures, 54 mètres cubes d'air par personne. On demande, d'après cela, la capacité que doit avoir une chambre pour que 7 personnes puissent y respirer un bon air pendant 5 heures ?

2081. Une cloche pesant 4500 kil. est composée de 78 parties de cuivre, de 20 parties d'étain, 1 de zinc et 1 de plomb. On demande de déterminer, séparément, les quantités de cuivre, d'étain, de zinc et de plomb qui entrent dans cette cloche.

2082. Pour coller ou clarifier un hectolitre de vin rouge, on délaye parfaitement 3 blancs d'œufs et 110 gr. de sel dans 0 l. 30 d'eau. On verse le tout dans le tonneau et l'on agite fortement avec un bâton fendu. 10 jours après, on peut soutirer et mettre en bouteilles. Que coûtera, d'après cela, le collage de 7 feuillettes de vin ? On sait que les œufs coûtent 0 fr. 85 la douzaine et le sel 19 fr. le quintal ; on sait de plus que le blanc d'œuf ne représente que les $\frac{2}{5}$ de sa valeur totale, et qu'une feuillette contient 136 litres.

2083. Combien pourra-t-on faire de pains de 2 kil. avec 3 sacs de blé pesant net 120 kil. chacun ? On sait que le blé donne en farine 76 p. 0/0 et que 5 kil. de farine donnent 6 kil. $\frac{2}{5}$ de pain.

2084. Quelle est, en quintaux, la quantité de farine nécessaire à la fabrication de 260 kil. de pain ? On sait que, pour avoir 100 kil. de pâte, il faut ajouter à la farine employée 38 kil. d'eau et 800 gr. de sel ; on sait de plus que la cuisson enlève à la pâte 16 p. 0/0 de son poids.

2085. Il faut, pour obtenir une bonne récolte, donner à la terre 35 kil. 75 d'azote par hectare. En supposant : 1° que l'engrais employé contienne 1,6 p. 0/0 d'azote ; 2° qu'il pèse 75 kil. l'hectolitre ; 3° qu'il coûte 1 fr. 20 les 100 kil., on demande combien il faudra employer de mètres cubes d'engrais et quelle somme il faudra dépenser pour fumer un champ de 25 décam. de longueur sur 155 mètres de largeur.

2086. Dans un champ de 35 ares 8 estimé 950 fr., un cultivateur a récolté 3 hectol. 4 de graine de lin, valant 31 fr. 50 l'hectolitre, et 370 kil. de filasse, valant 1 fr. 45 le kil. Les frais de culture s'étant élevés aux $\frac{3}{7}$ du produit, on demande combien le champ a rapporté net p. 0/0 à son propriétaire.

2087. Un voyageur de commerce a un traitement mensuel de 120 fr. plus $1\frac{1}{2}$ p. 0/0 sur les affaires qu'il fait. Sachant qu'il a reçu 400 fr. pour 2 mois, on demande le chiffre des affaires qu'il a faites pendant ce temps.

2088. Un homme charitable rencontre un pauvre auquel il donne autant de pièces de 2 centimes qu'il a de francs. Cette aumône faite, il lui reste 24 fr. 99. Quelle somme avait-il d'abord et combien a-t-il donné ?

2089. Il reste 198 fr. 80 à une personne qui a donné à un mendiant autant de fois 3 centimes qu'elle avait de pièces de 5 fr. Quelle somme avait cette personne et combien a-t-elle donné ?

2090. Une jeune fille a le choix entre deux étoffes pour se faire une robe. La première a 0 fr. 80 de largeur et coûte 2 fr.

50 le mètre ; la seconde a 1 m. 10 de largeur et coûte 2 fr. 40. Sachant qu'il faut pour faire la robe 11 m. 30 de la première étoffe, on demande : 1° combien il faudra de mètres de la seconde ; 2° quelle sera la différence de prix des deux robes.

2091. Une étoffe, dont la largeur est $\frac{3}{4}$, vaut 3 fr. 25 le mètre ; une autre de même qualité, qui a une largeur de $\frac{3}{5}$, vaut 2 fr. 95. Quelle économie réaliserait une femme qui, pour se faire un jupon, prendrait la moins chère ? On sait qu'il faut pour ce jupon 6 m. 70 de la seconde étoffe.

2° Règle de trois composée.

2092. 37 hommes, en 18 jours, de 10 heures chacun, ont fait 680 mètres d'un certain ouvrage ; combien 43 hommes, en 15 jours, de 9 heures chacun, feront-ils de mètres du même ouvrage ?

2093. Il faut 238 kil. de foin pour nourrir 7 chevaux pendant 4 jours ; combien en faudrait-il pour nourrir 27 chevaux pendant 13 jours ?

2094. On a payé 874 fr. 50 pour trois vaches pesant en moyenne 265 kil. chacune. Combien paierait-on pour 6 vaches dont le poids moyen serait égal aux $\frac{6}{5}$ de celui des premières ?

2095. 9 pièces de satin, de 25 mètres de longueur sur 0 m. 78 de largeur, ont coûté 1597 fr. 50. Que coûteraient 12 pièces de satin de même longueur et de même qualité, mais dont la largeur serait 0 m. 90 ?

2096. Une ménagère a fait 135 kil. de pain avec 18 décalitres de blé ; combien en fera-t-elle avec 9 hectol. 2 d'un autre blé, le rendement de celui-ci étant égal aux $\frac{15}{16}$ de celui du premier ?

2097. Une famille, composée de 5 personnes, a dépensé 468 fr. 75 en 15 jours ; une autre famille, qui fait proportionnellement la même dépense, a payé 525 fr. pour 12 jours. Dire, d'après cela, de combien de personnes était composée la seconde famille.

2098. La garnison d'une place forte se compose de 2600 soldats qui ont pour 4 mois de pain, la ration étant de 750 gr. par jour. On augmente cette garnison de 250 hommes sans augmenter la quantité de pain, qui doit alors durer 5 mois. A combien doit-on réduire la ration ?

2099. Avec 15 kil. de fil on a tissé une pièce de toile de 34 m. de longueur sur 0 m. 78 de largeur. Quelle serait la longueur de la pièce de toile qu'on pourrait faire avec 18 kil. de fil, la largeur de cette dernière étant de 0 m. 80 ?

2100. 39 balles de coton, pesant chacune 175 kil., ont coûté 15697 fr. 50. On demande ce que coûteraient 78 balles de coton pesant chacune 180 kil., la qualité de ce dernier étant à celle du premier comme 15 est à 14.

2101. Deux pièces de soie de même qualité ont été vendues, la première, de 18 m. 7 de long sur 0 m. 72 de large, au prix de 201 fr. 96 ; la seconde, de 21 m. 8 sur 0 m. 80, au prix de 287 fr. 76. Laquelle des deux pièces a coûté le moins cher ? et quel est le prix du mètre carré de chaque pièce ?

2102. 34 mètres de drap ayant $\frac{6}{5}$ de large et dont la qualité est représentée par $\frac{2}{3}$ ont coûté 432 fr. 60. Combien, pour 540 fr., aura-t-on de mètres d'un drap ayant $\frac{5}{6}$ de large, la qualité de ce drap étant représentée par $\frac{3}{4}$?

2103. Un marchand achète 100 m. de drap, de 1 m. 20 de large, pour 1824 fr. On demande combien il a dû payer une pièce de drap de qualité inférieure contenant 92 m., ce drap n'ayant que 0 m. 90 de large et les qualités étant entre elles dans le rapport de 3 à 4.

2104. Trois tisserands, travaillant 9 heures par jour, ont fait

7 m. 25 d'étoffe en 3 jours $\frac{1}{2}$; combien faudrait-il de jours à 10 tisserands qui travaillent 8 heures par jour pour faire 23 m. 45 de la même étoffe ? On sait que les premiers ont une force de $\frac{1}{3}$ supérieure à celle des derniers ?

2105. 50 ouvriers, travaillant 9 heures par jour, ont mis 6 jours à creuser un fossé de 100 m. de long sur 2 de large et 3 de profondeur. Combien faudrait-il d'ouvriers, travaillant 10 heures par jour pendant 9 jours, pour creuser un autre fossé de 50 m. de long sur 6 de large et 5 de profondeur, dans un terrain deux fois plus difficile à travailler ?

2106. Un fermier possède 51 hect. $\frac{1}{2}$ de terre dont il fume les $\frac{3}{5}$ tous les ans, à raison de 180 kil. par are. Le fumier est produit dans la ferme par des bestiaux qui donnent 22 hectog. par chaque kilo de fourrage et de litière qu'on leur distribue. D'après cela, on demande séparément la quantité de fourrage et de litière qu'il doit donner par an à ses bestiaux pour obtenir le fumier dont il a besoin. On sait d'ailleurs qu'il doit distribuer 5 kil. de fourrage pour 2 de litière.

2107. Pour marner un champ de 450 ares dont la couche arable, d'une épaisseur de 0 m. 25, contient déjà 0,02 de calcaire, on a employé 275 mètres cubes de marne. Combien devrait-on en mettre dans un autre champ de 27 hectares 60, privé de calcaire et dont le sol arable a une épaisseur de 0 m. 30, pour que, proportionnellement, il renfermât autant de calcaire que le premier ?

2108. Un agriculteur a récolté 24000 gerbes de froment ; 6000 de ces gerbes ont produit 3500 bottes de paille pesant 5 kil. $\frac{1}{2}$ l'une et 190 hectol. de blé pesant 77 kil. $\frac{3}{4}$. Déterminer, d'après cela, 1° le produit en paille et en grain du reste de la récolte ; 2° la valeur totale de cette récolte, le blé valant 27 fr. 40 les 100 kil. et la paille 68 fr. 50 la tonne.

2109. On a retiré 22002 fr. 25 de la vente du sucre provenant, à raison de 310 quintaux par hectare, de la récolte de

8 hect. 35 de betteraves, laquelle récolte a produit en sucre les 0,068 de son poids. Quelle somme produirait la vente du sucre provenant d'un terrain de 1300 ares rapportant 32500 kil. de betteraves par hectare, le rendement en sucre de celles-ci étant égal aux 0,062 de leur poids? On sait que, dans le premier cas, le sucre se vend 125 fr. le quintal, et que, dans le second, il se vend 1280 fr. la tonne.

2110. 4 laboureurs, travaillant 10 heures par jour, ont mis 12 jours à labourer un champ de 450 m. de longueur sur 240 de largeur. Combien 7 laboureurs, travaillant 9 heures par jour, emploieront-ils de jours pour labourer un autre champ de 500 m. de long sur 210 de large?

2111. Une compagnie d'ouvriers a creusé, en 95 jours, un canal ayant 420 m. de longueur, 18 de largeur et 3 m. 10 de profondeur, en travaillant 10 heures par jour. Combien mettrait-elle de jours, en travaillant 9 heures par jour, à creuser, dans un terrain 1 fois $\frac{1}{2}$ plus difficile à travailler, un second canal de 312 m. de long sur 15 m. 60 de large et 3 de profondeur?

2112. 500 hommes, travaillant 12 heures par jour, ont employé 57 jours à creuser une tranchée de 1800 m. de long sur 7 m. de large et 3 de profondeur. On demande combien il faudrait d'hommes, travaillant 10 h. par jour, pour creuser, en 549j. $\frac{51}{301}$, une autre tranchée de 2900 m. de longueur sur 12 m. de largeur et 5 de profondeur, dans un terrain 3 fois plus difficile que le premier?

III. PROBLÈMES SUR L'INTÉRÊT SIMPLE.

(Pour les explications, voir la première partie.)

2113. On demande l'intérêt annuel d'une somme de 7150 fr. placée à 5 p. 0/0.

2114. Quel est, pour 2 ans 7 mois, l'intérêt de 785 fr. placés à 4 $\frac{1}{2}$ p. 0/0 ?

2115. Déterminer, pour 3 ans 5 mois 8 jours, l'intérêt d'un capital de 1800 fr. placé à 5 p. 0/0 par an.

2116. Une somme de 7300 fr. a été placée du 5 mai 1869 au 15 septembre 1871. Le taux étant 5, on demande à combien s'élèveront les intérêts produits [1].

2117. Un employé, qui possède 8130 fr., les place à 4 $\frac{1}{2}$ p. 0/0 le 18 octobre 1864 et les retire le 9 juillet 1868. Que recevra-t-il en tout à cette époque, s'il n'a rien touché encore?

2118. Un notaire, qui a prêté, à 5 p. 0/0 par an, une somme de 4825 fr., a reçu, sur l'intérêt d'un an, un à-compte de 160 fr. 20. Combien a-t-il encore à recevoir ?

2119. Quelle est la somme qui, à 4 $\frac{1}{2}$ p. 0/0, rapporte annuellement 286 fr. d'intérêt ?

2120. De quelle somme devrait disposer une personne pour se faire un revenu annuel de 1660 fr , en supposant qu'elle plaçât son avoir à 4 $\frac{2}{3}$ p. 0/0 ?

2121. Quelle somme paiera-t-on une propriété donnant 1526 fr. de revenu annuel, si l'on veut que cette propriété produise 3,75 p. 0/0 ?

2122. Quelle est la valeur d'une maison qui rapporte 5 $\frac{1}{2}$ p. 0/0 et dont le revenu annuel est de 1625 fr. ?

2123. Quel est le plus avantageux de placer 6750 fr. à 4,25 p. 0/0 ou d'acheter, avec cette somme, une terre qui peut être louée 276 fr. 75 par an ?

2124. Quel est le plus avantageux de placer 34900 fr. à 4 $\frac{1}{2}$ p. 0/0 ou d'acheter une propriété qui peut être louée 1600 fr. ?

1. Dans ces sortes de questions, on compte le jour où se fait le placement ; mais on ne compte pas celui où l'on retire son argent.

2125. Une ferme est estimée 49680 fr. Que rapporte-t-elle p. 0/0 si elle est louée 1738 fr. 80 par an ?

2126. Une personne possède 7250 fr. A quel taux doit-elle placer son argent pour se créer un revenu mensuel de 27 fr. 15 ?

2127. A quel taux faut-il placer une somme de 25000 fr. pour retirer semestriellement un intérêt de 575 fr.?

2128. Une maison, que je loue 1134 fr. par an, a été payée par moi 18200 fr. A quel taux ai-je ainsi placé mon argent ?

2129. Une entreprise communale est mise en adjudication au rabais sur un devis s'élevant à 15061 fr. 50 ; un soumissionnaire offre de la faire pour 14484 fr. 45 ; un autre offre un rabais de $3\frac{1}{2}$ p. 0/0. Auquel des deux doit être adjugé le travail ? et quel est le taux du premier rabais ?

2130. Un rentier veut faire construire une maison bourgeoise dont le devis dressé par l'architecte se monte à 14050 fr. Ce travail est mis en adjudication au rabais. Un entrepreneur se charge de le faire pour 13066 fr. 50 ; un autre offre un rabais de $6\frac{3}{5}$ p. 0/0. Auquel des deux doit être donnée l'entreprise ? et quel est le taux du premier rabais ?

2131. Quelqu'un emprunte, à 6 p. 0/0, une somme de 2400 fr., et paie, un peu plus tard, 118 fr. d'intérêt. Combien de temps a-t-il gardé cette somme ?

2132. Un soldat, à son départ pour l'armée, a prêté au taux 5, un avoir de 1150 fr. A son retour, il reçoit, tant en capital qu'en intérêts, une somme de 1523 fr. 75. Combien de temps est-il resté absent ?

2133. Un ouvrier, qui gagne 4 fr. 20 par jour et qui dépense 2 fr. 15 pour son entretien, veut se faire une rente annuelle de 615 fr. Pendant combien de jours doit-il travailler pour mettre de côté le capital nécessaire à la formation de cette rente, en supposant qu'il le place à 5 p. 0/0 ?

2134. Un négociant emprunte au taux de 6, 10000 fr. à un banquier. On demande, en capital et intérêts, la somme que ce négociant devra au bout de 5 mois 20 jours.

2135. Le 20 février 1871, vous avez prêté à Jules Lancray, voiturier à Entrains, pour 7 mois et à 5 p. 0/0 par an, une somme de 720 fr. A l'expiration du temps fixé, il vous rembourse le capital et les intérêts, et vous lui remettez la quittance suivante, que vous compléterez :

Reçu de M. Jules Lancray, voiturier à Entrains, la somme de sept cent vingt francs que je lui ai prêtée le 20 février dernier, plus . . . . pour les intérêts de ladite somme à cinq pour cent par an.

Entrains, le 20 septembre 1870.

(Signature.)

2136. André Moreau vous paie aujourd'hui, 15 mars 1870, les intérêts d'une somme de 350 fr. que vous lui avez prêtée le 16 novembre dernier au taux de 5 p. 0/0. Faites la quittance. (Les sommes et les dates doivent être écrites en toutes lettres.)

2137. Victor Claude a prêté, le 20 juillet, au sieur Louis Robin, une somme de 1000 fr. que ce dernier lui rembourse le 5 mars suivant avec les intérêts calculés sur le pied de 6 p 0/0 par an. Faites la quittance.

2138. Vous achetez à M. Antoine Dorlhac, le 10 avril 1870, des marchandises pour 420 fr. A défaut d'argent, vous lui faites un billet à ordre payable le 11 décembre suivant, moyennant 6 p. 0/0 d'intérêt par an. Faites ce billet.

2139. Un fermier fait tondre son troupeau composé de 230 moutons ; 4 moutons lui donnent en moyenne 11 kil. 95 de laine qu'il vend, $\frac{1}{4}$ à 2 fr. 55 le kilo, $\frac{1}{3}$ à 2 fr. 85 et le reste à 3 fr. 20. Quelle somme recevra-t-il en tout, s'il n'est payé qu'au bout de 6 mois 25 jours, le taux d'intérêt étant 5 ?

2140. Un fabricant de chaussures vend 86 paires de bottines à raison de 102 fr. la douzaine. Il consent à n'être payé qu'au bout de 2 ans 5 mois 10 jours, à la condition que l'acheteur paiera les intérêts sur le pied de 6 p. 0/0 par an. Quelle somme celui-ci devra-t-il verser à cette époque en capital et intérêts ?

2140 *bis*. Un cultivateur fait tondre un troupeau de 218 moutons qui donnent, l'un portant l'autre, 3 kil. 2 de laine chacun. Il vend les $\frac{2}{5}$ de cette laine au prix de 1 fr. 60 le kilo, le $\frac{1}{3}$ au prix de 1 fr. 70, et le reste au prix de 1 fr. 80. Quelle somme, capital et intérêts compris, recevra-t-il, s'il n'est payé qu'au bout de 6 mois, le taux étant de 0 fr. 50 p. 0/0 par mois ?

2141. Quelle est la somme qui, au bout d'un an, vaut 4525 fr., capital et intérêts compris, le taux étant 5 ?

2142. On demande la somme qui vaut, tant en capital qu'en intérêts, 530 fr. 40 après 5 mois de placement, et 540 fr. 80 après 10 mois. Faire connaître aussi le taux auquel cette somme est placée.

2143. En revendant du vin 4 fr. 44 le décalitre, un marchand gagne 20 p. 0/0. Combien avait-il payé l'hectolitre de ce vin ?

2144. En revendant le mètre de drap 10 fr. 35, un marchand perd 10 p. 0/0 : dire ce que ce drap lui a coûté le mètre.

2145. Pendant combien de temps une somme doit-elle être placée à $4\frac{1}{2}$ p. 0/0 pour que les intérêts simples soient égaux aux $\frac{3}{5}$ du capital ?

412 6. A quel taux faudrait-il placer un capital quelconque pour qu'il fût doublé après $16\frac{2}{3}$ ans (intérêt simple) ?

2147. La différence qui existe entre les intérêts de deux sommes égales placées, l'une à 5, l'autre à $4\frac{1}{2}$ p. 0/0 pendant 2 ans $\frac{1}{2}$, est de 71 fr. 375. Quel est le montant de chacune des deux sommes ?

2148. Une personne, qui avait d'abord placé un capital à $4\frac{1}{2}$ p. 0/0, le place ensuite à 5. Sachant que son revenu annuel a été ainsi augmenté de 85 fr., on demande de déterminer ce capital.

2149. Deux frères héritent par portions égales d'une certaine somme ; l'un place sa part à 5 p. 0/0 chez un notaire; l'autre place la sienne à $6\frac{1}{2}$ p. 0/0 dans une industrie. Sachant que les intérêts de celui-ci, pour 2 ans $\frac{2}{5}$, surpassent de 450 fr. ceux de celui-là, on demande la somme que les deux frères se sont partagée.

2150. Un cultivateur a vendu 35 moutons pour lesquels il n'a été payé qu'au bout de 23 mois $\frac{1}{2}$. A cette date, il a reçu en intérêts simples, le taux étant 6, 123 fr. $37\frac{1}{2}$. On demande le prix auquel chaque mouton a été vendu.

2151. Un rentier a placé sa fortune comme il suit : les $\frac{2}{5}$ à 5 p. 0/0 et le reste à $4\frac{1}{2}$. Son revenu total annuel s'élevant à 2900 fr., on demande de déterminer cette fortune.

2152. Un capitaliste place 13375 fr., partie à $4\frac{1}{2}$ et partie à $5\frac{1}{5}$ p. 0/0. Ce capital ainsi placé produit une rente trimestrielle de 164 fr. 845. Quel est le montant de chacune des deux parties de ce capital ?

2153. Un commerçant refuse de prêter 1500 fr. pour 2 ans $\frac{2}{5}$ à 5 p. 0/0 ; il les prête 7 mois plus tard à 6 p. 0/0 pour le reste du temps. Dire si, à ce compte, il a gagné ou perdu, et combien.

2154. 500 fr. placés au 1er avril et 360 fr. placés au 15 juillet de la même année à la Caisse d'épargne ont produit, pour le 31 décembre suivant, 18 fr. 90. A quel taux cet intérêt a-t-il été calculé ?

2155. Un marchand a vendu 36 quintaux de fromage de Brie à 65 fr. les 50 kilos. Sachant qu'il n'a été payé qu'après 18 mois et qu'il a reçu à cette époque 503 fr., capital et intérêts compris, on demande le taux de l'intérêt.

2156. Un individu place à 5 p. 0/0 un capital qu'on ne connaît pas ; mais on sait qu'avec l'intérêt annuel il peut payer

42 ares 7 cent. de pré valant 3305 l'hectare. Quel est le capital placé?

2157. Un propriétaire fait valoir deux fermes qui valent, l'une 43500 fr., l'autre 27580 fr. et qui rapportent, la première $3\frac{1}{2}$ et la seconde 4 p. 0/0 par an. Il possède de plus un capital de 13600 fr. placé à 5 p. 0/0. Quel est son revenu total?

2158. Un mercier, qui a placé, à 5 p. 0/0, une certaine somme, reçoit, au bout de 4 ans, en capital et intérêts, 12275 fr. Quel est le capital placé et combien, avec les intérêts produits, le mercier aura-t-il de kilos de soie valant 1 fr. 70 le double décagramme?

2159. Un fermier a vendu 7 chevaux qui ne lui ont été payés que 3 ans 8 mois après. Sachant qu'il a reçu alors, en capital et intérêts, une somme de 4390 fr. $\frac{1}{6}$, on demande le prix moyen du cheval, le taux d'intérêt étant 5.

2160. Un commerçant fait pour 155000 fr. d'affaires par an, affaires sur lesquelles il gagne brut 20 p. 0/0. Sachant que les dépenses et les frais divers de sa maison s'élèvent à 12680 fr. par an, on demande quel est, pour cent, le bénéfice net de ce commerçant.

2161. Combien pour cent net rapporte une prairie de 3 hect. 17, estimée 24618 fr. 55, qui produit 10200 bottes de foin pesant 5 kil. $\frac{1}{2}$ chacune? On sait que ce foin se vend 7 fr. 95 le quintal et que les frais de culture s'élèvent à 70 fr. par hectare.

2162. Une personne emprunte 3300 fr. qu'elle doit rembourser en 15 paiements égaux, de 20 jours en 20 jours. Quel sera le montant du dernier paiement s'il comprend, à raison de 5 p. 0/0, les intérêts des diverses parties de la somme empruntée?

2163. Une commune fait construire un lavoir qui lui coûte 2400 fr. Pour payer cette dépense, le conseil municipal emprunte, le 1er janvier 1871 et au taux de 5 p. 0/0 par an, la somme nécessaire ; il vote ensuite un impôt annuel de 640 fr. pour rembourser cet emprunt et les intérêts. Au bout de combien d'années la commune sera-t-elle libérée ? et que lui restera-t-il de son impôt à la fin de la dernière année ?

2164. Une commune, dont le principal des quatre contributions directes s'élève à 20160 fr., fait, le 1er juillet 1870 et à 5 p. 0/0, un emprunt de 17000 fr. pour payer une salle d'asile. Combien lui faudra-t-il de temps pour rembourser cet emprunt, si elle s'impose la même année de 20 centimes par franc ? et que lui restera-t-il de son impôt à la fin de la dernière année ?

IV. PROBLÈMES SUR L'ESCOMPTE.[1]

1° Escompte en dehors ou commercial.

(Voir la première partie pour les explications.)

2165. On demande de déterminer l'escompte d'un billet de 850 fr. payable dans 5 mois et escompté au taux de 6 p. 0/0 par an.

2166. Un mandat payable dans 5 mois et escompté au taux de 5, a subi une retenue de 31 fr. Quel était le montant de ce mandat ?

2167. Une traite de 375 fr., payable dans 5 mois $\frac{1}{2}$, a subi 10 fr. d'escompte : à quel taux a-t-elle été escomptée ?

2168. On demande l'escompte d'un billet de 1250 fr. payable le 15 mai 1870 et payé le 20 février de la même année, le taux d'escompte étant 4 $\frac{1}{2}$ p. 0/0 par an.

2169. Un négociant, qui emprunte, pour 1 an 4 mois 9 jours,

1. On trouvera, au chapitre VIII, des questions relatives à l'échéance commune. C'est en effet là qu'est leur place.

2500 fr. à 6 p. 0/0, fait un billet de la somme qu'il devra payer au bout de ce temps. Quel est le montant de ce billet ?

2170. Le propriétaire de ce billet (nº 2169), qui a besoin d'argent, le fait escompter 4 mois $\frac{1}{2}$ après au taux 6. Quelle somme recevra-t-il ?

2171. On demande de calculer l'escompte d'un mandat de 425 fr. payable dans 6 mois et escompté au taux de 6 p. 0/0 par an.

2172. Déterminer, au taux 5 et pour 90 jours, l'escompte d'un effet de 2320 fr.

2173. On demande quel sera l'escompte d'une traite de 1250 fr., payable le 25 juillet et payée le 20 mars de la même année, le taux d'escompte étant 0 fr. 50 par mois.

2174. On escompte le 20 avril 1869, à 4 $\frac{2}{3}$ p. 0/0, une traite de 325 fr. payable le 26 décembre suivant. Faire connaître l'escompte.

2175. Le 20 août 1868, M. Cordier, épicier à Auxerre, vous adresse 25 pains de sucre, pesant 6 kil. 80 chacun, à 1 fr. 35 le kil., et 16 kil. 5 de café, à 3 fr. 55. Pour se couvrir, il fait traite sur vous à 30 jours et vous accorde un escompte de 2 p. 0/0. Cela étant, complétez la traite suivante :

B. P. F. . . .

Au 20 septembre prochain, veuillez payer, contre ce mandat, à l'ordre de M. Chailley, banquier à Saint-Florentin, la somme de. . . . ., valeur reçue en marchandises et que vous passerez suivant avis de

Votre serviteur,

CORDIER.

M. André
à Brienon (Yonne).

2176. On demande la valeur actuelle d'une lettre de change de 375 fr. payable dans 10 mois 5 jours, le taux de l'escompte étant 6 p. 0/0 par an.

2177. Un détaillant, qui fait un achat de 950 fr. à 6 mois de terme, se trouve en état de payer au bout de 2 mois. Quelle somme donnera-t-il à cette époque, si le vendeur lui fait une remise calculée sur le pied de 6 p. 0/0 par an ?

2178. Un billet à ordre de 465 fr., payable le 1er septembre, est passé le 30 avril précédent à une personne. Quelle somme a donnée celle-ci en échange, le taux d'escompte étant 6 p. 0/0 par an ?

2179. Un négociant, qui emprunte pour 2 ans 8 mois 15 jours, 2500 fr. à 6 p. 0/0, fait un billet de la somme qu'il devra payer au bout de ce temps. Quel est le montant de ce billet ?

2180. Le propriétaire de ce billet (no 2179), qui a besoin d'argent, le fait escompter 4 mois $\frac{1}{3}$ après au taux de 6 p. 0/0. Quelle somme recevra-t-il ?

2181. Pour une traite, payable dans 6 mois et escomptée au taux du commerce, on a touché immédiatement 446 fr. 20. On demande le montant de cet effet.

2182. Un billet, payable dans 5 mois et escompté au taux de $5\frac{1}{2}$ p. 0/0 par an, a subi une retenue de 124 fr. Quelle est la valeur nominale de ce billet ?

2183. Une lettre de change de 1500 fr., payable dans 11 mois, a subi 80 fr. d'escompte : à quel taux a-t-elle été escomptée ?

2184. Pour un billet de 550 fr. payable dans 9 mois, un banquier a payé une somme de 525 fr. 25. D'après quel taux a-t-il escompté ce billet ?

2185. Un marchand, qui vend le mètre de drap 18 fr. 50 payables à 3 mois, reçoit 337 fr. 366 pour une vente faite au comptant. Quelle remise pour cent a-t-il accordée et combien de mètres a-t-il vendus ?

2186. Quel doit être le taux d'escompte d'un effet de 450 fr. à 80 jours d'échéance qui vaut autant qu'un autre de 500 fr. payable dans 146 jours ?

2187. L'administration des postes prend, en dehors des frais de timbre et d'affranchissement, 2 p. 0/0 pour le transport des articles d'argent. Cela étant, on demande la somme que doit verser au bureau de poste une personne qui veut faire parvenir à un créancier de Lyon une somme nette de 600 fr. On sait que le timbre et l'affranchissement coûtent chacun 0 fr. 25.[1]

2188. On a payé le 8 mars 1015 fr. pour un billet de 1050 fr. escompté au taux du commerce. Quelle en était l'échéance ?

2189. Un effet de 3300 fr., escompté à raison de 5 $\frac{1}{2}$ p. 0/0 par an, a subi une retenue de 90 fr. 75. Quelle en était l'échéance ?

2190. Le montant d'une traite de 640 fr., escompté à 6 p. 0/0, a été réduit à 625 fr. : à combien de jours d'échéance était-elle ?

2191. Une personne doit 1460 fr. 50, savoir : 290 fr. payables dans 6 mois ; 530 fr. 50 payables dans 120 jours, et 640 fr. payables dans 3 mois $\frac{1}{2}$. Si elle paie le tout aujourd'hui avec escompte de 5 p. 0/0, quelle somme donnera-t-elle ?

2192. Un particulier, qui doit 600 fr. payables le 25 décembre, veut se libérer le 12 octobre. Pour cela, il donne un billet de 315 fr. payable le 21 janvier suivant et le reste en argent comptant. Le taux d'escompte des deux billets étant 5 p. 0/0, on demande la somme donnée en argent.

2193. Une pièce de soie de 45 mètres est facturée 409 fr. 50 payables dans 90 jours. L'acheteur, payant comptant, bénéficie d'une remise de 4 0/0. A combien lui revient ainsi le mètre de soie ? et quel sera son gain total, s'il revend le mètre 10 fr. 25 ?

2194. Un marchand en détail achète des marchandises pour une somme de 1925 fr. payable à 3 mois. En payant comptant, il bénéficierait d'une réduction de 3 p. 0/0. Mais l'argent qu'il donnerait lui rapporterait dans son commerce un intérêt de 15 p. 0/0 par an. On demande si, dans ces conditions, il a, oui ou non, avantage à payer comptant.

2195. Un fermier achète à une foire, à raison de 25 fr. pièce, 212 moutons qu'il doit payer immédiatement. Comme il n'a pas

1. Loi du 24 août 1871, articles 1—8.

assez d'argent, il propose de s'acquitter en trois billets égaux payables, le premier dans 3 mois, le deuxième dans 5 mois, et le troisième dans 11 mois. Déterminer le montant de chacun de ces billets, les intérêts étant calculés sur le pied de 6 p. 0/0 par an.

2196. Un négociant achète 78 quintaux $\frac{1}{2}$ de laine, au prix de 3 fr. 60 le kilo, payables à 15 mois sans intérêt, avec faculté de faire des avances moyennant un escompte de 6 p. 0/0 par an. 7 mois après, l'acheteur donne un à-compte de 8600 fr., et, 6 mois plus tard, un nouvel à-compte de 10000 fr. On demande à quelle époque il a payé le reste, qui s'élève à 9169 fr. 92.

2° Escompte en dehors et en dedans.

Observation. — L'escompte en dedans étant égal à l'intérêt, pour le temps à courir, de la *valeur actuelle* du billet, il s'ensuit que, pour obtenir cet escompte, il suffit de retrancher la valeur actuelle du billet de sa *valeur nominale.*

2197. Déterminer, au taux 5 et pour un an, l'escompte en dedans 1° de 500 fr.; 2° de 650 fr.; 3° de 2180 fr.

2198. On demande de faire connaître l'escompte en dedans d'un billet de 1700 fr. payable dans 2 ans et escompté au taux de 6 p. 0/0.

2199. Déterminer 1° l'escompte en dehors ; 2° l'escompte en dedans d'une somme de 650 fr. payable dans 5 mois, le taux étant 5 p. 0/0 par an.

2200. Quel est l'escompte en dedans d'un billet de 1125 fr. payable le 20 août et payé le 16 mars de la même année, le taux d'escompte étant 4 $\frac{3}{5}$ p. 0/0 par an ?

2201. On demande de déterminer 1° l'escompte en dedans ;

2° l'escompte en dehors d'un effet de 1726 fr. payable dans 14 mois, le taux d'escompte étant 6 p. 0/0 par an.

2202. Un billet, payable dans 5 mois, escompté en dedans au taux $5\frac{1}{2}$, a subi une retenue de 62 fr. Quel est le montant de ce billet ?

2203. Un banquier a payé 135 fr. 10 pour un billet escompté à 5 p. 0/0 8 mois 12 jours avant son échéance. Quel était le montant du billet ? (Escompte en dehors.)

2204. Un commerçant, qui a présenté une traite à l'escompte en dehors de 6 p. 0/0 par an, a reçu 887 fr. 80. On demande la valeur nominale de la traite, qui était payable à 7 mois.

2205. Une lettre de change, payable dans 5 mois, a subi 10 fr. d'escompte en dehors; une seconde traite, surpassant la première de 120 fr. et payable dans 11 mois, a subi une retenue de 27 fr. 50. Les deux effets ayant été escomptés au même taux, déterminer la valeur nominale de chacun d'eux.

2206. Trouver la différence des escomptes en dehors et en dedans d'un billet de 1600 fr. payable dans 10 mois, le taux étant 6.

2207. Un billet de 750 fr., payable dans 5 mois $\frac{1}{2}$, a subi 20 fr. d'escompte en dedans. A quel taux a-t-il été escompté ?

2208. On a retenu 125 fr. d'escompte en dedans sur un billet de 2150 fr. payable dans 120 jours : quel est le taux de l'escompte ?

2209. On a escompté en dedans une somme de 850 fr. payable dans 7 mois 10 jours. Cette somme ayant été réduite à 818 fr. $\frac{5}{6}$, quel est le taux de l'escompte?

2210. Quelle est la valeur actuelle d'un billet à ordre de 925 fr. payable dans 3 mois et escompté en dedans au taux de 5 p. 0/0 par an ?

2211. On demande de déterminer la valeur actuelle d'une

traite de 1710 fr. payable dans 90 jours et escomptée en dedans à $\frac{1}{2}$ p. 0/0 par mois.

2212. Quel est le temps d'échéance d'un billet de 350 fr. qui, escompté en dedans à 5 p. 0/0 par an, a subi 3 fr. 50 d'escompte ?

2213. Sur un effet de 6400 fr., escompté en dedans, on a retenu 150 fr. Quelle était l'échéance de ce billet, le taux d'escompte étant 6 p. 0/0 par an ?

2214. On demande la somme qui, escomptée en dedans pour 6 mois et à 4 $\frac{1}{2}$ p. 0/0 par an, se trouve réduite à 900 fr.

2215. En revendant 125 hectolitres de blé 2687 fr. 50, un blâtier gagne 7 $\frac{1}{2}$ p. 0/0. Combien avait-il payé l'hectolitre ?

2216. Un marchand de grains a acheté 125 hectol. de blé pour 2500 fr. Combien doit-il revendre l'hectolitre pour gagner 7 $\frac{1}{2}$ p. 0/0 ?

2217. Pour une lettre de change de 6400 fr., payable dans 146 jours et escomptée en dedans, on a donné 6250 fr. Calculer le taux de l'escompte.

2218. Un mandat de 1840 fr., payable dans 7 mois, a subi 52 fr. d'escompte en dedans. A quel taux a-t-il été escompté ?

2219. Quel prix doit-on revendre, au bout de 9 mois, une vache qui a coûté 350 fr. pour avoir placé son argent à 25 p. 0/0? On suppose que cette vache n'a, pendant ce temps, produit que du fumier pour la valeur de son entretien.

2220. En vendant la rame de papier 8 fr. 75, un libraire gagne 20 p. 0/0. On demande le prix coûtant de la rame de papier et le bénéfice que réalisera le libraire sur 30 rames de ce papier.

2221. Un marchand vend, avec remise de 6 p. 0/0, 65 pièces de taffetas, de 21 m. 75 chacune, à 10 fr. 25 le mètre. Cette étoffe, lui ayant coûté 10 fr. le mètre, avec réduction de

$4\frac{1}{2}$ p. 0/0, on demande le résultat de l'opération qu'a faite ce marchand.

2222. Quel sera le bénéfice net d'un négociant qui a acheté, au prix de 4 fr. 20 le décalitre, 28 pièces de vin de 228 litres chacune, s'il revend ce vin 41 fr. 60 l'hectolitre, et si, en outre, il n'accorde que 5 p. 0/0 d'escompte en dehors alors qu'il a, lui, obtenu 8 p. 0/0?

2223. Un épicier achète, au prix de 1 fr. 70 le kilo, une certaine quantité de bougie payable dans 180 jours. Il paie comptant et, à raison de 5 p. 0/0 par an, on lui accorde un escompte en dehors de 17 fr. 85. Combien de kilos de bougie a-t-il achetés ?

2224. A raison de 1 fr. 35 le kilo, un épicier fait venir un certain nombre de pains de sucre à 4 mois de crédit. Comme il a des fonds disponibles, il paie comptant et donne, déduction faite de l'escompte en dehors, calculé sur le pied de 6 p. 0/0 par an, une somme de 944 fr. 622. On demande : 1° combien il a acheté de sucre ; 2° combien il doit revendre le kilo pour gagner 15 p. 0/0.

2225. Quelle somme doit débourser un marchand qui achète 15 barriques de vin à 75 fr. l'une, avec escompte en dehors de 3 p. 0/0 ? et quel devrait être le prix de la barrique pour que le marchand déboursât la même somme, l'escompte étant de 5 p. 0/0?

2226. Un commerçant a 37 hectol. 8 de cognac qu'il peut céder, sans perte ni profit, au prix de 225 fr. l'hectolitre, avec rabais de 6 p. 0/0. On propose de lui payer son cognac 230 fr. l'hectolitre moyennant 12 p. 0/0 d'escompte. Peut-il accepter ? et, en admettant qu'il accepte, quel sera son gain ou sa perte?

2227. Un vitrier achète 265 mètres carrés de verre simple à 5 fr. 60, et 90 mètres de verre double à 9 fr., le tout payable à 120 jours. Deux mois après, il se libère en donnant 2271 fr. 06 ; quel est le taux annuel de l'escompte dont il a joui ?

2228. Un cultivateur achète des vaches pour 2450 fr. payables dans 4 mois. S'il paie comptant, quelle somme donnera-t-il,

2.

en supposant qu'on lui accorde une remise calculée au taux de $5\frac{1}{2}$ p. 0/0 par an ?

2229. La graine de colza vaut 45 fr. le quintal donnant 46 kil. d'huile. On demande : 1° le prix de la graine nécessaire à la production de 1472 kil. d'huile ; 2° la somme qu'on devra verser si, alors que la graine n'est payable que dans 6 mois, on s'acquitte au bout de 90 jours, en obtenant un escompte en dedans de 6 p. 0/0 par an.

2230. Un entrepreneur convient de payer le millier de tuiles 23 fr., à condition qu'on lui donnera les 4 au cent et que le paiement ne sera exigible qu'à 3 mois. Cet entrepreneur payant tout de suite, on demande quelle somme il doit verser s'il obtient un escompte en dehors calculé sur le pied de 5 p. 0/0 par an. On sait qu'il a pris 135000 tuiles, y compris les 4 au cent.

2231. Un effet de 1800 fr., payable dans 7 mois, a été escompté en dedans et en dehors. La retenue ayant été de 51 fr. 45 dans les deux cas, on demande de déterminer la différence des deux taux d'escompte.

2232. Deux billets, de 253 fr. 75 chacun et payables dans 3 mois, ont été escomptés au même taux, l'un en dehors, l'autre en dedans. La différence des deux retenues ayant été de 0 fr. 05625, on demande le taux de l'escompte.

V. PROBLÈMES SUR LES FONDS PUBLICS.

1° Rentes sur l'État.

Explications préliminaires [1].

1. On appelle *rentes sur l'État* des intérêts que l'État paie pour des sommes qu'il a empruntées.

2. Il y a actuellement quatre sortes de rentes sur l'État : la rente 5 p. 0/0 ; la rente $4\frac{1}{2}$ p. 0/0 ; la rente 4 p. 0/0, et la rente 3 p. 0/0.

3. Les rentes se désignent généralement par le taux de l'intérêt qu'elles produisent. Ainsi on dit : la rente 5 p. 0/0 ; la rente $4\frac{1}{2}$ p. 0/0 ; la rente 4 p. 0/0 ; la rente 3 p. 0/0, ou, plus simplement : le 5 p. 0/0 ; le $4\frac{1}{2}$ p. 0/0 ; le 4 p. 0/0 ; le 3 p. 0/0.

4. Lorsque l'État a besoin d'argent, il ouvre un emprunt national auquel tout le monde peut souscrire. La somme qu'on verse alors pour avoir la rente fixée est ce qu'on nomme le prix d'*émission*.

5. Dans les emprunts contractés par l'État, le taux de la rente ne change jamais ; le prix de la rente seul varie.

6. On nomme *cours* de la rente la somme qu'il faut verser pour avoir, soit une rente de 5 fr., soit une rente de 4 fr. 50, soit une rente de 4 fr., soit une rente de 3 fr.

7. Les rentes sur l'État se vendent et s'achètent comme une

1. A cause de leur importance, nous reproduisons ici, en les complétant, les explications que nous avons déjà données dans la première partie.

marchandise quelconque ; mais l'achat et la vente, à l'exception des titres *au porteur,* qui se transmettent de la main à la main, ne peuvent être faits qu'au palais de la Bourse et par l'intermédiaire d'un *agent de change.*

8. On nomme *courtage* le droit que perçoit, pour son salaire, l'agent de change. Ce droit est de $\frac{1}{800}$ du prix de la rente achetée ou vendue.

9. Lorsqu'on souscrit directement à un emprunt, on le fait sans le ministère d'un agent de change. Dans ce cas, on n'a pas de courtage à payer.

10. Outre le courtage, l'acheteur paie des frais de *timbre* qui sont de 0 fr. 60 jusqu'à 10000 fr. de capital employé inclusivement, et de 1 fr. 80 à partir de cette somme. [1]

11. On appelle *hausse* ou *baisse* les variations que subit le cours ou prix de la rente.

12. On dit que la rente est au *pair* quand le taux du placement est juste 5 p. 0/0, abstraction faite des frais de courtage et de timbre.

13. Ceux qui achètent des rentes sur l'État reçoivent des titres qu'on appelle *inscriptions* de rente, titres qui sont extraits d'un registre à souche nommé le *grand livre* de la *dette publique.*

14. Il y a deux sortes d'inscriptions de rente : les inscriptions *au porteur* et les inscriptions *nominatives.*

15. Les inscriptions au porteur ne désignent pas l'individu qui les possède. Ainsi que l'indique leur nom, elles appartiennent à celui qui les porte.

16. Les inscriptions nominatives désignent, elles, le nom de leur propriétaire.

17. La rente 5 p. 0/0 se paie par trimestre les 16 février, 16 mai, 16 août et 16 novembre. [2]

1. Loi du 23 août 1871. — Avant le vote de cette loi, ces frais étaient de 0 fr. 50 et de 1 fr. 50.

2. Emprunt de 2 milliards pour le paiement de la dette prussienne (27 juin 1871).

18. Les rentes $4\frac{1}{2}$ et 4 p. 0/0 se paient de 6 mois en 6 mois: moitié le 22 mars et moitié le 22 septembre.

19. La rente 3 p. 0/0 se paie par quarts de 3 mois en 3 mois et aux dates suivantes : le 1er janvier, le 1er avril, le 1er juillet et le 1er octobre.

20. L'État n'est pas tenu de rembourser les sommes qu'il emprunte; il doit seulement en payer les intérêts ou rentes aux époques indiquées ci-dessus.

21. Les titres au porteur sont accompagnés de *coupons* portant la date de l'échéance, le numéro de l'inscription et le montant de la somme à toucher à chaque terme. Ces coupons, détachés par le possesseur, sont payés à présentation dans toutes les caisses publiques. — Lorsque ces coupons sont épuisés, l'État délivre gratuitement un nouveau titre.

22. Les titres nominatifs ne sont pas, eux, accompagnés de coupons. Pour en toucher la rente, il suffit de les présenter à chaque échéance à n'importe quel receveur des finances.

23. On voit tous les jours, dans les journaux, des expressions de ce genre : 3 p. 0/0 j 1er j : 4 p. 0/0 j 22 m. (lisez 3 pour cent, jouissance 1er juillet ; 4 pour cent, jouissance 22 mars.) Elles signifient, la première, que celui qui a acheté de la rente 3 p. 0/0 n'en aura la jouissance qu'au 1er juillet, c'est-à-dire qu'il ne touchera rien avant cette époque; la seconde, que celui qui a acheté du 4 p. 0/0 ne recevra le premier paiement qu'au 22 mars.

24. Quelques jours avant chaque date de paiement, le 20 mars, par exemple, pour le 3 p. 0/0 payable le 1er avril, on détache le coupon de rente et l'on remplace sur la cote officielle ces mots : j. 1er avril par ceux-ci j. 1er juillet; ce qui indique qu'à partir de ce jour le paiement du 1er avril ne se fera plus entre les mains de l'acheteur, mais bien entre celles du vendeur.

25. Les problèmes relatifs aux rentes sur l'État se résolvent absolument de la même manière que ceux d'intérêt, en observant toutefois qu'il n'est jamais question de temps dans ces problèmes.

OBSERVATION. On ne fera entrer les droits de courtage et de timbre en compte que quand l'énoncé le demandera.[1]

2233. Quel est le prix de 470 fr. de rente 3 p. 0/0 achetée au cours de 68 fr. 10 ?

2234. Que faudrait-il payer le 3 p. 0/0, le 4 p. 0/0 et le $4\frac{1}{2}$ p. 0/0 pour placer son argent à 5 p. 0/0 ?

2235. Combien coûteront, frais de courtage et de timbre non compris, 1° 54 fr. de rente 3 p. 0/0 au cours de 72 fr. 92 ? 2° 45 fr. de rente $4\frac{1}{2}$ p. 0/0 au cours de 103 fr. 50 ? 3° 60 fr. de rente 4 p. 0/0 au cours de 92 fr. 40 ?

2236. Quel sera le prix de 95 fr. de rente 5 p. 0/0 achetée au cours de 91 fr. 70 ?

2237. La rente 4 p. 0/0 étant à 90 fr. 40, combien paiera-t-on 116 fr. de cette rente ?

2238. On demande de déterminer le montant de la rente $4\frac{1}{2}$ p. 0/0 qu'on pourra acheter avec un capital de 9175 fr. 50, lorsque cette rente est au cours de 101 fr. 95 ?

2239. Un capitaliste achète de la rente 3 p. 0/0 au cours de 65 fr. 20. A quel taux place-t-il ainsi son argent ?

2240. En achetant de la rente $4\frac{1}{2}$ p. 0/0 au cours de 100 fr., à quel taux place-t-on ses fonds ?

2241. On a payé 1638 fr. pour 72 fr. de rente 4 p. 0/0 : quel était le cours de la rente ?

2242. Un fermier vend 150 moutons à raison de 26 fr. 22 pièce. Avec le produit de cette vente, il achète de la rente 3 p. 0/0 et se fait ainsi un revenu de 173 fr. 50. Quel était le cours de cette rente ?

1. Ces questions ont été rédigées avant la guerre de 1870-71. Voilà pourquoi nos données sont aujourd'hui généralement trop élevées.

2243. Quel est le plus avantageux d'acheter du 3 p. 0/0 au cours de 70 fr. 95 ou du 4 $\frac{1}{2}$ au cours de 102 fr. 10?

2244. Le 29 juin 1870, le 3 p. 0/0 était au cours de 72 fr. 55 et le 4 $\frac{1}{2}$ au cours de 103 fr. 80. Quelle était la moins chère des deux rentes?

2245. Le 28 juin 1867, le cours de la rente 3 p. 0/0 était de 69 fr. 15 et celui de la rente 4 $\frac{1}{2}$, de 98 fr. 75. Un cultivateur avait à placer une économie de 27314 fr. 25 : laquelle des deux rentes a-t-il dû choisir? et quel a été l'avantage résultant du choix du parti le plus avantageux?

2246. Un particulier possède 1345 fr. de rente 4 p. 0/0 au cours de 90 fr. 40. Désirant toucher son revenu tous les 3 mois, il se décide à convertir son 4 p. 0/0 en 3 p. 0/0, lequel est au cours de 70 fr. 60. Quel est le montant de la *soulte* qu'il devra alors payer pour avoir la même rente?

2247. Lorsque le 4 p. 0/0 est au cours de 90, quel devrait être celui du 5 p. 0/0 pour que les deux rentes coûtassent proportionnellement le même prix?

2248. Quand le 4 $\frac{1}{2}$ p. 0/0 baisse de 1 fr. 80, quelle devrait être la baisse correspondante du 4 p. 0/0?

2249. Que coûteraient 425 fr. de rente 4 p. 0/0, frais de courtage et de timbre compris, au cours de 83 fr. 70? (Voir les nos 8 et 10 des explications, page 35.)

2250. Quel serait le prix de 750 fr. de rente 4 $\frac{1}{2}$ p. 0/0 au cours de 93 fr. 15, courtage et timbre compris?

2251. On a acheté 600 francs de rente 4 $\frac{1}{2}$ p. 0/0 au cours de 92 fr. 50. Quel est le montant de la dépense, en tenant compte des frais de courtage?

2252. Quelle somme devra verser, courtage et timbre compris, une personne qui veut se faire, en 5 p. 0/0, au cours de 92 fr. 80, une rente trimestrielle de 365 fr ?

2253. On a acheté 193 fr. 50 de rente 3 p. 0/0, au cours de 70 fr.; on revend cette rente au cours de 71 fr. 60 : quel est le bénéfice total ?

2254. Le 15 février 1871, la rente 3 p. 0/0, par suite de la guerre franco-allemande, était au cours de 50 fr. 25. Une personne achète 795 fr. de cette rente, qu'elle revend plus tard au cours de 65 fr. 50. Quel est ainsi 1° son bénéfice pour cent ? 2° son bénéfice total ?

2255. Quel doit être le cours du 4 $\frac{1}{2}$ p. 0/0 pour que cette rente soit au pair ? (Voir le n° 12 des explications, page 36.)

2256. On a acheté au pair 108 fr. de rente 4 p. 0/0. Quelle somme a-t-on déboursée, frais de courtage et de timbre compris ?

2257. Combien aura-t-on de rente 4 $\frac{1}{2}$ p. 0/0, au cours de 92 fr. 50, avec un capital de 74094 fr. 30, frais de courtage et de timbre compris ?

2258. Quel est le montant de la rente 4 $\frac{1}{2}$ qu'on pourra acheter avec une somme de 8010 fr. 60, en tenant compte des frais de courtage et de timbre, lorsque cette rente vaut 100 fr.?

2259. Combien devrait-on louer une propriété achetée 21350 fr. pour que cette somme produisît le même revenu que si elle eût été employée à l'achat de rente 4 p. 0/0, au cours de 85 fr. 40 ?

2260. Une commune possède un capital de 12500 fr. placé en rente 4 $\frac{1}{2}$ p. 0/0. Quelle somme devrait-elle ajouter à ce capital pour avoir le même revenu en 3 p. 0/0 dont le cours est 71 fr. ? On sait que le 4 $\frac{1}{2}$ a été payé 99 fr. 60.

2261. 228 fr. de rente 3 p. 0/0 ayant été payés 4277 fr. 114, frais de courtage et de timbre compris, on demande le cours de la rente.

2262. 630 fr. de rente 4 $\frac{1}{2}$ ont coûté, y compris les frais de courtage et de timbre, 11636 fr. 325. Quel était le cours de cette rente ?

2° Actions et obligations.

Explications préliminaires.

1. Pour mieux faire comprendre ce qu'on entend par *action,* nous supposerons qu'il s'agisse de faire un chemin de fer qui coûtera, admettons, 40 millions. Or, où trouver ce capital considérable ? Rien de plus facile : la compagnie, chargée de l'entreprise, divisera cette somme de 40 millions en 80000 parties de 500 fr. chacune, par exemple, puis elle invitera les particuliers à lui venir en aide en prenant une, deux, trois, etc. de ces parties. En échange, elle leur délivrera des titres par lesquels elle s'engagera à leur payer, à un taux convenu, l'intérêt des capitaux fournis et à leur donner, en même temps, dans les bénéfices, s'il y en a, une part proportionnée aux sommes versées par chacun d'eux. Eh bien ! chacune de ces parties du capital constitue précisément ce qu'on appelle une *action.*

2. Une action n'est donc rien autre chose qu'une somme, plus ou moins grande, qu'on verse dans la caisse d'une société formée pour une entreprise quelconque, laquelle somme donne généralement droit : 1° à un intérêt fixe ; 2° lorsque l'œuvre est achevée, à un *gain éventuel* variant avec les bénéfices *nets* de la société.

3. On appelle encore *action* chacun des titres remis aux souscripteurs.

4. Les actionnaires peuvent être considérés comme les propriétaires de l'entreprise, et, à ce titre, ils se partagent les *bénéfices* comme ils supportent les *pertes.*

5. Les actions sont plus ou moins importantes : elles varient généralement de 100 à 1000 fr.

6. Quant à l'*obligation*, c'est un titre donnant droit *seulement* à une rente déterminée, payée par la ville ou la compagnie qui a souscrit l'obligation.

7. Le capital qu'on doit verser pour avoir une action ou une obligation est ce qu'on nomme le prix d'*émission*.

8. Comme les rentes sur l'État, les actions et les obligations sont constatées par des titres *nominatifs* ou au *porteur*, mais le plus souvent par des titres au porteur.

9. Les actionnaires et les obligataires reçoivent autant de titres qu'ils ont pris d'actions ou d'obligations. Sur ces titres se trouvent tous les renseignements dont on peut avoir besoin.

10. La part de bénéfice qui revient à chaque actionnaire, en proportion des fonds qu'il a versés, s'appelle *dividende*. Lorsque l'entreprise est achevée, le bénéfice et l'intérêt se confondent.

11. On nomme *coupons* des espèces de bordereaux faisant partie du titre même et portant l'indication des revenus à toucher à chaque échéance. Ces coupons sont détachés au fur et à mesure qu'ils sont payés, tout comme pour les rentes. Ils servent de quittances.

12. Les intérêts des actions et des obligations se paient communément par trimestre ou par semestre, c'est-à-dire de 3 en 3 ou de 6 en 6 mois, sur la présentation des coupons.

13. En général, les actions et les obligations, à moins qu'elles ne soient trop peu importantes, sont *cotées* à la Bourse comme les rentes sur l'État, c'est-à-dire qu'elles se vendent et s'achètent de même.

14. Le droit de *courtage* pour chaque action ou obligation nominative française est, comme pour les rentes, de $\frac{1}{800}$ de son prix. L'acheteur paie en outre un droit de *timbre* de 0 fr. 60 [1].

1. Les actions et les obligations au *porteur* se transmettent de la main à la main. L'acheteur n'a par conséquent ni droit de courtage ni droit de timbre à payer.

15. L'État perçoit en outre, sur les actions ou obligations françaises au *porteur*, un droit fixe de 0 fr. 15 par 100 fr. de leur cours, et un droit de *mutation* de 0 fr. 50 par 100 fr. sur les obligations ou actions *nominatives*. Ce dernier se paie, une fois pour toutes, au moment de l'achat.[1]

16. A ces droits s'ajoute *le double décime*, ce qui porte le premier à 0 fr. 18 et le second à 0 fr. 60 par 100 fr. de la valeur cotée.

17. Le droit perçu sur les actions et obligations au *porteur* est prélevé sur chaque coupon d'intérêt par les compagnies qui en tiennent compte au gouvernement. Ce droit diminue nécessairement le revenu annuel, lequel, pour une obligation au cours moyen de 350 fr. produisant 15 fr. de rente, n'est plus que de 15 fr. — (3,50 × 0,18) = 14 fr. 37.

18. Les fonds étrangers sont également soumis à un droit de timbre de 0 fr. 60, double décime compris, par 100 fr. de valeur *nominale*. Ce droit se paie à chaque mutation.

19. L'obligation présente généralement plus de *sécurité* que l'action, par la raison que l'obligataire n'a aucun intérêt dans l'entreprise : que celle-ci aille bien ou mal, il touche la rente promise, ce qui n'existe pas toujours pour l'action.

20. Aux avantages réels dont jouissent les obligations, on ajoute souvent celui de la *loterie*, c'est-à-dire qu'on crée un certain nombre de *lots* ou *primes* qui deviennent la propriété de ceux que le *sort favorise*. On conçoit que, dans ce cas, le taux de l'intérêt alloué est un peu moins élevé.

21. Les obligations sont remboursées, dans un délai déterminé, par *voie de tirage au sort*. Le plus souvent, le montant du remboursement est supérieur au prix d'émission.

22. Les actions et les obligations sont de création récente. Elles sont nées du besoin d'associer, pour les grandes entreprises, des fortunes qui, seules, seraient insuffisantes.

23. Les personnes qui désirent placer des fonds ne sauraient apporter trop de prudence dans le choix des placements. La sécurité de leur avoir en dépend. En général, il faut se défier de ceux qui paraissent par trop avantageux ; il faut aussi

1. Loi du 23 août 1871.

prendre garde de se laisser duper par les annonces et les prospectus mensongers qu'on reçoit tous les jours. Les rentes sur l'État, les emprunts contractés par les communes, par les compagnies de chemins de fer, le Crédit foncier, offrent les meilleurs et les plus sûrs placements. Il vaut mieux être *certain* de toucher un modeste intérêt que de courir, en voulant trop gagner, le *risque* de tout perdre.

24. Les calculs relatifs aux actions et aux obligations, lorsqu'on n'en considère que le revenu ou intérêt annuel, sont absolument analogues à ceux des rentes sur l'État.

OBSERVATION. — Dans les problèmes de ce paragraphe, on ne tiendra compte des frais que lorsque l'énoncé le demandera.

2263. Que coûteront 1200 fr. de rente en obligations 3 p. 0/0 du chemin de fer de Paris à Lyon, lorsque ces obligations, qui rapportent 15 fr. d'intérêt, sont au cours de 350 fr.?

2264. Que paiera-t-on une obligation *nominative* 3 p. 0/0 de la ligne du Nord au cours de 356 fr., en tenant compte des frais de courtage et de timbre et du droit de mutation? (Voir les numéros 14, 15 et 16 des explications, page 42.)

2265. Quel est, en tenant compte du droit de mutation et des frais de timbre et de courtage, le prix d'une obligation nominative de l'Est au cours de 552 fr. et produisant 25 fr. d'intérêt? et quel serait le revenu annuel d'une personne qui achèterait pour 5004 fr. 45 de ces obligations?

2266. Un canal, qui a coûté 10 millions, tous frais comptés, rapporte par an 375000 fr. de bénéfices nets. En admettant qu'il ait été établi au moyen d'actions de 500 fr. chacune, on demande le dividende annuel que doit recevoir un particulier qui a pris 50 de ces actions.

2267. Une personne consacre 27680 fr. à l'achat d'obligations au *porteur* 3 p. 0/0 du chemin de fer du Bourbonnais. Le cours étant de 346 fr., on demande quel sera, à raison de 15 fr. par obligation, le revenu annuel de cette personne. Ne tenir compte que du droit prélevé par l'État. (Voir les numéros 15 et 16 des explications.)

2268. Une action, achetée au cours de 1185 fr. 70, a rapporté, intérêt et dividende compris, 62 fr. 60. Calculer, d'après cela, le taux du placement.

2269. A quel taux place-t-on son argent en achetant, au cours de 350 fr. 50, des obligations au porteur 3 p. 0/0 de la ligne d'Orléans produisant 15 fr. de rente ? On tiendra compte du droix fixe annuel. (Voir les numéros 15 et 16 des explications.)

2270. A quel taux place-t-on son argent en achetant, au cours de 353 fr., des obligations nominatives 3 p. 0/0 du chemin de fer de Lyon produisant 15 fr. de revenu annuel ? Tenir compte des frais de courtage et du droit de mutation. (Voir les numéros 14, 15 et 16 des explications.)

2271. Quel est le prix de revient de 7 obligations 4 p. 0/0 du chemin de fer de Paris à Lyon, lorsque ces obligations, qui produisent 50 fr. d'intérêt chacune, sont au cours de 1150 fr.? et à quel taux, dans ces conditions, l'acheteur place-t-il son argent ?

2272. On veut se faire 10000 fr. de rente en achetant, au cours de 555 fr., des obligations nominatives du chemin de fer de l'Est produisant un revenu annuel de 25 fr. Quelle somme devra-t-on verser, droit de mutation et frais de courtage et de timbre compris ? (Voir les numéros 14, 15 et 16 des explications.)

2273. Une personne désire se créer, déduction faite des droits perçus par l'État, un revenu annuel de 7184 fr. 55 en achetant, au cours de 350 fr. 50, des obligations au porteur du chemin de fer d'Orléans produisant 15 fr. d'intérêt. Quelle somme déboursera-t-elle ? (Voir les numéros 15, 16 et 17 des explications.)

2274. Les obligations 4 p. 0/0 au porteur de la ville de Paris (emprunt de 1865), produisant 20 fr. de revenu annuel, ont été émises au prix de 450 fr.; elles valent actuellement à la Bourse 522 fr. On demande : 1° à quel taux réel a placé son argent une personne qui a souscrit à cet emprunt ; 2° ce qu'elle gagnerait pour cent en revendant aujourd'hui ses titres.

2275. Les obligations nominatives 3 p. 0/0 du chemin de fer de l'Ouest sont au cours de 350 fr. et produisent 15 fr. de rente annuelle. Combien, pour 35220 fr. 55, en tenant compte du droit de l'État et des frais de courtage et de timbre, aura-t-on de ces obligations ? Quel revenu se fera-t-on ? et à quel taux placera-t-on ainsi son argent ?

2276. Une personne a 1500 fr. de rente 3 p. 0/0. Quel revenu se créerait-elle si elle vendait son titre au cours de 72 pour acheter, à la place, des obligations nominatives du Midi valant 348 fr. et produisant 15 fr. d'intérêt ?

2277. Les obligations 3 p. 0/0 du Nord au porteur, rapportant 15 fr. d'intérêt, valent 360 fr.; les obligations 5 p. 0/0 de l'Est, produisant 25 fr., valent 555 fr. Laquelle des deux valeurs doit préférer un particulier qui a 12000 fr. à placer ? et quel sera son bénéfice total en choisissant le parti le plus avantageux ? On tiendra compte des droits perçus par l'État. (Voir les numéros 15, 16 et 17 des explications.)

2278. Résoudre la même question (2277), les obligations étant nominatives. (Voir les numéros 15 et 16 des explications.)

2279. Un industriel achète pour 204000 de rente $4\frac{1}{2}$ p. 0/0 au cours de 102 fr. De combien ce cours doit-il monter pour qu'en revendant sa rente il puisse acheter, au cours de 520 fr., 400 obligations parisiennes 4 p. 0/0 au porteur produisant 20 fr. de rente ? et quel sera alors son nouveau revenu ?

2280. On achète, à la Bourse de Paris, 3 obligations nominatives 3 p. 0/0 des chemins de fer autrichiens, au cours de 268 fr. 50 ; 4 obligations 3 p. 0/0 des chemins de fer lombards, au cours de 269 fr. 10, et 2 obligations Saragosse, au cours de 265 fr. 40. On demande de calculer : 1° le montant de la dépense, en tenant compte du droit de timbre perçu par l'État ; 2° les différents taux auxquels l'acquéreur a placé son argent. On sait que ces obligations, qui produisent toutes 15 fr. de rente, sont remboursables à 500 fr. (Voir le numéro 18.)

2281. En achetant pour 19989 fr. d'actions nominatives du Comptoir d'escompte, émises à 500 fr. et produisant un dividende de 35 fr., un rentier s'est constitué un revenu qui lui permet de dépenser 3 fr. $\frac{40}{73}$ par jour. On demande : 1° le cours auquel il a acheté ces actions ; 2° le taux du placement.

2282. Les obligations 3 p. 0/0 au porteur de la ville de Paris (emprunt de 1869) sont au cours de 347 fr. 25 et produisent 15 fr. de rente ; les obligations 4 p. 0/0 de la même ville (emprunt de 1865), produisant 20 fr. de rente, sont au cours de 521 fr. Dire quel sera, en revenu, l'avantage d'un particulier qui, ayant 12000 fr. à placer, choisira le parti le plus productif.

2283. Les obligations 3 p. 0/0 des chemins de fer autrichiens sont cotées 270 fr. à la Bourse de Paris, et les obligations 3 p. 0/0 des chemins de fer lombards, 268 fr. Ces obligations rapportant les unes et les autres 15 fr. de rente annuelle, on demande de déterminer le taux moyen auquel place son argent une personne qui en achète 7 des premières et 5 des secondes. Tenir compte des droits de timbre, sachant que ces obligations sont remboursables à 500 fr. (Voir le numéro 18.)

VI. PROBLÈMES SUR LES ASSURANCES.

Explications préliminaires.

1. On appelle *assurance* un contrat par lequel un particulier ou une compagnie s'engage à payer, à un propriétaire, les pertes que celui-ci peut éprouver sur ses bâtiments, sur ses récoltes, sur ses bestiaux, etc.

2. L'*assureur* est l'individu ou la compagnie qui répond des dommages ; l'*assuré* est celui que couvre l'assurance.

3. La somme que l'assuré s'engage à payer annuellement à l'assureur, à raison de *tant* par *mille*, se nomme *prime*.[1]

1. La loi du 23 août 1871 (art. 6) a imposé les primes d'assurances. Le droit à payer est de 0 fr. 50, *double décime* compris, par 100 fr. du montant total de la prime pour les assurances maritimes, et de 8 fr. pour les assurances contre l'incendie, plus un double décime par franc, ce qui porte ce dernier droit à 9 fr. 60. Ces impôts sont perçus par les compagnies pour le compte du Trésor.

4. Le contrat réglant les conditions de l'assurance s'appelle *police*. Il est toujours rédigé en *double :* l'original reste entre les mains de l'assureur, qui en délivre une *copie* à l'assuré.

5. La prime d'assurance se paie tous les ans et à une époque déterminée par le contrat. Elle est plus ou moins élevée selon que les valeurs assurées sont elles-mêmes plus ou moins exposées à subir des pertes.

6. On distingue deux sortes d'assurances : 1° les assurances *terrestres* contre l'incendie, la grêle, les inondations, la gelée, etc.; 2° les assurances *maritimes* contre les risques de la mer. Il y a bien encore les assurances *sur la vie* ; mais celles-ci n'ont aucune ressemblance avec les autres. Nous n'en parlerons qu'au chapitre des intérêts composés.

7. Les problèmes sur les assurances peuvent être considérés comme des cas particuliers de la règle d'intérêt ; aussi se résolvent-ils de même.

2284. Combien coûte par an une assurance de 34000 fr., le taux de la prime étant de 0 fr. 50 par mille ?

2285. Un fermier assure, à raison de 0 fr. 90 p. 1000, ses bâtiments qui sont estimés 22000 fr. Quelle est la prime qu'il doit payer annuellement ?

2286. Un cultivateur assure ses bâtiments, son mobilier, ses récoltes et son matériel d'exploitation. Ses bâtiments valent 15000 fr., son mobilier 2500 fr., ses récoltes 18000 fr. et son matériel 3500 fr. Quel est le montant de la prime qu'il devra payer par an, le taux étant de 0 fr. 85 p. 1000?

2287. Une fabrique, assurée à 2 fr. 10 p. 1000, est détruite aux $\frac{3}{5}$ par un incendie. Le propriétaire ayant reçu 87000 fr. de la compagnie, on demande de faire connaître le prix d'estimation de la fabrique et le montant de la prime annuelle.

2288. Un industriel, qui a assuré, à raison de 1 fr. 50 p. 1000, son usine estimée 125000 fr., a payé, pour un certain nombre d'années, une prime totale de 2062 fr. 50. Pendant combien de temps cette usine a-t-elle été assurée ?

2289. Pour une assurance de 17500 fr., on paie 22 fr. 75 de prime annuelle. Faire connaître le taux p. 1000 de la prime.

2290. La maison d'un boulanger, estimée 7800 fr., avait été assurée à raison de 1 fr. 75 p. 1000. A la fin de la première année, cette maison brûle, et les dommages causés par l'incendie sont évalués aux $\frac{3}{4}$ de la valeur assurée. Déterminer, déduction faite de la prime d'assurance, la somme que la compagnie devra verser entre les mains du boulanger.

2291. Un navire à vapeur, valant vide 125000 fr., est chargé de 175 quintaux de sucre à 1 fr. 35 le kilo, de 18 tonnes de café à 340 fr. les 100 kil., et de 28000 kil. de chocolat à 42 fr. 50 le myriagr. Le tout est assuré moyennant une prime de 2 fr. 75 p. 1000. Ce navire ayant été totalement détruit par une tempête, on demande, déduction faite de la prime d'assurance, la somme que la compagnie doit donner à l'armateur.

2292. Un armateur fait assurer, à 4 $\frac{1}{2}$ p. 1000, un navire chargé valant vide 150000 fr. et, plein de marchandises, 650000 fr. Les marchandises seules éprouvent des avaries qui se montent à 15 p. 0/0 de leur valeur. Quelle est, d'après cela, la somme que l'assureur, défalcation faite de la prime d'assurance, doit verser entre les mains de l'armateur ?

2293. A raison de 1 fr. 60 p. 1000, un tuilier paie par semestre 169 fr. 60 de prime d'assurance. Combien, déduction faite de la prime annuelle, le tuilier recevra-t-il de la compagnie, en admettant que les valeurs assurées soient détruites aux $\frac{2}{5}$ par un incendie ?

2293 bis. Un négociant a expédié des marchandises qu'il a assurées à raison de 3 p. 0/0. La valeur des marchandises et la prime d'assurance montent ensemble à 12875 fr. Quel est le prix des marchandises ?

VII. PROBLÈMES SUR LES PARTAGES PROPORTIONNELS, LES CONTRIBUTIONS DIRECTES ET LA RÈGLE DE SOCIÉTÉ.

1° Partages proportionnels.

2294. Partager 99 en parties proportionnelles aux nombres 4 et 5.

2295. Partager 425 proportionnellement aux nombres 3, 5 et 9.

2296. Partager 600 en deux parties telles que la première soit à la deuxième comme 2 est à 5.

2297. Trois ménagères donnent à un tisserand, la première 28 kil. de fil, la deuxième 35 kil. et la troisième 32 kil. Le tisserand ayant fait avec ce fil 190 m. de toile, quelle est la quantité d'étoffe qui revient à chaque ménagère ?

2298. 15 terrassiers ont reçu 5453 fr. pour le creusement d'une partie de canal. 3 ont travaillé pendant 110 jours ; 4 pendant 130 jours ; 2 pendant 140 jours, et les autres pendant 100 jours. Que gagnait chaque ouvrier par jour ?

2299. Deux messagers ont reçu ensemble 516 fr. 80. Le premier a transporté 1600 kil. de marchandises à 76 kilom. ; le second en a transporté 76 quintaux à 180 kilom. Déterminer la part qui revient à chacun d'eux.

2300. Deux maquignons ont loué en commun une prairie pour 267 fr. 75. Le premier y a fait paître 30 vaches pendant 6 jours, le second, 45 vaches pendant 9 jours. Combien chaque maquignon doit-il payer de fermage ?

2301. Le métal de cloche est composé de 77 parties de cuivre, de 21 d'étain et de 2 de zinc. Déterminer, d'après cela, les poids de chacun de ces métaux qui entrent dans une cloche pesant 500 kilos.

2302. Le beau cristal s'obtient en fondant ensemble, dans

les proportions indiquées ci-après, les matières suivantes : sable blanc 39 parties; minium 22 parties; potasse 11,4; débris de cristal 26,1; nitre 1,499; peroxyde de manganèse 0,0005; acide arsénieux 0,0005. On demande combien il entre de chacune de ces substances dans 6722 kil. 5 de cristal.

2303. 6 hommes, 12 femmes et 4 enfants travaillent dans une fabrique. On propose de leur partager une gratification de 304 fr. proportionnellement à leur salaire. On sait que chaque homme gagne 4 fr. 20 par jour, chaque femme 2 fr. 40, et chaque enfant 1 fr. 30.

2304. Une usine occupe 9 hommes, 5 femmes et 4 enfants. Les hommes gagnent 3 fr. 60 par jour chacun, les femmes 1 fr. 85 et les enfants 1 fr. 20. Une gratification de 66 fr. 50 leur étant distribuée en proportion de ce qu'ils gagnent par jour, on demande de déterminer la part de chacun.

2305. Partager 864 en parties proportionnelles aux nombres 2, 3, 5 et 6.

2306. Partager 528 en 3 parties qui soient entre elles comme les nombres $\frac{1}{2}$, $\frac{2}{3}$ et $\frac{3}{4}$.

2307. Partager 635 en 4 parties proportionnelles aux nombres 3, $4\frac{1}{3}$, $5\frac{1}{5}$ et $6\frac{2}{7}$.

2308. Une personne, qui doit à 3 créanciers, savoir : 4025 fr. au premier, 1485 fr. au deuxième et 3585 fr. au troisième laisse en mourant 6823 fr. seulement. Quelle somme recevra chaque créancier et combien pour cent ?

2309. Un commerçant, déclaré en faillite, laisse un actif (avoir) de 42760 fr. et un passif (dette) de 182000 fr. Combien, déduction faite des frais de justice, qui s'élèvent à 6360 fr., les créanciers toucheront-ils pour cent ? et combien l'un d'eux, à qui il est dû 6200 fr., recevra-t-il pour sa part ?

2310. Un négociant, qui fait faillite, laisse un passif de 122900 fr. et un actif de 68880 fr. Les frais de justice s'étant élevés aux $\frac{2}{21}$ de l'actif, on demande de déterminer la somme que touchera un créancier auquel il est dû 8625 fr.

2311. Un préfet reçoit une somme de 3848 fr. destinée à

venir en aide à 4 familles victimes d'une inondation. La première a fait une perte de 3600 fr., la deuxième une perte de 2800 fr., la troisième, de 2200 fr., et la quatrième, de 1020 fr. Faire connaître le montant du secours que chaque famille recevra.

2312. Trois cantons doivent fournir un contingent de 114 soldats. Le premier compte 124 conscrits, le deuxième 113 et le troisième 143. Quelle sera la part contributive de chaque canton dans ce contingent?

2313. Un négociant, qui doit 80000 fr., est déclaré en faillite. Son actif se montant à 48000 fr., on demande ce que les créanciers, déduction faite des frais de justice, qui s'élèvent à 3600 fr., recevront par franc, ou, en d'autres termes, quel sera le *marc le franc*.

2314. Trois héritiers reçoivent, dans un même héritage, l'un 2350 fr., l'autre 1600 fr., et le troisième 6250 fr., à condition qu'ils paieront, en commun et proportionnellement à la somme reçue par chacun, une dette de 1000 fr. Quelle est la part nette de chaque héritier?

2315. On demande de partager 1850 en raison inverse des nombres 3, $4\frac{1}{2}$, $5\frac{1}{3}$ et 7.

2316. Partager 9700 fr. entre 4 personnes, âgées de 30, de 25, de 22 et de 20 ans, de manière que les parts soient en raison inverse des âges.

2317. Un homme charitable laisse en mourant une somme de 7200 fr. qui doit être répartie entre 3 familles indigentes proportionnellement au nombre d'enfants qu'il y a dans chacune d'elles. Sachant qu'il y a 6 enfants dans la première, 4 dans la deuxième et 2 dans la troisième, on demande la somme que recevra chaque famille.

2318. Une compagnie de 4 ouvriers a moissonné, à raison de 45 francs par hectare, 14 hect. 25 de froment. Le premier seul en a moissonné 340 ares; le deuxième 3 hect. 80; le troisième 4 hect., et le quatrième le reste. Combien doivent-ils recevoir chacun?

2319. Trois ouvriers ont travaillé, le premier 26 jours de 8 heures; le deuxième 20 jours de 9 heures, et le troisième

30 jours de 10 heures. Sachant qu'ils ont touché ensemble 270 fr. 60, on demande de déterminer le salaire de chacun par jour et par heure.

2320. Un fermier achète pour 3780 fr. un nombre égal de moutons à 25, à 27 et à 32 fr. pièce. Combien a-t-il eu de moutons en tout? et combien a-t-il déboursé pour chaque catégorie ?

2321. Un marchand a acheté pour 8660 fr. de laine de 3 qualités. La première a été payée 3 fr. 10 le kilo ; la deuxième 3 fr. 20, et la troisième 3 fr. 30. Sachant qu'il en a eu une égale quantité de chaque sorte, on demande la somme payée pour chacune des trois qualités.

2322. Deux pièces de drap, de même qualité et coûtant ensemble 743 fr. 70, sont dans le rapport de 7 à 8. On les emploie à la confection de 37 pantalons de 1 m. 20 chacun. On demande : 1° la longueur de chaque pièce; 2° le prix du pantalon, façon et fournitures non comprises.

2323. Il y a en France (1869) 342621 conscrits sur lesquels on prend 90000 soldats. Le département de l'Yonne comptant 3357 conscrits, on demande le nombre de soldats qu'il devra fournir à lui seul.

2324. En admettant, d'après le problème précédent, que le département de l'Yonne, en 1869, ait un nombre de conscrits exactement proportionné au nombre de ses habitants, on demande la population totale de la France. On sait que la population de l'Yonne est de 373000 âmes.

2325. Trois personnes se partagent 1170 fr. de manière que, quand la première a 2 fr., la seconde en a 3 et la troisième 4. Quelle est la part de chacune?

2326. Partager 3700 en trois parties telles que la première soit à la deuxième comme 2 est à 3, et que la deuxième soit à la troisième comme 5 est à 6.

2327. Partager 76 en trois parties telles que la première et la seconde soient dans le même rapport que les nombres $\frac{1}{2}$ et $\frac{2}{3}$, et que la seconde et la troisième soient dans le même rapport que les nombres $\frac{3}{4}$ et $\frac{4}{5}$.

2328. Trois ouvriers veulent se partager une gratification de 192 fr. de manière que l'un ait $\frac{1}{5}$ de plus que les autres. Combien auront-ils chacun ?

2329. 25 ouvriers ont fait, à raison de 5 fr. 20 le mètre, un ouvrage de 1327 m. 45 en 9 semaines. Combien chacun de ces ouvriers a-t-il gagné par semaine, sachant que 6 d'entre eux ont une force supérieure de $\frac{1}{3}$ à celle des autres ?

2330. Deux marchands achètent ensemble, à raison de 14 fr. 25 le mètre, 322 mètres d'étoffe. Sachant que le premier prend 3 mètres quand le second en prend 4, on demande la somme que chacun doit payer.

2331. Partager 1254 fr. entre trois personnes, de manière que la part de la première soit à celle de la seconde comme $\frac{2}{3}$ est à $\frac{3}{4}$, et que la part de la deuxième soit à celle de la troisième comme $\frac{4}{5}$ est à $\frac{8}{7}$.

2332. On demande de partager 15600 en 4 parties telles que la première soit à la deuxième comme 2 est à 3 ; la première à la troisième comme $2\frac{1}{2}$ est à $4\frac{1}{3}$, et la deuxième à la quatrième comme $3\frac{1}{5}$ est à 7.

2333. Trois ouvriers ont fait un ouvrage pour lequel ils ont reçu ensemble 220 fr. 10. Le salaire du deuxième est les $\frac{6}{5}$ de celui du premier, et le salaire du troisième les $\frac{9}{8}$ de celui du second. Combien ont-ils travaillé de jours chacun, sachant que la journée du troisième ouvrier est payée 2 fr. 70 ?

2334. Les 4 meilleurs élèves d'une école ont fait, dans une composition, le premier $\frac{1}{2}$ faute, le deuxième $\frac{3}{4}$ de faute, le troisième 1 faute $\frac{1}{4}$, et le quatrième 2 fautes. Si le maître leur distribue 108 bons points, en raison inverse, bien entendu, des fautes qu'ils ont faites, combien recevront-ils chacun ?

2335. Un épicier fait faillite ; indépendamment de son mobilier, il laisse une terre estimée 9600 fr., des marchandises évaluées 222000 fr. et 3860 fr. en espèces. La terre et les marchandises sont vendues avec perte, la première de 9 et les secondes de 10 p. 0/0, et la vente du mobilier produit 2000 fr. D'après cela, on demande ce que les créanciers, au nombre de 4, recevront, sachant qu'il est dû au premier 21870 fr., au deuxième 18225 fr., au troisième 25515 fr., et au quatrième 7290 fr. On sait d'ailleurs 1° que la femme du failli reprend sa dot s'élevant à 10000 fr. ; 2° qu'il est dû 1500 fr. de loyer, et que les frais de la faillite se montent à 976 fr.

2° Contributions directes.

Explications préliminaires.

1. Nous avons en France quatre espèces de contributions directes : 1° la contribution *foncière* ou *immobilière ;* 2° la contribution *personnelle et mobilière ;* 3° la contribution des *portes* et *fenêtres ;* 4° la contribution des *patentes.*

2. Les *rôles* ou états de ces divers impôts sont publiés au commencement de chaque année et transmis aux percepteurs par le directeur des contributions de chaque département. Tout contribuable a le droit d'en prendre connaissance.

3. Aux termes de la loi, les contributions sont exigibles par *douzièmes* ; mais les percepteurs préfèrent généralement qu'on ne les paie que par quarts ou par moitiés : ils ont ainsi moins d'écritures à faire.

4. Les particuliers qui sont *trop* ou *indûment* imposés doivent adresser leurs réclamations au préfet de leur département dans les *trois mois* qui suivent la publication des rôles. Ces réclamations, qui doivent être accompagnées de la quittance des *termes échus,* sont rédigées sur papier *libre* quand la somme

pour laquelle on réclame est inférieure à 30 fr., et sur papier *timbré* à 0 fr. 60 à partir de cette somme.

5. La *contribution foncière* est payée proportionnellement au revenu des biens de chacun.

6. Pour arriver à une répartition équitable de la contribution foncière, voici ce qui a été fait : Des experts, choisis, partie par le gouvernement, partie par les communes, ont *arpenté* puis *classé* tous les champs par *nature* et par *qualité;* ils ont de plus *estimé* le *revenu* de chacun d'eux, revenu sur lequel sont *basés* les impôts votés par les députés, les conseils généraux et les conseils municipaux pour pourvoir aux besoins de l'État, des départements et des communes. Ces experts ont en outre dressé le *plan parcellaire* de chaque territoire, plan qui a été déposé à la mairie de chaque commune et que tout contribuable a le droit de consulter.

7. Le plan parcellaire du sol, nommé *cadastre,* est composé de deux parties : 1° le plan proprement dit, qui indique la *forme* et la *contenance* de chaque pièce de terre ; 2° les registres, appelés *matrices cadastrales,* où sont classés et désignés les biens possédés par chaque propriétaire.

Tableau de la classification du sol d'une commune.

8.

NATURE DES BIENS.	REVENU PAR HECTARE.				
	1re classe	2e classe.	3e classe.	4e classe.	5e classe.
	fr.	fr.	fr. c.	fr. c.	fr. c.
Terres labourables. . .	24	18	10 50	6 »	3 50
Vignes.	28	22	15 »	6 50	»
Bois.	25	18	11 »	5 50	2 20
Propriétés bâties . . .	25	20	»	»	»
Jardins.	40	30	24 »	»	»
Prés.	30	24	17 »	9 »	4 »

9. Les biens n'ayant pas partout la même valeur, il s'ensuit que chaque commune a sa classification propre.

10. Il n'y a que 5 classes pour les propriétés *non bâties*; pour les propriétés *bâties*, le nombre des classes est illimité.

11. Lorsqu'une propriété quelconque est vendue ou échangée, il est nécessaire de faire le changement ou *mutation* sur la matrice cadastrale de la commune sur le territoire de laquelle se trouve la propriété. Les mutations se font chaque année par les soins des percepteurs.

12. La *contribution personnelle* et *mobilière* est due par tout chef da famille, à moins qu'il ne soit dans l'indigence. La cote personnelle, qui devrait être égale à la valeur de 3 journées de travail, n'est pas partout la même : elle est fixée, pour chaque département, par le conseil général, et varie ordinairement de 1 fr. 50 à 4 fr. 50. Quant à la*taxe mobilière*, elle est basée sur la *valeur locative* de la *partie* des maisons consacrée à l'habitation.

13. La *contribution* des *portes* et *fenêtres*, impôt ajouté à celui des bâtiments servant d'habitations, est payée proportionnellement au nombre d'ouvertures de chaque maison. Elle est d'ailleurs d'autant plus élevée que la commune est plus populeuse.

Tarif général de la contribution des portes et fenêtres.

14. (Loi du 21 avril 1833.)

POPULATION des COMMUNES.	MAISONS A 1 ouverture.	MAISONS A 2 ouvertures.	MAISONS A 3 ouvertures.	MAISONS A 4 ouvertures.	MAISONS A 5 ouvertures.	Porte-cochère ou de magasin.	Maisons de plus de 5 ouvertres. Par chacune.
	fr. c.	fr. c.	fr. c.	fr. c.	fr. c.	fr. c.	fr. c.
De 5000 au plus. . .	0 30	0 45	0 90	1 60	2 50	1 60	0 60
De 5001 à 10000. . .	0 40	0 60	1 35	2 20	3 25	3 50	0 75
De 10001 à 25000. .	0 50	0 80	1 80	2 80	4 00	7 40	0 90
De 25001 à 50000. .	0 60	1 00	2 70	4 00	5 50	11 20	1 20
De 50001 à 100000. .	0 80	1 20	3 60	5 20	7 00	15 00	1 50
De 100001 et au-dessus	1 00	1 50	4 50	6 40	8 50	18 80	1 80

15. La *contribution des patentes* est due par tout artisan, commerçant ou industriel en raison de l'importance de sa profession, de son commerce ou de son industrie.

16. Les diverses professions passibles du droit de patente ont été classées selon leur importance, et l'impôt à payer pour chacune d'elles est calculé sur le chiffre de la classe.

17. Pour les patentes, il y a quatre tableaux désignés par les lettres A, B, C, D.

Le tableau A, qui comprend le plus grand nombre des patentés, se divise en 8 classes ;

Le tableau B concerne les négociants ou commerçants en gros ;

Le tableau C est relatif aux fabricants, manufacturiers, tuiliers, meuniers, chaufourniers, etc.

Le tableau D concerne les professions libérales : médecins, notaires, huissiers, etc., lesquelles professions ne sont passibles que d'un *droit proportionnel.*

18. La contribution payée par les patentés appartenant aux tableaux B, C et D varie à l'infini.

19. L'impôt des patentes comprend généralement :

1° Un droit fixe variant suivant la classe et la population ;

2° Un droit proportionnel basé sur le loyer d'habitation ;

3° Des centimes additionnels votés par les départements et les communes.

20. *Tarif général des professions imposées d'après la population* (TABLEAU A.)

CLASSES.	DROIT FIXE POUR UNE POPULATION DE								DROIT proportionnel du loyer d'habitation.
	1 à 1999	2000 à 4999	5000 à 9999	10000 à 19999	20000 à 29999	30000 à 49999	50000 à 99999	100000 et au-dessus.	
	fr.	fr.	fr.	fr.	fr.	fr.	fr.	fr.	
1re. . .	35	45	60	80	120	180	240	300	1/15
2e. . . .	25	30	40	45	60	90	120	150	1/20
3e. . .	18	22	25	30	40	60	80	100	1/20
4e. . .	12	18	20	25	30	45	60	75	1/20
5e. . . .	7	9	12	15	20	30	40	50	1/20
6e. . .	4	6	8	10	16	24	32	40	1/20
7e. . .	3	4	5	8	8	12	16	20	1/40
8e. . .	2	3	4	5	6	8	10	12	1/40

21. La septième et la huitième classe, dans les communes au dessous de 20000 âmes, ne paient pas de droit proportionnel.

22. Les impôts de l'État sont réglés chaque année par une loi de finance votée par l'Assemblée nationale.

23. Aux quatre impôts dont nous venons de parler, impôts qui constituent ce qu'on appelle le *principal* des quatre contributions directes, s'ajoutent, bien entendu, les centimes extraordinaires votés par les départements et les communes.

24. Au commencement de l'année, il est remis à chaque contribuable un *avertissement* ou bordereau indiquant ce qu'il doit pour chacune des trois premières contributions. Un autre avertissement, concernant la contribution des patentes seulement, est également remis aux patentés. Ces bordereaux, qui contiennent tous les renseignements dont on peut avoir besoin, coûtent chacun 5 centimes.

25. Les contributions perçues par les percepteurs sont adressées par eux au receveur particulier de l'arrondissement qui

les transmet au trésorier-payeur du département. Celui-ci les envoie à Paris, au ministère des finances. C'est là que sont centralisés tous les impôts de l'État.

26. Tous les ans, un agent des contributions directes, nommé *contrôleur*, se rend dans chaque localité pour opérer, de concert avec les *répartiteurs* de la commune, les changements survenus pendant l'année précédente. Il transmet ensuite son travail au *directeur* des contributions directes du département qui est chargé, lui, de répartir l'impôt départemental entre toutes les communes, et, dans chaque commune, l'impôt communal entre tous les habitants de la commune.

CONSEIL.— Quelques précautions que prennent le contrôleur, les répartiteurs et la direction des contributions, il peut arriver et il arrive quelquefois que des erreurs sont commises. La première chose que doit faire un contribuable en recevant son bordereau, c'est de voir s'il n'est pas imposé pour des biens qu'il ne possède pas et si, pour ceux qu'il possède réellement, la contribution a été bien établie. Pour cela, on n'a qu'à multiplier la valeur imposée par le *centime le franc* [1] qui est indiqué en marge de l'avertissement. Dans le cas où une erreur serait reconnue, il faudrait faire une réclamation comme il est dit au numéro 4, page 55.

2336. Un propriétaire possède 6 hect. 40 de terres (2e classe); 0 hect. 65 de vigne (1re classe); 8 hect. 04 de bois (3e classe), et 235 ares de prés (4e classe). Le centime le franc (l'impôt à payer par franc de revenu) étant de 0 fr. 625, calculer, d'après le tableau numéro 8, la contribution que devra payer le propriétaire.

2337. Jules Lancelot possède 9 hect. 70 de terres labourables (3e classe); 78 ares 35 de vigne (2e classe); 3 ares 80 de

1. On appelle *centime le franc* ce qu'on paie par franc de revenu ou de valeur imposée.

propriété bâtie (1re classe); 1 hect. 5 ares de prés (4e classe), et 5 ares 85 de jardin (2e classe). D'après le tableau numéro 8, déterminer 1° le revenu total de ces biens ; 2° l'impôt qu'aura à payer Lancelot, le centime le franc étant de 0 fr. 453.

2338. Dans une commune où le centime le franc est de 0 fr. 3235 pour le revenu foncier et 0 fr. 4812 pour le mobilier, quel impôt paiera une personne dont le revenu foncier est de 78 fr. 55 et le loyer d'habitation 15 fr.? (Voir le numéro 12 des explications.)

2339. Dans une localité où le centime le franc pour le foncier est de 0 fr. 52, un propriétaire paie 25 fr. 64 de contribution. Quel est le montant de son revenu foncier ?

2340. Un rentier, dans une commune où le centime le franc est de 0 fr. 374 pour le foncier et 0 fr. 482 pour le mobilier, paie en tout 47 fr. 08 d'impôt. Le revenu foncier du rentier étant égal à son loyer d'habitation, on demande de les déterminer l'un et l'autre.

2341. Dans une ville de 11250 âmes où il n'y a point de centimes additionnels, un propriétaire possède 4 maisons à 2 ouvertures, 1 maison à 3 ouvertures, 3 à 5 et 1 à 19. Quel est le montant de l'impôt qu'il doit payer? (Voir le tableau numéro 14.)

2342. Un propriétaire possède, dans une commune de 855 habitants, 2 maisons à 4 ouvertures et 1 à 5 plus une porte-cochère ; il possède en outre, dans une ville de 26273 âmes, 1 maison à 23 ouvertures plus 2 portes-cochères. Sachant que ces deux localités ne paient point de centimes additionnels, on demande le montant total des contributions que paiera ce propriétaire. (Tableau 14.)

2343. Un épicier en gros, dans une commune de 1825 âmes, possède une maison qui a 25 ouvertures, dont 1 porte-cochère et 1 de magasin ; il en possède une seconde dans une ville de 52055 habitants qui a 42 ouvertures, dont 1 porte-cochère et 2 de magasin. Déterminer l'impôt qu'il paie pour chacune de ces maisons. On sait qu'aux chiffres du tableau 14 s'ajoute, pour chaque localité, un impôt communal extraordinaire de 0 fr. 12 par franc.

2344. L'élève complétera l'avertissement suivant d'un contribuable d'une commune de 1250 âmes. (Voir numéros 5, 12 et 14.)

Foncier, pour un revenu de 159 fr. 45			»
Centime le franc des contributions : Foncière, 0 fr. 652. Mobilière, 0 83. — Personnelle et mobilière.	Cote personnelle	2 f. 25	»
	Cote mobilière sur un loyer de 36 fr.	»	
Portes et fenêtres	1 porte-cochère	»	»
	1 maison à 3 ouvertures	»	
	2 maisons à 4 ouvertures	»	
	1 maison à 10 ouvertures	»	
Frais d'avertissement			0 f. 05
Total.			»
Dont le douzième est de.			»

2345. Compléter l'avertissement suivant d'un contribuable d'une ville de 19528 âmes :

Foncier, pour un revenu de 1586 fr. 65			»
Centime le franc des contributions : Foncière, 0 fr. 555. Mobilière, 0 608. — Personnelle et mobilière.	Cote personnelle	2 f. 80	»
	Cote mobilière sur un loyer de 80 fr.	»	
Portes et fenêtres	3 portes-cochères et de magasin	»	»
	2 maisons à 2 ouvertures	»	
	2 maisons à 3 ouvertures	»	
	1 maison à 17 ouvertures	»	
	1 maison à 25 ouvertures	»	
Frais d'avertissement			0 f. 05
Total.			»
Dont le douzième est de.			»

2346. Remplir l'avertissement suivant d'un cabaretier d'une ville de 15465 âmes : (Voir tableau 20.)

Nombre de centimes additionnels au principal de la contribution des patentes 0 fr. 8635.	Tableau A, 6e classe	»	»
	Droit proportionnel au 1/20 sur un loyer de 550 fr.	»	
	Centimes additionnels.	»	
	Frais d'avertissement.		0 f. 05
	Total.		»
	Dont le douzième est de. . . .		»

2347. Calculez, comme pour le numéro précédent, le montant de la patente à payer par :

1° Un boulanger, 5e classe, ayant 210 fr. de loyer dans une commune de 980 âmes.

2° Un épicier en gros, 1re classe, ayant 1200 fr. de loyer dans une ville de 31500 âmes.

3° Un marchand d'étoffes en détail, 3e classe, ayant 300 fr. de loyer dans une commune de 1500 âmes.

4° Un marchand de nouveautés en détail, 2e classe, ayant 1320 fr. de loyer dans une ville de 52600 âmes.

5° Un épicier regrattier, 7e classe, ayant 220 fr. de loyer dans dans une ville de 63000 âmes.

6° Un épicier regrattier, 7e classe, ayant 80 fr. de loyer dans une commune de 1050 âmes.

On supposera que le nombre de centimes additionnels au principal de la contribution des patentes est de 1 fr. 055 par franc pour chacune de ces localités. (Voir numéros 20 et 21.)

2348. Pour construire une mairie, dont le devis s'élève à 14515 fr. 20, le conseil municipal d'une commune vote un impôt extraordinaire de 0 fr. 16 par franc au principal des 4 contributions directes, principal qui est de 10080 fr. Au bout de combien d'années cette mairie sera-t-elle payée? et à combien s'élèvera la cote annuelle d'un particulier qui, avant avant l'impôt, payait 180 fr. 40 de contributions?

2349. Un contribuable payait annuellement 76 fr. 25 de contributions. Par suite d'un impôt extraordinaire, sa cote s'est élevée à 85 fr. 40. Déterminer, d'après cela, le nombre des centimes additionnels votés, et faire connaître, pour une année, le produit total de l'impôt, le principal des 4 contributions étant de 6725 fr. 30.

3° Règle de société.

Explications préliminaires.

1. On appelle *règle de société* toute question où il s'agit de partager entre des associés le *bénéfice* ou la *perte* résultant d'une association.

2. La règle de société présente trois cas :

1° Les mises étant *inégales* et les temps *égaux ;*

2° Les mises étant *égales* et les temps *inégaux;*

3° Les mises et les temps étant *inégaux.*

3. Quand les mises sont inégales et les temps égaux, les bénéfices ou les pertes sont *proportionnels* aux *mises.*

4. Quand les mises sont égales et les temps inégaux, les bénéfices ou les pertes sont *proportionnels* aux *temps.*

5. Quand les mises et les temps sont inégaux, les bénéfices ou les pertes sont *proportionnels* aux *produits* des mises par les temps.

6. Les problèmes sur les sociétés se traitent absolument comme ceux sur les partages proportionnels.

2350. Deux associés ont consacré ensemble 9000 fr. à l'exploitation d'une carrière. Le premier a versé 4600 fr. et le second le reste. Sachant que le gain total a été de 7200 fr., on demande la part du bénéfice qui revient à chacun.

2351. Un préfet reçoit une somme de 5772 fr. destinée à venir en aide à 4 familles victimes d'un incendie. La première a fait une perte de 3600 fr., la deuxième une perte de 4200 fr., la troisième de 3300 fr., et la quatrième de 1530 fr. Déterminer le montant du secours que chaque famille recevra.

2352. Quatre personnes ont mis leurs fonds en commun dans une entreprise qui a donné 3600 fr. de bénéfice. On demande la part de gain qui revient à chacune d'elles, sachant que la mise de la première était de 6000 fr., celle de la deuxième de 8500 fr., celle de la troisième de 4200 fr., et celle de la quatrième de 1200 fr.

2353. Trois cantons doivent fournir un contingent de 162 soldats. Le premier compte 123 conscrits, le deuxième 130 et le troisième 152. Quelle sera la part contributive de chaque canton dans ce contingent?

2354. Quatre cantons doivent fournir ensemble 209 soldats. Ces cantons comptant respectivement 112, 118, 133 et 161 conscrits, combien chacun d'eux fournira-t-il d'hommes? (Forcer d'une unité le canton où la fraction d'homme est le plus considérable.)

2355. Un négociant, qui doit 28500 fr., est déclaré en faillite. Son actif se montant à 11400 fr., on demande ce que les créanciers recevront par franc, ou, en d'autres termes, quel sera le *marc le franc* de la faillite.

2356. Un commerçant, déclaré en faillite, laisse un actif (avoir) de 45990 fr. et un passif (dette) de 160500 fr. Combien, déduction faite des frais de justice, qui s'élèvent à 4260 fr., les créanciers toucheront-ils pour cent? et combien l'un d'eux, à qui il est dû 12400 fr., recevra-t-il pour sa part?

2357. Trois héritiers reçoivent, dans un même héritage, l'un 5200 fr., l'autre 4650 fr., et le troisième 7120 fr., sous condition qu'ils paieront, en commun et proportionnellement à la somme reçue par chacun, une dette de 2545 fr. 50. Quelle est la part nette de chaque héritier?

2358. Trois personnes ont fait un fonds commun de 36000 fr. La première a eu pour sa part 900 fr. de bénéfice; la deuxième 1050 fr., et la troisième 1650 fr. Quelle a été la mise de chacune?

2359. Trois associés ont fait, dans une entreprise, un bénéfice total de 6300 fr. Le premier a eu 1950 fr. pour sa part, le second 2100 fr. et le troisième le reste. La mise du deuxième ayant été de 7000 fr., on demande celle de chacun des deux autres.

2360. Trois maçons ont fait un fonds commun de 17220 fr. avec lequel ils ont fait une perte égale aux $\frac{3}{5}$ de ce fonds. Déterminer la perte que doit supporter chaque sociétaire. On sait que la mise du troisième est les $\frac{6}{5}$ de celle du second, laquelle n'est que les $\frac{14}{15}$ de celle du premier.

2361. Quatre menuisiers s'associent pour un travail important; ils constituent ensemble un capital de 110000 fr. avec lequel ils gagnent 45100 fr. Le premier et le deuxième reçoivent chacun $\frac{1}{5}$ du bénéfice ; le troisième en reçoit les $\frac{3}{8}$, et le quatrième le reste. Faire connaître la mise et le bénéfice de chacun.

2362. Les habitants d'une commune ont constitué une société d'assurance contre la mortalité des bestiaux. La valeur totale des bêtes assurées est de 229125 fr. L'un des associés perd un cheval du prix de 550 fr. Quelle somme recevra-t-il de la société ? et combien devra payer un sociétaire dont les bestiaux sont estimés 1870 fr.?

2363. Trois commerçants ont chargé ensemble un navire de marchandises. Le premier y a déposé des cafés pour 27500 fr., le second des vins pour 70100 fr., et le troisième des savons pour 45000 fr. La vente de cette cargaison n'ayant produit que 95 p. 0/0 de sa valeur, on demande, déduction faite des frais d'équipage, lesquels s'élèvent à 4 0/0 du montant de la vente, la part qui revient à chaque commerçant.

2364. Trois négociants ont fait une entreprise qui a duré 4 ans. Le bénéfice, au bout ce temps, a été de 68833 fr. On demande de déterminer le gain de chacun d'eux, sachant que le premier a apporté 5200 fr. qu'il a retirés au bout de 4 mois ; le deuxième 7000 fr. qu'il a retirés après un an 8 mois, et le troisième 8600 fr. qui sont restés pendant tout le temps dans l'entreprise.

2365. Deux entrepreneurs affectent, l'un 10000 fr., l'autre 12000 fr. à un travail qui doit durer 10 ans ; 10 mois plus tard, un troisième entrepreneur se réunit aux deux premiers et apporte 15000 fr. à la caisse commune ; enfin 2 ans plus tard encore, un quatrième apporte à son tour 17400 fr. Le bénéfice s'étant élevé à 45600 fr., on demande de calculer la part revenant à chaque associé dans ce bénéfice.

2366. Un particulier commence un commerce avec une somme de 6000 fr.; 4 mois plus tard, un associé apporte dans l'entreprise une somme de 9300 fr.; 7 mois plus tard encore, un nouvel associé s'y intéresse pour 7500 fr. L'entreprise, qui a duré en tout 3 ans, ayant produit un gain total de 24000 fr., faire connaître la part de bénéfice qui revient à chaque sociétaire. On sait que le premier, qui a géré l'entreprise, doit d'abord prélever pour cet objet 3 p. 0/0 du gain total.

2367. Trois personnes se sont associées pour 3 ans. Les mises primitives ont été de 12000 fr. pour la première, 18000 fr. pour la deuxième et 9650 fr. pour la troisième. Quinze mois plus tard, la première a versé de nouveau 4500 fr. dans le fonds social ; mais, 8 mois avant ce second versement, la seconde avait retiré 7600 fr. du même fonds. A la liquidation, le bénéfice a été de 39045 fr. Calculer le gain de chaque personne. (Yonne, brevet complet des filles ; juillet 1868.)

2368. Trois voituriers se sont associés pour le transport d'un lot de bois ; le premier a versé dans la caisse commune 1220 fr., le deuxième 1570 fr., et le troisième 1400 fr. Sachant que les parts de bénéfice ont été de 854 fr. pour le premier, de 1099 fr. pour le deuxième, et de 980 fr. pour le troisième, on demande le temps pendant lequel chacune des mises est restée dans la société.

2369. Trois meuniers ont constitué un fonds commun de 75000 fr. pour l'exploitation d'un moulin. La mise du premier s'est élevée aux $\frac{2}{5}$ du tout, et celle du second n'a été que les $\frac{3}{4}$ de celle du premier. Sachant que ces trois meuniers ont eu, le troisième, un bénéfice de 19800 fr., le premier et le deuxième chacun un gain de 18000 fr., on demande le temps pendant lequel chaque mise est restée dans la société.

2370. Un homme, en mourant, laisse sa femme, 3 fils et 2 filles, avec une somme de 24150 fr. qu'ils doivent se partager, de manière que la mère reçoive le triple d'un fils, et un fils le double d'une fille. Combien ont-ils eu chacun ?

2371. La France compte 38069000 habitants. On demande, sur 100 habitants, le nombre des garçons de 20 à 21 ans appelés sous les drapeaux dans un contingent de 90000 hommes. On sait que la moyenne des individus de 20 à 21 ans est de $522\frac{1}{2}$ sur un total de 32581 âmes et que sur 33 individus on compte 17 garçons.

2372. Deux locataires d'une maison ont un compteur à gaz commun. Le premier allume 25 becs qui consomment chacun 105 litres de gaz par heure et qui sont allumés 4 heures par jour ; le second allume 21 becs qui brûlent 120 litres par heure chacun et qui sont allumés 5 heures par jour. Au bout d'un certain temps, le compteur accuse une dépense de 277 fr. 83. Combien de jours d'éclairage revient-il à chaque locataire, sachant que le deuxième s'est éclairé 8 jours de plus que l'autre ? et combien chacun doit-il payer à l'usine, si le mètre cube de gaz coûte 0 fr. 35 ?

2373. Un mari, en mourant, laisse sa femme enceinte. Il ordonne par testament que, si elle accouche d'un fils, il aura les $\frac{3}{5}$ de ce qu'il laisse, et la mère le reste ; et que, si elle accouche d'une fille, ce sera le contraire. Il arrive que cette cette femme accouche d'un fils et d'une fille. On demande, dans ce cas, quelle sera la part de chacun, sachant que, si la mère eût accouché d'un fils seulement, elle aurait eu 30400 fr.

2374. Un particulier laisse, en mourant, les $\frac{3}{4}$ de sa fortune à ses deux filles, les $\frac{2}{9}$ à un ami pauvre et $\frac{1}{12}$ à un serviteur. Mais, lorsqu'il s'agit de faire le partage, il se trouve qu'il manque 9004 fr. Combien devront recevoir les légataires, si l'on veut satisfaire aux intentions du testateur ?

VIII. PROBLÈMES SUR LES MOYENNES, LES MÉLANGES, LES ALLIAGES ET L'ÉCHÉANCE COMMUNE.

Explications préliminaires.

1. On entend par *règle des moyennes* une question où il s'agit de trouver, soit en gain ou en perte, soit en produit, soit en valeur, le *résultat moyen* de plusieurs choses *non* mélangées. — On fait un fréquent usage de cette opération dans les questions de statistique.

2. On appelle *mélange* le résultat de la combinaison de substances liquides ou de matières sèches, telles que du vin, de l'eau, du blé, du café, etc.

3. On appelle *alliage* le résultat de la combinaison de plusieurs métaux, tels que du plomb, de l'argent, du cuivre, du zinc, etc.

4. En arithmétique, les mots mélange et alliage sont *synonymes*.

5. La règle de mélange ou d'alliage présente deux cas :

1° Ou bien on se propose de trouver le *prix moyen* de l'unité de plusieurs substances mélangées ou alliées, connaissant les quantités et les valeurs particulières de chacune d'elles ;

2° Ou bien, connaissant la valeur et la quantité du mélange, ainsi que le prix de chacune des matières mélangées, on veut déterminer les quantités respectives de ces matières qui entrent dans le mélange.

6. A la règle de mélange se rattache une autre question : c'est la *réduction* à *l'échéance commune*.

7. La *réduction* à *l'échéance commune* est une opération qui consiste à ramener à une *seule* et *même époque* de paiement plusieurs billets payables à des époques différentes. — On a souvent besoin de faire ainsi dans le commerce.

2375. Un maçon gagne 2 fr. 40 le lundi, 2 fr. 70 le mardi, 3 fr. 20 le mercredi, 1 fr. 90 le jeudi, 2 fr. 50 le vendredi et 2 fr. 60 le samedi. Qu'a-t-il gagné en moyenne par jour ?

2376. On a mesuré une portion de route quatre fois et l'on a successivement trouvé : 11050 m. 35 ; 11048 m. 90 ; 11051 m. 20 ; 11052 m. 10. Quelle est, en prenant la moyenne, la longueur de cette portion de route ?

2377. Le cours du 4 0/0 a été, le 6 juin 1870, de 95 fr. 40 ; 95 fr. 50 et 95 fr. 30. Déterminer le cours moyen du jour [1].

2378. Au marché de Melun du 5 juillet 1870, les blés se sont vendus, suivant qualité, 21 fr. 60, 22 fr. 10, 22 fr. 30 et 23 fr. 40 l'hectolitre. Dites quel a été, ce jour-là, le prix moyen de l'hectolitre de blé.

2379. Au marché de Chartres (2 juillet 1870), il s'est vendu 1612 hectolitres de blé, dont 351 au prix de 20 fr. 10 ; 736 au prix de 21 fr. 90, et le reste au prix de 23 fr. 80. On demande quel a été, ce jour-là, le prix moyen de l'hectolitre de blé.

2380. On mélange 70 litres de vin à 0 fr. 60 le litre, 50 litres à 0 fr. 50 et 43 litres à 0 fr. 40. On demande le prix du litre de mélange.

2381. On obtient une très-bonne encre par le mélange des substances suivantes qu'on fait bouillir ensemble pendant environ 5 minutes : eau 5 litres ; noix de galle 0 kil. 70 à 2 fr. 20 le $\frac{1}{2}$ kil. ; couperose verte 420 gr. à 0 fr. 08 l'hectog. ; gomme arabique 22 décagr. à 2 fr. 40 le kilo ; vitriol bleu 115 gr. à 0 fr. 70 le $\frac{1}{2}$ kil. ; sucre candi 6 décagr. à 4 fr. 20 le kilo. A combien revient le litre d'encre ainsi obtenue ?

2382. On mélange 7 litres d'huile à 1 fr. 80 le litre, 10 litres à 1 fr. 75 et 18 litres à 1 fr. 90. Quel est le prix du décalitre de mélange ?

2383. Un orfèvre fond ensemble 3 lingots d'or, le premier

1. A la Bourse, les agents de change, pour plus de simplicité, déterminent le prix moyen du jour en prenant la *moitié* de la somme du plus *haut cours* et du cours le *plus bas*. Ce n'est pas juste.

de 8 grammes, au titre de 0,950 ; le deuxième de 24 grammes, au titre de 0,920, et le troisième de 30 grammes, au titre de 0,840. Quels sont le poids et le titre de l'alliage obtenu ? [1].

2384. On a fondu ensemble 2 kil. d'argent au titre de 0,910; 3 kil. 4 au titre de 0,840 et 1 kil. 15 au titre de 0,770. Quel est le titre de l'alliage ainsi obtenu ?

2385. On allie 146 grammes d'or au titre de 0,840 et 8252 décigrammes d'argent au titre de 0,850. Quelle est la valeur d'un gramme de l'alliage ? On sait que 900 grammes d'or pur valent 3093 fr. 30, et que 900 grammes d'argent pur valent 198 fr. 50 [2].

2386. Un cabaretier remplit un fût de 228 litres avec 30 litres d'eau-de-vie à 1 fr. 10 ; 132 litres à 1 fr. 20 et de l'eau-de-vie à 1 fr. 40. Combien doit-il vendre le litre du mélange pour gagner 10 p. 0/0 ?

2387. Un marchand fait un mélange de 3 pièces de vin ; la première, de 240 litres, lui coûte 120 fr. ; la deuxième, de 200 litres, lui coûte 80 fr., et la troisième, de 160 litres, 64 fr. Combien devra-t-il vendre le litre du mélange, s'il veut gagner 60 fr. sur le tout ?

2388. Un maître charpentier emploie 36 ouvriers, savoir : 14 à 3 fr. 10 par jour ; 12 à 2 fr. 80, et le reste à 2 fr. 50. Combien paie-t-il en moyenne la journée d'un ouvrier ?

2389. Un entrepreneur occupe 10 maçons dont 3 gagnent chacun 3 fr. 20 par jour, 4 chacun 2 fr. 90 et les autres un prix inconnu. Sachant qu'ils ont travaillé tous 25 jours pour lesquels ils ont reçu ensemble 762 fr. 50, on demande ce que les derniers maçons gagnent par jour chacun et le prix moyen de la journée d'un ouvrier.

2390. Une commune, qui désire faire fondre une cloche,

1. Quand on dit qu'un lingot d'or ou d'argent est au titre de 0,950, par exemple, cela signifie que, sur 1000 parties de ce lingot, il y en a 950 en or ou en argent pur, ou, en d'autres termes, que ce lingot contient, en or ou en argent fin, les 950 millièmes de son poids total.

2. La loi accorde, par kilogramme, pour frais de fabrication des monnaies, savoir : 1 fr. 50 pour celles d'argent, et 6 fr. 70 pour celles d'or. Sans cela, 900 grammes d'argent pur vaudraient 200 francs au lieu de 198 fr. 50, et 900 grammes d'or pur vaudraient 3100 fr. au lieu de 3093 fr. 30.

fournit 528 kil. d'étain à 5 fr. 20, 1800 kil. de cuivre à 3 fr. 50 et 72 kil. de zinc à 0 fr. 90. Combien, non compris la main-d'œuvre et les frais d'installation, coûtera cette cloche? et quel sera le prix de revient du kilo de l'alliage, en supposant qu'il y ait 6 p. 0/0 de déchet?

2391. Le verre à vitre se compose généralement de 0,72 de silice; 0,14 de soude; 0,12 de chaux et 0,02 d'alumine. On demande, d'après cela, combien il entre de chacune de ces substances dans un quintal de verre à vitre.

2392. On sait que le bronze des canons est composé de 90 parties de cuivre et de 10 d'étain. Le cuivre valant 3 fr. 30 le kilo et l'étain 4 fr. 90, on demande le prix de revient d'une pièce de canon du poids de 1375 kil.

2393. On a du vin à 0 fr. 60 et 0 fr. 35 le litre. Combien, pour obtenir 140 litres de vin valant 0 fr. 42 le litre, doit-on prendre de chaque qualité? [1].

2394. Combien doit-on ajouter de grammes d'or au titre de 0,920 à 26 grammes d'or au titre de 0,750 pour avoir de l'or au titre de 0,840?

2395. On a de l'argent au titre de 0,950 et au titre de 0,800. Combien doit-on prendre d'argent à chacun de ces titres pour en avoir 37 grammes au titre de 0,835?

2396. Dans quelle proportion faut-il allier deux lingots d'argent, l'un au titre de 0,927; l'autre au titre de 0,865, pour avoir un autre lingot au titre de 0,890?

3397. D'après le problème précédent, quel poids de chacun des deux lingots devrait-on prendre, si le troisième devait peser 2 kil. 85?

2398. On fond ensemble 75 parties d'or pur et 90 parties d'argent. Sachant que 4 gr. $\frac{1}{2}$ d'argent pur valent 1 fr. et 1 gr. d'or 3 fr. 44, on demande le prix d'un gramme de cet alliage.

1. Deux prix suffisant pour former un mélange dont la valeur soit comprise entre les prix donnés, on doit regarder comme *incomplète* et *mal posée* toute question analogue au n° 2393 où l'on aurait, sans qu'il entre d'autres conditions dans l'énoncé, plus de *deux qualités* à mélanger.

2399. Un épicier a de l'huile à 1 fr. 80 et à 2 fr. 10 le kil. Combien devra-t-il ajouter d'huile de la première sorte à 220 litres de la seconde pour obtenir de l'huile à 2 fr. le kilo?

2400. On veut faire un mélange de 96 hectolitres avec du blé à 18 fr. 50 et à 21 fr. l'hectolitre. Combien devra-t-on prendre de blé de chaque prix?

2401. Combien faut-il ajouter de blé, valant 2 fr. 10 le décalitre, à 42 hectolitres à 19 fr. l'hectolitre pour avoir du blé valant 4 fr. le double décalitre? et quelle sera la valeur totale du mélange obtenu?

2402. Un orfèvre a deux lingots d'or qui renferment, le premier en or pur les $\frac{2}{7}$ de son poids, et le second $\frac{1}{15}$ du sien. Combien de grammes doit-il prendre de chaque lingot pour en faire un autre de 7 hectog. 8 au titre de 0,820?

2403. On a 4 sortes de vins valant respectivement 0 fr. 35, 0 fr. 40, 0 fr. 45 et 0 fr. 50 le litre. On forme un premier mélange avec 3 parties du premier vin et 4 du second, puis un deuxième avec 5 parties du troisième et 6 du quatrième. Combien doit-on prendre de litres de chacun de ces deux mélanges pour avoir 136 litres de vin valant 61 fr.?

2404. On a deux mélanges de blé et de seigle. Sachant que le premier, composé de 5 hectol. de blé et de 6 de seigle, vaut 179 fr.; que le second, composé de 7 hectol. de blé et de 4 de seigle, vaut 189 fr., on demande de déterminer le prix de l'hectol. de chaque espèce de grain.

2405. On sait que 10 hectol. de seigle, 5 d'orge et 3 de blé ont coûté 286 fr.; que 8 hect. de seigle, 3 d'orge et 5 de blé ont coûté 274 fr.; que 7 hect. de seigle, 1 d'orge et 6 de blé ont coûté 256 fr. Dire le prix de l'hectolitre de chaque espèce de grain.

2406. Je dois payer 250 fr. dans 8 mois et 740 fr. dans 10 mois. Si je voulais payer le tout en une seule fois, dans combien de temps devrais-je le faire pour ne perdre ni gagner?

2407. Un banquier doit payer à la même personne 2000 fr. dans 3 mois, 4000 fr. dans 6 mois et 6000 fr. dans 9 mois. Il voudrait s'acquitter en une seule fois et souscrire un billet de 12000 fr. Dans combien de temps, le taux d'escompte étant 5 p. 0/0, ce billet unique devra-t-il être payé?

2408. Un tailleur a fait un achat de drap pour 1000 fr. dont il doit payer le $\frac{1}{4}$ dans 3 mois, le $\frac{1}{3}$ dans 5 mois et le reste dans 6 mois. S'il voulait s'acquitter en un seul paiement, à quelle échéance devrait-il le faire ?

2409. Un jeune homme, qui veut s'exonérer du service militaire, promet à un remplaçant 1650 fr. qu'il lui donnera en 3 paiements : le premier, égal aux $\frac{3}{5}$ de la somme, sera fait comptant; le second, égal au $\frac{1}{6}$, sera effectué dans 15 mois, et le troisième le sera dans 3 ans. Si le jeune homme voulait payer le tout en une seule fois, à quelle époque devrait-il le faire ?

2410. Un menuisier achète des madriers pour une somme de 840 fr. à un an de crédit. Au bout de 5 mois, il paie 360 fr. : à quelle échéance doit-il payer le reste?

2411. Une personne fait un premier billet de 950 fr. payable dans 13 mois, puis un second de 1650 fr. payable dans un temps inconnu. On lui propose de n'en faire qu'un seul qui sera payable dans 16 mois. On demande, d'après cela, l'échéance du deuxième billet.

2412. Quelqu'un doit 2000 fr. qu'il paie en souscrivant 3 billets égaux de 700 fr. payables, le premier dans 5 mois et le deuxième dans 10 mois. Quelle doit être la durée d'échéance du troisième billet, le taux d'escompte étant 6 ?

2413. Résoudre le problème précédent en faisant les calculs selon l'escompte en dedans.

2414. Pour graisser les roues des wagons, on emploie généralement une graisse ainsi composée : suif 57 parties; huile de poisson 24 parties; résine 10; soude 8. Le suif valant 1 fr. 10 le kilo, l'huile 1 fr. 90, la résine 0 fr. 35 et la soude 0 fr. 40, on demande la valeur de 3 quintaux $\frac{1}{4}$ de graisse à wagons.

2415. Un confiseur a employé, pour faire des confitures, 170 kilog. de sucre à 1 fr. 50 le kilo, et 190 kil. de groseilles à 0 fr. 60. Il compte le feu pour 4 fr. 50. Sachant qu'il a obtenu 205 kil. de confitures, on demande à combien lui revient le kilo. Il a acheté des pots en verre qui lui ont coûté 10 fr. 50 le cent et qui contiennent 250 grammes de confitures. Combien doit-il vendre le pot pour gagner 0 fr. 50?

2416. Une terre de 8 hectares 70 était affermée 540 fr. Après un drainage qui a coûté 290 fr. par hectare, la plus-value acquise par la terre est de 315 p. 0/0. Calculer le nouveau prix auquel la terre devra être louée, et déterminer le temps au bout duquel les frais de drainage seront remboursés par l'augmentation du fermage.

2417. Un négociant a souscrit le 15 janvier 4 billets, savoir: le premier de 2500 fr. payable le 10 mars; le deuxième de 1800 fr. payable le 25 juin; le troisième de 1500 fr. payable le 20 septembre, et le quatrième de 3000 fr. payable le 15 décembre de la même année. Il désire ne faire qu'un paiement: à quelle échéance?

2418. Un particulier doit faire tous les mois, à partir du 10 février, 9 paiements égaux de 275 fr. Déterminer le temps au bout duquel devrait être payé un billet unique de même valeur que les 9 paiements en question.

2419. L'eau ordinaire est composée de 1 volume d'oxygène et de 2 d'hydrogène. La densité de l'oxygène étant de 1,1057, celle de l'hydrogène de 0,07, et celle de l'eau (par rapport à l'air) de 770, on demande de déterminer en litres les quantités de chacun de ces deux gaz qui entrent dans un mètre cube d'eau [1].

2420. En décomposant une certaine quantité d'eau, on a obtenu 3020 décimètres cubes d'oxygène. Déterminer, d'après le problème précédent, le poids de l'hydrogène contenu dans cette quantité d'eau et le poids total de l'eau décomposée.

2421. Calculer, séparément, d'après le numéro 2419, en volume et en poids, la quantité d'oxygène et d'hydrogène contenue dans un litre d'eau pure.

2422. L'air que nous respirons est composé, en volume, de 78 parties 9 d'azote, de 21 parties d'oxygène et d'environ $\frac{1}{10}$ de

1. L'*unité* de densité pour les gaz est l'air atmosphérique.

partie d'acide carbonique. Le poids spécifique de l'azote est de 0,972, celui de l'oxygène, de 1,1057, et celui de l'acide carbonique, de 1,53. Cela étant, on demande combien il y a de litres de chacun de ces gaz dans 9 kilog. d'air.

2423. Dans un temps de disette, une ville veut distribuer aux indigents 120 kil. de pain par jour. L'hectolitre de blé, pesant 76 kil., coûte 50 fr. l'hectolitre de seigle, pesant 70 kil., se vend 30 fr. Le meunier prélève $6\frac{1}{2}$ p. 0/0 pour son travail, et le grain, en passant à l'état de farine, perd 12 p. 0/0 de son poids. On accorde en outre au boulanger, qui rend 5 kil. de pain pour 4 de farine, une remise de 8 p. 0/0 sur la quantité de farine employée par lui. Cela posé, on demande : 1° dans quelle proportion il faut mélanger le blé et le seigle pour obtenir du pain à 0 fr. 50 le kilo ; 2° combien la ville doit acheter d'hectolitres de l'un et de l'autre grain pour la consommation du mois de janvier.

IX. PROBLÈMES DE RÉCAPITULATION SUR LES RÈGLES DE TROIS, D'INTÉRÊT, D'ESCOMPTE, LES RENTES, LES PARTAGES PROPORTIONNELS, LES MÉLANGES ET L'ÉCHÉANCE COMMUNE.

2424. Un homme gagne 4 fr. 05 par jour de 9 heures. Que lui doit-on pour 8 jours 5 heures 40 minutes ?

2425. Un ouvrier est payé à raison de 3 fr. 65 et sa femme à raison de 1 fr. 95 par journée de travail de 8 h. $\frac{3}{4}$. Combien devraient-ils travailler de temps pour gagner ensemble 97 fr. 44?

2426. Quel est le nombre dont la moitié surpasse les $\frac{2}{5}$ de 37,6 ?

2427. Quel est le nombre qui, augmenté de sa moitié et de son tiers plus 13, donne 689,5?

2428. Quel est le plus avantageux d'acheter du 3 p. 0/0 au cours de 68,50 ou du $4\frac{1}{2}$ au cours de 96,20 ?

2429. Lorsque le 4 p. 0/0 est à 85, quel devrait être le cours correspondant du $4\frac{1}{2}$ p. 0/0?

2430. Une personne achète 1500 fr. de rente 3 p. 0/0 au cours de 70 fr. 80. La rente baisse de 0 fr. 30; quelle serait sa perte totale si elle revendait?

2431. Un faïencier achète 18 douzaines d'assiettes à 0 fr. 65 pièce; il veut gagner 46 fr. 80 en tout : combien doit-il revendre la douzaine, sachant qu'il a cassé 8 assiettes ?

2432. Un homme charitable rencontre un pauvre auquel il donne autant de centimes qu'il a de francs dans sa bourse. Son aumône faite, il lui reste 84 fr. 15. Qu'avait-il d'abord ?

2433. Le père et le fils ont ensemble 49 ans, et l'âge du fils est les $\frac{2}{5}$ de celui du père : quel est l'âge de chacun d'eux ?

2434. Un père a 32 ans de plus que son fils, et, dans 4 ans, l'âge du père sera le triple de celui du fils : quel est l'âge de chacun ?

2435. Une mère avait 25 ans à la naisssnce de sa fille aînée et 29 ans lorsque la cadette naquit. Quel sera l'âge de chacune des enfants lorsque la mère aura 63 ans ?

2436. Quel est le poids d'une pièce de vin de 2 hectol. 72, la densité du vin étant 0,985 et le fût vide pesant 26 kil. 4?

2437. Un tonneau vide pèse 17 kil. 2; plein d'un vin dont la densité est 0,985, il pèse 131 kil. 46. Quelle est, à raison de 0 fr. 50 le litre, la valeur du vin contenu dans ce tonneau?

2438. On fond ensemble 22 gr. d'or pur et 26 gr. d'argent. Quelle est la valeur d'un gramme de l'alliage? (Voir la note au bas de la page 71.)

2439. Un épicier mêle 15 kil. 6 d'huile à 212 fr. 80 le quintal avec 87 hectog. 92 à 2009 fr. la tonne. Quel est le prix du kilo d'huile mélangée?

2440. Il faut 6 mètres de toile à $\frac{4}{5}$ de large pour doubler une étoffe; si l'on prenait de l'étoffe à $\frac{3}{4}$ de large, combien en faudrait-il de mètres ?

2441. Une personne a le choix entre deux étoffes de même qualité. La première, dont la largeur est $\frac{2}{3}$, coûte 6 fr. 80 le mètre ; la seconde, dont la largeur est $\frac{3}{4}$, coûte 7 fr. 75. Laquelle des deux doit-elle préférer ?

2442. Un épicier achète du sucre à 130 fr. le quintal; il donne $\frac{1}{2}$ p. 0/0 au courtier et se réserve de gagner $14\frac{1}{2}$ p. 0/0. Combien doit-il revendre le kilo de sucre ?

2443. Un marchand, qui vend de l'huile au prix de 2 fr. 346 le kilo, donne pour l'achat 2 p. 0/0 de courtage et gagne à la vente 15 p. 0/0 net. Combien a-t-il payé le quintal de cette huile ?

2444. Un épicier avait acheté du riz à 75 fr. les 100 kil. et du vermicelle à 0 fr. 90 le kil. Il revend le riz 0 fr. 85 et le vermicelle 1 fr. 05 le kilo. Sur laquelle des deux denrées gagne-t-il le plus et quel est son bénéfice pour cent sur chacune?

2445. Un cabaretier met dans un tonneau 120 litres de vin à 0 fr. 35, 92 litres à 0 fr. 40 et 80 litres à 0 fr. 45. Comment devra-t-il s'y prendre pour vendre le litre du mélange 0 fr. 35, tout en gagnant 25 p. 0/0 ?

2446. Un débitant achète un muid de vin (272 litres) pour 70 fr.; les frais de transport s'élèvent à 6 p. 0/0 du prix d'achat, outre l'acquit qui coûte 0 fr. 50 et les droits de régie qui sont de 13 fr. 50 par hectolitre. Comment devra-t-il faire pour vendre le litre 0 fr. 40, tout en gagnant net 31 p. 0/0 ?

2447. J'ai pensé un nombre ; j'en prends le $\frac{1}{4}$, que je multiplie par 6 ; je prends ensuite les $\frac{2}{3}$ du résultat et je trouve 36. Quel est le nombre pensé ?

2448. Combien avez-vous dans votre bourse ? demandait-on à quelqu'un. Celui-ci répondit: si j'avais $\frac{1}{9}$ de plus avec 10 fr. encore, j'aurais 100 fr. Combien avait-il ?

2449. La somme de deux nombres est 189 et leur quotient 6: quels sont ces deux nombres ?

2450. La différence de deux nombres est 310 et leur quotient 11 : quels sont ces deux nombres ?

2451. Partager 2097 en deux parties telles que l'une soit le double de l'autre ?

2452. Partager 2043 fr. entre deux personnes, de manière que l'une ait le quintuple de l'autre ?

2453. Partager 1173 fr. en trois parties telles que la deuxième soit en même temps les $\frac{5}{7}$ de la première et les $\frac{7}{11}$ de la troisième.

2454. On a 18 $\frac{2}{5}$ à multiplier par 3,80. Quelle quantité devrait-on ajouter au multiplicateur pour que le produit fût augmenté de 20,08 ?

2455. On a 67 $\frac{1}{3}$ à diviser par 4 $\frac{2}{5}$. Quelle quantité devrait-on ajouter au dividende pour que le deuxième quotient devînt les $\frac{4}{3}$ du premier ?

2456. Quel est le prix de 100 paires de sabots à 9 fr. 75 la douzaine ? On sait que le fabricant en donne 13 pour 12.

2457. On demande le prix de 65000 tuiles à 21 fr. le mille, sachant qu'on donne les 4 au cent.

2458. Une femme achète, au prix de 1 fr. 85 le mètre, une pièce de toile écrue de 15 m. 50. Le blanchiment raccourcit la pièce de ses $\frac{3}{25}$. Quel est le prix de revient d'un mètre de toile blanchie ?

2459. On a payé 211 fr. 20 une pièce de toile écrue de 72 m. 90 de longueur. Après le blanchiment, on trouve que le mètre de toile revient à 3 fr. 30. Combien pour cent la pièce a-t-elle perdu de sa longueur ?

2460. Le kilogramme de café vert coûte en gros 2 fr. 60 ; la torréfaction lui faisant perdre environ le $\frac{1}{5}$ de son poids, on demande de calculer le gain pour cent d'un épicier qui vend le café torréfié 1 fr. 85 le demi-kilo.

2461. On fait un mélange de 39 litres d'un liquide à 2 fr. 45 le litre avec 48 litres d'un autre liquide à 1 fr. 82. Les liquides, en se mélangeant, se contractent et perdent les $\frac{2}{21}$ de la somme de leur volume. Combien devra-t-on vendre le litre du mélange pour bénéficier de 17 $\frac{2}{3}$ p. 0/0 ?

2462. Sachant que 756 fr. sont le prix d'achat de 72 m. de moire, combien faudrait-il revendre le mètre pour gagner 6 fr. sur 40 fr. ?

2463. Deux ouvriers travaillent ensemble à un ouvrage que le premier peut faire seul en 3 jours $\frac{1}{2}$ et le second en 4 jours $\frac{1}{4}$. En combien de temps l'ouvrage sera-t-il achevé ?

2464. Un ouvrier ferait seul un ouvrage en 7 jours $\frac{1}{2}$; un second ouvrier le ferait en 8 jours $\frac{1}{3}$, et un troisième en 12 jours $\frac{1}{2}$. En combien de temps ces trois ouvriers feront-ils l'ouvrage, s'ils travaillent ensemble ?

2465. Deux fontaines, coulant ensemble, remplissent un bassin en 5 h. $\frac{1}{2}$; la première seule le remplirait en 7 h. $\frac{3}{4}$: en combien de temps la seconde, coulant seule, le remplirait-elle ?

2466. Partager 375 en deux parties dont la différence soit 19.

2467. La somme de deux nombres est 165 et leur différence 31. Quels sont ces deux nombres ?

2468. Partager 100 en 3 parties telles que la première surpasse la deuxième de 6 et celle-ci la troisième de 8.

2469. Partager 107 en 4 parties telles que la première surpasse la deuxième de 8, celle-ci la troisième de 7, et celle-ci la quatrième de 3.

2470. Deux négociants ont mis en commun, le premier 30000 fr. qui sont restés 6 ans dans la société ; le deuxième 40000 fr. qui y sont restés 3 ans. L'association a produit un bénéfice de 42000 fr. Déterminer la part de chacun.

2471. Trois terrassiers ont fait un fonds commun de 11600 fr. Le premier a versé 3500 fr. pour 6 mois ; le deuxième 2900 fr. pour 8 mois, et le troisième 5200 fr. pour un temps inconnu. Les parts dans le bénéfice ayant été de 840 fr. pour le premier, 928 fr. pour le second et 1040 fr. pour le troisième, on demande de calculer le temps que la troisième mise est restée dans la société.

2472. On compte en France environ 5980500 hectares cultivés en froment; chaque hectare produit, terme moyen, 19 hectol. $\frac{1}{4}$ de blé pesant 75 kil. $\frac{1}{2}$ l'hect. D'un autre côté, la population de la France est de 38079074 habitants dont chacun consomme en moyenne 0 kil. 48 de pain par jour. Sachant que 100 kil. de blé donnent 104 kil. de pain, on demande de calculer si, en France, la récolte en froment est suffisante pour sa consommation.

2473. 100 kil. d'eau de mer contiennent 2 kil. 5 de sel pur. Le sel gris du commerce ne contenant que 95 p. 0/0 de sel pur, on demande de déterminer, en décalitres, la quantité d'eau de mer qui fournira 125 kil. de sel gris. On sait que la densité de l'eau de mer est 1,026.

2474. Deux voyageurs, qui ont dépensé 45 fr. en 6 jours, rencontrent des amis avec lesquels ils continuent leur voyage, et ils dépensent ensemble 131 fr. 25 en faisant par personne la même dépense qu'auparavant. Combien les deux voyageurs ont-ils rencontré d'amis, sachant qu'ils sont restés 7 jours ensemble ?

2475. Deux amis, qui conviennent de dîner ensemble, fournissent, le premier 4 plats et une bouteille de vin, le second, 3 plats et 3 bouteilles de vin ayant tous, plats et bouteilles, la même valeur. Un troisième ami survient, dîne sans rien fournir, mais paie 3 fr. 85 pour son écot. Que revient-il à chacun des deux premiers ?

2476. Trois amis, pour faire un voyage d'agrément, mettent dans une bourse commune, le premier 270 fr., le deuxième 315 fr., et le troisième 290 fr. Tous frais payés, il reste dans la bourse 222 fr. 50. Que revient-il à chacun ?

2477. Un ballot contenait 120 m. de drap. On en a vendu pour 1370 fr. Trouver combien il reste de mètres, sachant que 60 centim. de drap ont été vendus 8 fr. 22.

2478. Un marchand vend une cravate 2 fr. 50. Que gagne-t-il sur son marché ? On sait que s'il en avait vendu 2 semblables pour 4 fr. 75, il aurait gagné 0 fr. 15 de plus que dans le premier cas.

2479. On obtient 8 litres d'une très-belle encre double par le mélange de 8 litres d'eau, $\frac{1}{2}$ kil. de noix de galle concassées, 250 gr. de sulfate de fer, un poids égal de gomme arabique, et 150 gr. de bois de campêche qu'on fait bouillir ensemble pendant 5 minutes. On passe ensuite le liquide à travers une toile fine, puis, lorsqu'il est reposé, on le met en bouteille. Sachant que la noix de galle coûte 4 fr. 60 le kil., le sulfate de fer 0 fr. 30, la gomme 4 fr. et le bois de campêche 0 fr. 60, on demande le prix auquel on doit vendre le litre d'encre pour gagner 40 p. 0/0 ?

2480. On achète des oies et des dindons âgés de 7 mois, âge auquel on les engraisse. Au début de l'engraissement, qui dure 25 jours, chaque oie pèse 4 kil. 4 et vaut 0 fr. 90 le kilo ; chaque dindon pèse aussi 4 kil. 4 et vaut 1 fr. 10. Pendant ces 25 jours, chaque volaille consomme 14 litres de lait à 0 fr. 20 et 14 kil. de farine de maïs en boulettes à 0 fr. 25. Le poids de chaque volaille double et la valeur de sa chair augmente de $\frac{2}{5}$ pour l'oie et de la moitié pour le dindon. Quel bénéfice net donne ainsi chaque animal?

2481. Un sac, qui renferme 60 fr. en monnaie d'argent et de bronze, pèse net 2 kil. 010. Quelle est la valeur de chacune des deux monnaies qu'il contient?

2482. Avec 38 pièces de 5 fr. et de 1 fr. on a pu faire la longueur du mètre en mettant leurs diamètres sur une même droite. Combien en a-t-on pris de chaque espèce? On sait que les diamètres des deux pièces sont 37 et 23 millim.

2483. Le prix de transport du charbon par voie de terre est de 0 fr. 15 par tonne et par kilomètre; celui du transport par eau est de 0 fr. 10. Combien devrait-on transporter de tonnes de charbon à 40 kilom. par terre pour que les frais fussent les mêmes que ceux du transport par eau de 862 quintaux à 70 kilom.?

2484. Trois ouvriers, travaillant 9 heures par jour, ont fait 7 m. 25 d'étoffe en 3 jours $\frac{1}{2}$. Combien faudrait-il de jours à 10 ouvriers travaillant 8 h. par jour pour faire 23 m. 45 de la même étoffe? On sait que les premiers ont une force de $\frac{1}{3}$ supérieure à celle des autres?

2485. Un tisserand a employé 9 jours pour fabriquer une pièce de toile de 60 m. 75 de longueur. La quantité de fil nécessaire pour faire 4 m. 50 est de 1 kil. 125. Chaque écheveau pèse 0 kil. 36 et l'on a 34 écheveaux pour 36 fr. 72. D'ailleurs, le tisserand est payé à raison de 9 fr. 90 par semaine de 6 jours. On demande, d'après cela, combien le fabricant devra vendre le mètre pour gagner 20 p. 0/0.

2486. Trois personnes ont ensemble 92 ans. La première a le double de l'âge de la deuxième moins 3 ans; la seconde, le triple de celui de la troisième plus 3 ans. Quel est l'âge de chacune d'elles?

2487. Trois personnes ont ensemble 160 fr. La première a la moitié de la deuxième plus 7 fr.; la troisième, la moitié de la première plus 17. Qu'ont-elles chacune?

2488. Un enfant et sa mère assistent un pauvre. Le premier donne autant de pièces de 0 fr. 05 que sa mère de francs. Le pauvre dépense la cinquième partie de ce qu'il reçoit, et il lui reste 10 fr. 08. Combien l'enfant et la mère ont-ils donné chacun ? et qu'a dépensé le pauvre ?

2489. Un marchand de grains a payé pour 15 tonnes 58 de blé une somme de 4100 fr.; il revend ce blé au prix de 19 fr. l'hectolitre. Combien gagne-t-il ou perd-il pour cent à ce marché? On sait que le décalitre de blé pèse 7 kil. 6.

2490. Un travail communal est mis en adjudication au rabais sur un devis s'élevant à 24200 fr. Un soumissionnaire offre de le faire pour 22893 fr. 20 ; un autre offre un rabais de 6 p. 0/0. Auquel des deux doit être adjugé le travail? et quel est le taux du premier rabais?

2491. Lorsque le pain vaut 0 fr. 23 le demi-kilo, un boulanger donne le pain de 2 kil. à 0 fr. 05 au-dessous du cours. Quel est ainsi le montant du rabais pour cent fait par ce boulanger ?

2492. Dans une ville, le pain vaut 0 fr. 68 les 2 kilos. Un boulanger, pour accroître sa clientèle, vend le pain de 4 kil. 1 fr. 30. A combien pour cent s'élève le rabais fait par ce boulanger ? et quelle serait l'économie annuelle d'une personne qui se servirait à cette boulangerie, en admettant qu'elle consomme 730 gr. de pain par jour ?

2493. Combien pourrait-on faire de pièces de 5 fr. avec un lingot d'argent pur dont le volume serait 0 m. cub. 008, la densité de l'argent étant 10,47 ?

2494. Combien, avec le même lingot (n° 2493), ferait-on : 1° de pièces de 0 fr. 50 ? 2° de pièces de 0 fr. 20 ? [1]

2495. On sait que l'eau augmente de volume en passant à l'état de glace; celle-ci devient alors moins dense que le volume d'eau qui l'a formée : c'est pour cela qu'elle surnage. Sachant qu'un litre d'eau, en passant à l'état de glace, acquiert un volume de 0 m. cub. 001075, faire connaître la densité de la glace et

1. Nous rappelons aux Élèves que la pièce de 5 fr. en argent est au titre de 0,9 et que toutes les autres sont au titre de 0,835.

dire ce qui arriverait si l'on exposait un vase plein d'eau à l'action de la gelée.

2496. Un corps flottant, de 7 déc. cub. 4 de volume, déplace 5 litres $\frac{2}{5}$ d'eau. Quelle est la densité de ce corps?

2497. Combien vaut une propriété qui est louée 513 fr.? On capitalise à 3 $\frac{1}{2}$ p. 0/0.

2498. Un bois produit tous les 4 ans un revenu net de 2600 fr. Quelle est la valeur du fonds? On capitalise à 4 p. 0/0.

2499. Une femme achète 25 m. de toile à 2 fr. 50 le mètre. Le mètre avec lequel on a mesuré étant trop court de 0 m. 012, on demande, en étoffe et en argent, la perte subie par cette femme.

2500. En mesurant la distance de deux points avec un décamètre trop long de 0 m. 05 $\frac{1}{2}$, on a trouvé 2 kilom. 202. Quelle est, en hectomètres, la véritable distance de ces deux points?

2501. Un voyageur a parcouru 1520 kilom. sur lesquels il en a fait 3 fois $\frac{1}{2}$ autant par eau qu'à cheval, et 2 fois $\frac{1}{3}$ autant à pied que par eau. Combien de kilom. a-t-il parcourus par eau, à cheval et à pied?

2502. Un voleur s'échappe de prison à 5 h. $\frac{1}{2}$ du matin et fait 6 kilom. en $\frac{3}{4}$ d'heure; à 9 h. $\frac{1}{4}$ deux gendarmes se mettent à sa poursuite et font 15 kilom. en $\frac{4}{3}$ d'heure. Au bout de combien de temps rattraperont-ils le voleur et à quelle distance du point de départ?

2503. Un bassin reçoit de l'eau de deux robinets. Le premier verse en 5 heures le $\frac{1}{3}$ de la capacité du bassin; le deuxième verse en 3 heures le $\frac{1}{4}$ de cette capacité. A la partie inférieure du bassin est adapté un robinet d'écoulement qui laisse échapper en 4 heures le $\frac{1}{5}$ de la capacité. On suppose le bassin vide, et l'on demande au bout de combien de temps il sera rempli, les trois robinets étant ouverts simultanément.

2504. Comment payer 103 fr. avec des pièces de 5 fr. et de 1 fr., en n'employant que 79 pièces ?

2505. Une personne, qui a payé 1337 fr. avec des pièces de 5 fr. et de 2 fr., ne sait plus combien elle a donné de chacune d'elles. Comment le retrouvera-t-elle, si elle se rappelle que 349 était leur nombre total ?

2506. Le cacao vaut 2 fr. 40 le kilo, la fécule 0 fr. 40, la canelle 8 fr. et le sucre 1 fr. 45. On fait un bon chocolat ordinaire en mélangeant 4 kil. de cacao, 6 kil. de sucre, 2 kil. de fécule et 50 gr. de canelle. On obtient ainsi 12 kil. de chocolat. Quel est le prix de revient du kilo ? et combien gagne par quintal un fabricant qui le vend 1 fr. 75 le demi-kilo ?

2507. Le chocolat de première qualité se fait de la même manière que le précédent ; seulement on supprime les 2 kil. de fécule que l'on remplace moitié par du cacao et moitié par du sucre. D'après le numéro précédent, à combien revient le demi-kilo de chocolat de première qualité ? et quel est le bénéfice brut pour cent d'un chocolatier qui le vend 2 fr. 70 le $\frac{1}{2}$ kil. ?

2508. Un vase plein d'eau pèse 11 kil. 2 ; plein de mercure, il pèse 105 kil. 7. Quelle en est la capacité, la densité du mercure étant 13,6 ?

2509. Un vase plein d'eau pèse 7 kil. 5 ; plein de mercure, il pèse 75 kil. La densité du mercure étant 13,6, on demande le poids et la capacité du vase.

2510. Un pot plein de lait pèse 18 kil. et plein de mercure, il pèse 114 kil. On demande le poids et la capacité du pot, la densité du mercure étant 13,6 et celle du lait 1,03.

2511. A quelle condition doit-on placer un capital quelconque pour que, au bout de 13 ans $\frac{1}{3}$, les intérêts simples soient égaux à ce capital ?

2512. A quel taux faut-il placer un capital pour que, au bout de 18 ans $\frac{1}{2}$, les intérêts simples soient égaux aux $\frac{37}{40}$ du capital ?

2513. Un propriétaire assure son mobilier à raison de 0 fr. 75 pour 1000 fr. et ses récoltes à raison de 0 fr. 20 par 100 fr. Son mobilier est estimé 3500 fr. et ses récoltes 6580 fr. On demande : 1° à combien s'élève annuellement chaque prime d'assurance ; 2° l'indemnité, déduction faite des deux primes, que le propriétaire recevra, si le $\frac{3}{5}$ de ses récoltes sont perdus par la grêle.

2514. Deux ménages achètent en commun un cochon pesant net 98 kil. 5 ; ils en cèdent, au prix coûtant, 12 kil. $\frac{1}{2}$ à 0 fr. 65 le demi-kilo et se partagent le reste. Le premier ménage prenant 45 kil., combien chacun doit-il payer et quel est le prix du cochon ?

2515. Le pain de munition contient environ 11 p.0/0 de son et le blé 75 p. 0/0 de farine pure. D'un autre côté, la farine avec laquelle on fait le pain de munition absorbe en moyenne 50 p. 0/0 de son poids d'eau. D'après cela, combien faudra-t-il d'hectolitres de blé pour obtenir 100 quintaux de pain de munition ? On sait que l'hectolitre de blé pèse 76 kil.

2516. Une famille, composée de 5 personnes, qui consomment en moyenne 640 gr. de pain par jour chacune, achète, au prix de 20 fr. 60 l'hectolitre, pesant 77 kil., du blé qui donne 80 p. 0/0 de farine, laquelle fournit en pain 130 p. 0/0 de son poids. On demande l'économie annuelle que réalisera cette famille en faisant son pain elle-même. On sait que la cuisson lui revient à 22 fr. par an ; que le son paie les frais de mouture, et que, pris chez le boulanger, le pain coûte 0 fr. 32 le kilo.

2517. Une lampe, qui donne la même clarté que deux chandelles, consomme 1050 gr. d'huile, valant 1 fr. 40 le kil., en 30 heures. Sachant qu'une chandelle dure 6 heures et qu'un paquet de 6 chandelles coûte 0 fr. 70, on demande l'économie qu'on réalisera par mois de 31 jours en choisissant le moins dispendieux de ces deux modes d'éclairage. On suppose qu'on a besoin de s'éclairer en moyenne 3 h. $\frac{1}{2}$ par jour.

2518. En admettant : 1° que la chaleur fournie par 1 kil. de bois de hêtre est les $\frac{14}{19}$ de celle fournie par 1 kil. de houille ; 2° que le stère de hêtre coûte 11 fr. 50 et pèse 475 kil.; 3° que l'hectolitre de houille pèse 84 kil., on demande quel doit être le prix de l'hectolitre de houille pour qu'il soit indifférent d'employer le chauffage au hêtre ou à la houille.

2519. Un train de marchandises, faisant 21 kilom. à l'heure, part de Bordeaux; un train express, faisant 57 kilom. à l'heure, part de Paris 12 h. $\frac{2}{3}$ après le premier. La distance de Paris à Bordeaux étant de 578 kilom., à quelle distance de Paris aura lieu la rencontre ?

2520. La distance de Paris à Lyon est de 495 kilom., et le train express, qui part de Paris à 11 heures du matin, arrive à Lyon à 10 heures du soir. Le train express, qui part de Lyon à 7 heures du soir, croise le train de Paris à 8 h. 21′ du soir. On demande la vitesse de ce second train et l'heure de son arrivée à Paris.

2521. On a retenu 11 fr. 25 pour l'escompte en dedans d'un billet payable dans 6 mois. Quelle était la valeur nominale du billet, le taux annuel étant 5 ?

2522. Une personne fait escompter par un banquier un billet de 674 fr. 40 payable dans 10 mois; elle reçoit 637 fr. 87. Quel a été le taux d'escompte ? et quel serait, au même taux, l'escompte en dedans du même billet ?

2523. Un joueur perd dans une première partie les $\frac{3}{5}$ de son argent et reçoit 15 fr. en cadeau ; dans une seconde partie, il perd les $\frac{3}{5}$ de ce qu'il a alors, et il lui reste 18 fr. Qu'avait-il en se mettant au jeu ?

2524. Un joueur entre au jeu avec 10 fr. et joue 4 parties. A la première, son argent est triplé ; à la deuxième, il perd les $\frac{2}{3}$ de ce qu'il a plus 20 fr.; à la troisième, il gagne le double de ce qu'il a perdu à la seconde moins 30 fr. Combien avait-il à gagner ou à perdre à la quatrième partie pour sortir du jeu comme il y était entré ?

2525. Un fût de 280 litres est plein de vin ; on en tire 40 litres qu'on remplace par de l'eau ; on tire ensuite 32 litres du mélange qu'on remplace également par de l'eau. Combien, après cela, reste-t-il de vin pur dans le fût ?

2526. Un débitant a deux tonneaux contenant chacun 200 litres ; le premier est rempli d'un vin à 0 fr. 75 le litre et le second d'un vin à 1 fr. 60. Il tire de chacun 20 litres et verse dans l'un le vin extrait de l'autre. Il répète une seconde fois la même opération et veut alors savoir le prix du litre du mélange résultant.

2527. On emploie par hectolitre de bière 500 gr. de houblon à 2 fr. 70 le kilo et 5 décalitres d'orge, pesant 63 kil. l'hectolitre, à 21 fr. le quintal. Combien faut-il d'hectolitres d'orge pour faire 24 hectolitres de bière ? et quel sera, sur cette quantité de bière, le gain brut d'un brasseur, s'il la vend 1 fr. 80 le décalitre ?

2528. Pour faire un bon cassis, on laisse infuser pendant un mois 2 kil. 5 de groseilles, coûtant 0 fr. 35 le kilo, dans 12 litres d'eau-de-vie à 20 degrés, coûtant 1 fr. 80 le litre. On soumet ensuite les groseilles à la presse, puis on ajoute à l'eau-de-vie et au jus exprimé un sirop composé de 7 kil. 5 de sucre à 1 fr. 40 et de 15 litres d'eau. On obtient ainsi 30 litres de cassis. Quel est le prix de revient de la bouteille de 0 l. 75 ?

2529. Une machine à vapeur a consommé en 102 jours 25500 kil. de charbon. Un perfectionnement introduit permet, en obtenant la même force, de n'en brûler que 24 tonnes en 120 jours. Trouver l'économie annuelle due à ce perfectionnement, en supposant 310 jours de travail par an, le prix du charbon étant de 3 fr. 80 le quintal.

2530. Une machine à vapeur a coûté 44760 fr. et dépense

chaque année pour 2061 fr. de combustible et d'entretien. Elle est louée à 3 fabriques qui paient respectivement 900 fr., 1570 fr. et 2600 fr. de loyer. Combien pour cent net cette machine rapporte-t-elle à son propriétaire?

2531. Sachant que 3 hectolitres d'orge valent 4 hect. 5 d'avoine; que 4 hect. de seigle valent 5 hect. 3 d'orge, et que 5 hect. de blé valent 7 hect. 25 de seigle, on demande combien on peut avoir d'hectolitres d'avoine pour 12 hect. de blé.

2532. Un marchand vend 32 m. 25 de drap, 14 m. 125 de mérinos, 9 m. 35 de soie, et retire de cette vente 901 fr. 12. On sait qu'il vend 2 m. 50 de mérinos autant qu'un mètre de drap, et 5 m. 50 de soie autant que 4 m. 50 de mérinos. Combien ce marchand gagne-t-il sur un mètre de chaque étoffe, sachant qu'il gagne 0 fr. 20 par chaque franc de vente?

2533. Un courrier, parcourant 15 kilom. en 1 heure, fait les $\frac{5}{12}$ de la distance de deux villes en 4 h. 36′. Quelle est cette distance?

2534. Un domestique gagne par an 360 fr. et une livrée. A la fin du septième mois, il quitte la maison et reçoit en paiement 175 fr. et la livrée. Combien est-elle estimée?

2535. Un valet de chambre gagne par an 400 fr. et un habit. Après 8 mois de services, il se retire et reçoit l'habit plus 250 fr. Quel est le prix de l'habit?

2536. Déterminer le taux d'escompte d'un mandat de 2400 fr. payable dans 3 mois $\frac{1}{2}$ et dont la différence entre l'escompte en dedans et l'escompte en dehors est de 1 fr.

2537. Une personne fait escompter par un banquier un billet payable dans 14 mois. Le banquier exige un escompte de $6\frac{1}{2}$ p. 0/0 par an et retient ainsi 29 fr. 75 de plus que si le taux annuel de l'escompte était 6 p. 0/0. Calculer la valeur nominale du billet et vérifier l'opération.

2538. 42 ouvriers d'égale force se sont séparés en deux corps qui ont fait, l'un 337 m. 50 d'ouvrage en 5 jours, l'autre

412 m. 50 en 11 jours. Combien y avait-il d'ouvriers dans chaque corps ?

2539. 20 ouvriers d'égale force se sont séparés en deux corps qui ont fait, l'un 168 m. d'ouvrage en 6 jours, l'autre 252 m. en 9 jours. Combien y avait-il d'ouvriers dans chaque corps, le travail exécuté par le second étant une fois $\frac{1}{2}$ aussi difficile que celui exécuté par le premier ?

2540. Les abricots se vendent en moyenne 0 fr. 45 le kilo. Le poids des noyaux est à peu près les 0,20 de leur poids total. Pour faire des confitures d'abricots, on prend 500 gr. de sucre valant 0 fr. 75 pour 1 kilo d'abricots *bruts*, et l'on fait cuire le tout pendant 20 à 25 minutes. Sachant que la cuisson réduit d'un quart le poids du sucre et des abricots, on demande ce qu'un confiseur devra vendre le pot de 250 gr. pour gagner 40 p. 0/0. Les pots vides coûtent 15 fr. le cent.

2541. Les confitures de cerises et de prunes se font comme celles d'abricots, et le rendement est le même. Les prunes coûtant 0 fr. 35 le kil. et les cerises 0 fr. 30, à combien, non compris les frais de main-d'œuvre et de feu, reviendra le kil. de confitures de chacune de ces deux espèces de fruits? Le poids des noyaux des cerises et des prunes est, comme pour les abricots, les 0,20 de leur poids total. (Voir le numéro précédent.)

2542. Une personne fait valoir deux capitaux, l'un de 11000 fr. à 4 0/0, et, 4 ans $\frac{1}{2}$ plus tard, l'autre de 16000 fr. à 5 p. 0/0. Dans combien de temps ces deux capitaux auront-ils produit le même intérêt ?

2543. Deux rentiers font valoir leurs capitaux, l'un à 4 $\frac{1}{2}$ p. 0/0, l'autre à 5 p. 0/0. Le premier possédant 3500 fr. de plus que le second, et celui-ci recevant en revenu 350 fr. de plus que le premier, on demande de déterminer les capitaux des deux rentiers.

2544. Une montre marque midi. On demande à quelle heure se fera la première rencontre des aiguilles.

2545. Il est 3 h. 20′. A quelle heure aura lieu la première rencontre des aiguilles?

2546. Dans quelle proportion faut-il mélanger du vin à 1 fr. 20 et à 0 fr. 80 le litre pour que le mélange puisse se vendre 0 fr. 95 le litre ?

2547. Un voyageur de commerce marche chaque jour depuis 5 h. 25′ du matin jusqu'à 7 h. 45′ du soir, s'arrêtant en moyenne 9 h. 55′ par jour. Il parcourt 1 kilom. par 10 minutes et il est payé à raison de 3 fr. 20 par myriamètre. Combien recevra-t-il après 15 jours de marche?

2548. Un commis a un intérêt de 2 p. 0/0 dans le bénéfice net d'une maison de commerce, plus un traitement fixe de 190 fr. par mois. Le bénéfice net est les $\frac{5}{8}$ du bénéfice brut. Le commis ayant reçu 2015 fr. pour 8 mois $\frac{1}{2}$, on demande le montant du bénéfice brut.

2549. On achète du vin en bouteilles à raison de 1 fr. 50 la bouteille. On revend les bouteilles vides au prix de 0 fr. 20 pièce, et, de cette façon, la dépense ne s'élève plus qu'à 91 fr. Combien a-t-on acheté de bouteilles de vin?

2550. Un négociant achète des marchandises qu'il revend 376 fr. 50 de plus qu'il ne les a payées, et, à ce compte, il gagne 7 $\frac{1}{2}$ p. 0/0. Qu'ont coûté ces marchandises ?

2551. Un commerçant a fait venir 22 barriques de vin, contenant ensemble 52 hectol. 60, qui lui reviennent à 0 fr. 90 le litre. Combien devra-t-il vendre la bouteille de 0 l. 75 pour gagner 30 p. 0/0 sur le prix de revient ?

2552. Un hectolitre de blé coûte 21 fr. 50 et produit 76 kil. de pain. On accorde au boulanger 25 p. 0/0 pour fabrication et bénéfice. Quel sera le prix du pain de 4 kil.?

2553. Un particulier hérite de 9342 fr., et il s'en faut de 1837 fr. 50 que son avoir ne soit quadruplé. Que possédait-il avant d'hériter?

2554. Une maison, qui a été revendue 35900 fr., aurait donné un bénéfice de 2100 fr., si le propriétaire l'eût achetée 650 fr. meilleur marché. Quel est le prix d'achat de la maison ?

2555. Un négociant achète 25 pièces de drap d'égale longueur à 12 fr. le mètre ; il revend le mètre 14 fr. et gagne ainsi 1000 fr. On demande la longueur de chaque pièce.

2556. Un faïencier, qui achète 4 sortes de vases, en reçoit une égale quantité de chaque sorte qu'il paie à raison de 2 fr. 50 pour la première, de 4 fr. pour la deuxième, de 5 fr. 70 pour la troisième et de 8 fr. 30 pour la quatrième. La facture se montant à 1537 fr. 50, déterminer le nombre total des vases achetés.

2557. Un capital, placé à $4\frac{2}{3}$ p. 0/0, produit en 7 ans 10 mois, un intérêt qui est employé au paiement d'une vigne, dont la surface est de 52 ares 64, achetée au prix de 0 fr. 50 le mètre carré. Quel est ce capital ?

2558. Une personne charitable consacre aux pauvres la dixième partie de l'intérêt que lui rapporte une somme qu'elle a placée. Combien recevront-ils après 5 ans 5 mois 2 jours, sachant que le taux est 5 et qu'au bout de ce temps le remboursement du capital et de ses intérêts s'élève à 55292 fr. 75 $\frac{1}{2}$?

2559. Une personne veut mettre sa montre en loterie ; si elle fait des billets à 4 fr., elle perd 10 fr. ; si les billets sont à 5 fr., elle gagne 50 fr. Combien a-t-elle fait de billets et quel est le prix de la montre ?

2560. Une personne charitable veut partager 165 fr. 60 entre 12 pauvres. Mais, au moment de faire la distribution, elle admet un certain nombre de pauvres de plus, et elle diminue ainsi de 2 fr. 76 ce que chacun des 12 premiers aurait reçu sans cette augmentation. Quel est le nombre total des pauvres assistés ?

2561. Deux hommes peuvent battre au fléau 130 gerbes de blé par jour. En supposant qu'une douzaine de gerbes donne 37 l. $\frac{1}{2}$ de blé et que les batteurs reçoivent en paiement la vingt-unième partie du grain battu, on demande ce que chaque ouvrier gagne par jour, le blé valant 30 fr. l'hectolitre.

2563. Une batteuse bat 45 gerbes par heure et fonctionne 9 heures par jour. Le propriétaire, qui reçoit une gerbe pour 18 battues, a gagné 84 fr. chez un fermier. Trouver combien la machine a battu de gerbes et le nombre de jours qu'elle a fonctionné, sachant que 6 gerbes produisent un double décalitre de blé valant 1 fr. 60 le décalitre.

2564. Un laboureur propose à un vigneron de lui livrer 125 doubles décalitres de blé qu'il estime 3 fr. 15 le double décalitre, mais qui ne vaut en réalité que 2 fr. 85, pour du vin qui se vend 23 fr. 75 l'hectolitre. De combien le vigneron doit-il surfaire son vin par hectolitre pour ne rien perdre? et combien doit-il en livrer?

2565. On vend une récolte de 17 m. cub. $\frac{3}{5}$ de blé à raison de 21 fr. 50 l'hectolitre, en garantissant un poids de 78 kil. $\frac{1}{2}$ par hectolitre. Ce blé ne pesant que 76 kil. $\frac{3}{8}$, on demande: 1° le prix de l'hectolitre de blé vendu; 2° son poids total.

2566. Calculer le poids du cuivre, de l'étain et du zinc qui composent la pièce de bronze de 0 fr. 10.

2567. Un bijou en or du poids de 20 gr. a une valeur intrinsèque (valeur de l'or pur, non compris la façon), de 51 fr. 55 $\frac{1}{2}$. Quel en est le titre? (Voir la note au bas de la page 71.)

2568. Une timbale en argent du poids de 90 gr. a une valeur intrinsèque de 15 fr. 88. Quel en est le titre?

2569. Deux courriers distants l'un de l'autre de 12 kilom. vont dans le même sens. Le premier faisant 4 kil. $\frac{1}{2}$ à l'heure, et le deuxième 5 kil., on demande le temps qui devra s'écouler 1° pour que les courriers ne soient plus qu'à une distance de 4 kilom.; 2° pour que le deuxième courrier atteigne le premier; 3° pour qu'il le dépasse de 3 kilom. $\frac{1}{2}$.

2570. Deux courriers, distants de 120 kilom., vont à la rencontre l'un de l'autre. Le premier courrier faisant 4 kilom. 6 à l'heure et le deuxième 4 kilom. 8, on demande le temps qui devra s'écouler 1° pour que les courriers ne soient plus qu'à une distance de 4 kilom.; 2° pour qu'ils se rencontrent; 3° pour qu'ils se trouvent éloignés de 125 kilom.

2571. Un marchand a acheté une pièce de drap sur laquelle il veut gagner 180 fr. Il en a vendu une première fois le $\frac{1}{4}$, une seconde fois le $\frac{1}{3}$ du reste, et une troisième fois la moitié du dernier reste. Ces trois ventes ayant déjà produit le prix d'achat plus 20 fr., on demande le prix d'achat.

2572. Un négociant achète une pièce de soie à 11 fr. 25 le mètre. Il en revend $\frac{1}{5}$ à 12 fr. 50, $\frac{1}{4}$ à 12 fr. 25, $\frac{1}{3}$ à 12 fr. et le reste à 11 fr. 75 le mètre. Son bénéfice total s'élevant à 51 fr. 50, on demande la longueur de la pièce de soie.

2573. Un marchand achète les $\frac{7}{8}$ d'une pièce de drap au prix de 28 fr. 25. Il cède les $\frac{9}{10}$ de son achat à un confrère qui lui rembourse la somme de 1650 fr. De cette façon, le marchand rentre dans ses déboursés et gagne 68 fr., outre le drap qui lui reste. Déterminer la longueur de la pièce de drap et le bénéfice total du marchand. On admet que le reste de la pièce sera vendu 30 fr. le mètre.

2574. Une famille consomme par an 1315 kilos de pain de froment. Le froment qu'elle achète pèse 78 kil. l'hectolitre et coûte 27 fr. 50 l'hectolitre $\frac{1}{2}$. Ce froment donne 92 0/0 de son poids de farine et la farine retient dans la fabrication du pain 30 p. 0/0 de son poids d'eau. On demande quelle est en blé la dépense annuelle de cette famille.

2575. Un sac de blé de 160 litres pèse 121 kil. 60. En passant à l'état de farine, ce blé perd les 0,18 de son poids. Sachant qu'avec 4 kil. de farine on fait 5 kil. de pain, on demande combien on pourra faire de pain avec un hectolitre de ce blé.

2576. J'avais une somme dans un sac; j'en retirai les $\frac{2}{3}$ et j'y remis 50 fr.; quelque temps après, je pris le $\frac{1}{4}$ de ce qu'il y avait dans le sac et j'y remis 70 fr. Sachant qu'il contenait après cela 120 fr., on demande quelle somme il renfermait d'abord.

2577. J'ai prêté 4266 fr. à intérêt simple. Si le taux eût été augmenté de son $\frac{1}{6}$, les intérêts rapportés après 873 jours eussent été accrus de 68 fr. 967. Quel est le taux?

2578. Un marchand achète 37 m. 70 de velours à 19 fr. 75 le mètre; il a payé le $\frac{1}{7}$ du prix avec du drap à 18 fr. le mètre et le reste en argent. Combien a-t-il donné de mètres de drap et combien d'argent?

2579. Pierre livre à Jacques 140 m. 20 de drap à 15 fr. 45 le mètre en échange de 6 pièces de mérinos de 37 m. 75 chacune à 7 fr. 60 le mètre, sous condition que le débiteur s'acquittera en espèces avec bénéfice d'escompte à 6 p. 0/0. Quel est ce débiteur? et quelle somme devra-t-il verser?

2580. Les revenus réunis de deux personnes s'élèvent à 1772 fr. Sachant que le $\frac{1}{5}$ du revenu de la première surpasse de 11 fr. le $\frac{1}{6}$ de celui de la seconde, on demande de déterminer le revenu de chacune d'elles.

2581. Quel est le capital qui, à $4\frac{2}{3}$ p. 0/0, devient 733 fr. au bout de 19 mois 13 jours? (Intérêt simple.)

2582. Après combien de temps un capital placé à 6 p. 0/0 vaudra-t-il ses $\frac{17}{6}$, capital et intérêts compris?

2583. Un homme et sa femme sont employés dans une fabrique. Ils travaillent d'abord, l'homme 12 jours, la femme 10, et ils reçoivent ensemble 46 fr.; l'homme travaille ensuite

27 jours, la femme 31, et ils touchent 117 fr. 10. Combien gagnent-ils chacun par jour ?

2584. Un entrepreneur a payé 105 fr. pour 17 journées de maçon et 10 journées de manœuvre ; plus tard, sans que les prix aient changé, il a payé 84 fr. pour 10 journées de maçon et 17 de manœuvre. Combien chacun de ces ouvriers gagnait-il par jour ?

2585. Un négociant, qui a acheté le 10 février pour 3600 fr. de marchandises, fait un billet payable le 15 septembre ; le 15 mars, il donne un à-compte de 1500 fr. A quelle époque devra-t-il payer le reste?

2586. Un commerçant emprunte 6600 fr. qu'il doit rembourser en 15 paiements égaux de mois en mois. Quel sera le montant du dernier paiement qui comprend, à 6 p. 0/0 par an, les intérêts des diverses parties du capital emprunté ?

2587. Une personne a envoyé une certaine somme en un mandat sur la poste qui lui a coûté, tous frais payés, 163 fr. 70. On demande de déterminer la somme portée au mandat. On sait : 1° que la taxe d'une lettre affranchie est de 0 fr. 25, 2° que le droit postal pour les envois d'argent est de 2 p. 0/0 ; 3° que tout envoi dépassant 10 fr. est soumis à un droit de timbre de 0 fr. 25.

2588. Un particulier envoie par la poste une certaine somme; il dépose 600 fr. sur lesquels l'administration doit retenir : 1° l'affranchissement; 2° un droit de timbre de 0 fr. 25 ; 3° un droit de 2 p. 0/0 sur le montant du mandat. La lettre d'envoi et le mandat pèsent ensemble 45 gr., et l'on sait que l'affranchissement, pour une lettre pesant de 20 à 50 gr., est de 0 fr. 70. Combien le destinataire recevra-t-il ?

2589. Un papetier a vendu 9500 cahiers à 0 fr. 10 pièce. On demande combien il a gagné 1° en tout, 2° pour cent, sachant que chaque cahier contient 10 feuilles plus une couverture de couleur ; que le papier coûte 3 fr. 60 la rame ; les couvertures 6 fr. 25 le mille, et la façon des cahiers 0 fr. 30 le cent.

2590. Un tailleur achète pour 2050 fr. deux pièces de drap de 50 m. 45 chacune. Il en tire 64 pantalons de 1 m. 15 chacun, et consacre le reste à des gilets de 0 m. 65. Il lui faut en outre 2 fr. 30 de fournitures pour chaque gilet et 0 fr. 90 pour chaque pantalon; de plus, la façon d'un pantalon lui coûte 2 fr. 25 et celle d'un gilet 2 fr. 40. On demande son gain total s'il vend les gilets 21 fr. et les pantalons 32 fr.

2591. Partager 194 en 3 parties, de façon que la première soit à la deuxième comme $\frac{5}{8}$ est à $1\frac{1}{2}$, et que la deuxième soit à la troisième comme $1\frac{1}{3}$ est à $3\frac{1}{2}$.

2592. Partager 87 en trois parties telles que la plus grande surpasse la moyenne de 5, et que la moyenne surpasse la plus petite de 13.

2593. A partir de 1851 jusqu'en 1870 inclusivement, un particulier a placé, à intérêts simples, au taux 5 et au commencement de chaque année, une somme de 1000 fr. Combien devra-t-il recevoir, en capital et intérêts, à la fin de 1870, s'il n'a rien touché auparavant ?

2594. Un père, avant de mourir, veut partager une somme de 50000 fr. entre ses trois enfants, âgés de 5, 7 et 8 ans, de manière que chacun, plaçant sa part immédiatement à intérêts simples, reçoive la même somme à sa majorité (21 ans). Dire combien chaque enfant doit recevoir.

2596. Un marchand achète 47 caisses de savon à 114 fr. la caisse brut avec $7\frac{1}{2}$ p. 0/0 de tare et 7 p. 0/0 d'escompte s'il paie comptant. Que doit-il payer comptant ? [1].

2597. Un marchand de comestibles reçoit 5 caisses d'oranges pesant brut 56 kil. 4 chacune au prix de 1 fr. 40 le kilo ; on lui accorde 7 p. 0/0 de tare et, s'il paie comptant, un escompte de 3 p. 0/0 : quelle somme doit-il payer comptant?

2598. 15 kil. de sucre de première qualité et 11 kil. de seconde ont coûté 43 fr. 50. Sachant que la différence des prix est de 0 fr. 30 par kilo, on demande le prix du kilo de sucre de chaque qualité.

2599. Deux ouvriers qui travaillent, l'un au prix de 3 fr.,

1. La *tare* n'est rien autre chose que le poids de l'emballage. Le poids *brut*, c'est le poids de la marchandise et de l'emballage ; le poids *net* est le poids de la marchandise seule.

l'autre au prix de 4 fr. par jour, ont reçu 936 fr. pour un ouvrage fait en commun. Sachant que le premier a travaillé 25 jours de plus que le second, on demande la somme qui revient à chacun.

2600. On achète deux pièces de valenciennes de même qualité qui contiennent, l'une 28 m. 50, l'autre 39 m. 10. Sachant que l'une d'elles a coûté 196 fr. 10 de plus que l'autre, on demande le gain que le marchand fera en revendant les deux pièces au prix de 19 fr. 40 le mètre.

2601. Deux employés ont le même traitement ; l'un économise le $\frac{1}{7}$ de ce qu'il gagne ; l'autre, qui dépense 300 fr. de plus par an que le premier, fait au contraire 315 fr. de dettes en 3 ans $\frac{1}{2}$. Quel est le traitement de chacun d'eux.

2602. Avec 100 stères de bois de hêtre on fait 30 stères de charbon que l'on vend 46 fr. la banne. Quel prix doit-on payer le mètre cube de hêtre, si l'on veut réaliser un bénéfice de 15 p. 0/0 ? La banne contient 1 m. cub. 6.

2603. Un fabricant donne à ses clients le $\frac{1}{13}$ en sus et fait en outre 1 p. 0/0 de remise sur le montant des factures. A combien pour cent s'élève ainsi la remise totale?

2604. J'ai prêté à Jules 2000 fr. de plus qu'à Louis. Le taux de l'intérêt est 4 $\frac{1}{2}$ p. 0/0 pour le premier et 5 pour le second. A combien pour cent aurais-je dû placer la somme 7500 fr. des deux prêts pour retirer même revenu par an ?

2605. Un propriétaire a placé une certaine somme au taux 5 pour 6 ans 4 mois. Au bout d'un certain temps, il a retiré 1820 fr. de capital, et il a ainsi diminué de 625 fr. les intérêts qu'il eût touchés pour toute la durée du placement. Après combien de temps a-t-il fait le retrait des 1820 fr. ?

2606. Pour tapisser une chambre, on emploie 25 rouleaux $\frac{1}{3}$ de papier de 0 m. 54 de largeur et coûtant 6 fr. 30 le rouleau.

Combien aurait-on dépensé si l'on s'était servi de papier de 0 m. 63 de largeur coûtant les $\frac{4}{5}$ de ce que coûte le premier?

2607. Un marchand de vin en gros vend 138 pièces de vin contenant chacune 2 hectol. 5 pour 14738 fr. 40. Il gagnerait 18 $\frac{2}{3}$ p. 0/0 à ce marché; mais, comme l'acheteur paie comptant, il lui accorde un escompte de 6 p. 0/0. A combien se réduit le gain total du marchand et que lui a coûté le litre de vin?

2608. Pour transporter de la houille d'un lieu dans un autre, on emploie 26 ouvriers qui se servent de brouettes contenant 48 kil. de houille. Après avoir fait 9 voyages chacun, il reste à enlever les $\frac{5}{6}$ de la houille déjà charriée. Combien de mètres cubes avaient-ils à transporter? On suppose qu'un hectolitre de houille pèse 78 kil.

2609. Une personne, qui a acheté pour 15700 fr. de rente 4 $\frac{1}{2}$ p. 0/0 lorsque cette rente était au cours de 89 fr. 70, la revend lorsqu'elle vaut 96 fr. 80. Quel est son bénéfice total?

2610. Quelle somme faut-il placer à intérêt simple pendant 10 mois à 6 p. 0/0 par an pour recevoir 882 fr. en capital et intérêts?

2611. Un homme loue un pêcheur pour une journée aux conditions suivantes : pour chaque coup de filet fructueux, le maître paiera 0 fr. 90; pour chaque coup infructueux, le pêcheur remettra 0 fr. 30 au maître. A la fin de la journée, le maître redevait 6 fr. 30 : combien le pêcheur a-t-il jeté de bons et de mauvais coups, sachant qu'il en a jeté 39 en tout?

2612. On donne à un ouvrier 3 fr. 50 par jour quand il travaille; mais on lui retient 1 fr. 25 par jour pour sa nourriture quand il reste sans rien faire. Au bout de 90 jours, on lui donne 177 fr. 25 : combien est-il resté de jours sans travailler?

2613. On doit une somme de 1170 fr. qu'on désire rembourser en souscrivant 3 billets égaux payables de trois en trois mois. Quel doit être le montant de chaque billet, le taux de l'intérêt annuel étant 5 p. 0/0 ?

2614. Une personne place 20000 fr. à intérêts simples, partie à $4\frac{1}{2}$ et partie à 5 p. 0/0. Au bout de 5 ans, les intérêts s'élèvent à 4790 fr. Quelle est la partie placée à $4\frac{1}{2}$?

2615. Un voleur a 13500 mèt. d'avance sur un gendarme qui le poursuit. Le gendarme allant 4 fois plus vite que le voleur, on demande de calculer le chemin qu'il a à faire pour le rattraper.

2616. Deux courriers, qui marchent à la rencontre l'un de l'autre, sont distants de 29 kilom. 5. Sachant que le premier fait 5 kil. 8 à l'heure et qu'après 3 h. 17′ de marche ils ne sont séparés que de 7 kilom. 3, on demande, par heure, la vitesse du second courrier.

2617. Un marchand a acheté 958 m. 45 de velours à 18 fr. 60 le mètre. Il veut le revendre de manière à gagner autant sur chaque mètre que s'il plaçait son argent à 5 p. 0/0. Que doit-il revendre le mètre ?

2618. Pendant combien de temps doit-on placer 2450 fr. et 2500 fr. à intérêt simple, le premier capital au taux 5, le second au taux $4\frac{1}{2}$, pour que ces deux sommes acquièrent la même valeur ?

2619. Quels capitaux doit-on placer à $3\frac{1}{2}$ et à 5 p. 0/0 pour que la somme des intérêts produits soit la même que les intérêts de la somme des capitaux au taux $4\frac{1}{2}$, les placements étant faits pour le même temps ?

2620. L'alliage employé dans la fabrication des cloches est composé de 78 parties de cuivre, de 19 d'étain et de 3 de zinc. Le cuivre vaut 3 fr. 60 le kilo, l'étain 4 fr. 85 et le zinc 0 fr. 95. Les frais de fabrication et autres s'élevant à 9 p. 0/0 du prix de la matière, on demande la somme déboursée par une commune qui a fait faire une cloche du poids de 1500 kil.

2621. Un vase contient 50 litres de vin. On y fait arriver simultanément de l'eau par un tuyau qui en débite 2 l. en 4 minutes, et du vin par un second tuyau qui en débite 3 l. en 8 minutes. Après combien de temps le vase contiendra-t-il un mélange égal d'eau et de vin ? de combien de litres le mélange sera-t-il alors composé ?

2622. 30 soldats ont fait en 18 jours la même dépense que 12 officiers en 10 jours. Trouver ce que dépenseront 45 officiers en 16 jours, sachant que 9 soldats ont dépensé 218 fr. en 14 jours.

2623. Un élève a pour moyenne de 4 compositions $6\frac{3}{4}$; mais, après une cinquième, la moyenne se trouve réduite à $6\frac{1}{2}$. Quelle est sa dernière note ?

2624. Un élève ayant $7\frac{1}{2}$ pour note moyenne de 4 composition, quelle sera, après une nouvelle composition qui lui a valu la note 8, la moyenne de ses compositions ?

2625. Un chef de cuisine a des œufs. Trois aides lui en demandent. Il donne au premier la moitié de ses œufs plus la moitié d'un œuf ; au deuxième la moitié de ce qui lui reste plus la moitié d'un œuf; au troisième la moitié du nouveau reste plus la moitié d'un œuf. Il lui reste alors une douzaine d'œufs : combien en avait-il d'abord ?

2626. Une fermière vend à une personne le $\frac{1}{3}$ de ses œufs plus le $\frac{1}{3}$ d'un œuf; à une deuxième personne le $\frac{1}{3}$ du reste plus le $\frac{1}{3}$ d'un œuf; enfin à une troisième personne le $\frac{1}{3}$ du dernier reste plus le $\frac{1}{3}$ d'un œuf. Combien cette fermière avait-elle d'œufs, sachant qu'il lui en reste 21 ?

2627. La tonne de houille coûte 46 fr. et le stère de bois, qui pèse 350 kil., coûte 12 fr. A poids égal, la chaleur donnée par la houille est à celle provenant du bois comme 6 est à $3\frac{1}{2}$. Quelles sont, pour une même quantité de chaleur, les dépenses respectives des deux combustibles? et quel serait l'avantage d'un ménage qui, au lieu de brûler 6 stères de bois, brûlerait l'équivalent en houille?

2628. Un lévrier poursuit un lièvre qui a 50 sauts d'avance sur lui. Le lévrier fait 5 sauts pendant que le lièvre en fait 6; mais 9 sauts du lièvre n'en valent que 7 du lévrier. Combien le lièvre fera-t-il de sauts avant d'être atteint?

2629. Un lapin a 150 sauts d'avance sur un chien lancé à sa poursuite. Le lapin fait 8 sauts pendant que le chien n'en fait que 3; mais 4 sauts du chien en valent 11 du lapin. On demande, d'après cela, combien le chien devra faire de sauts pour rattraper le lapin?

2630. Une fermière porte au marché un panier d'œufs qu'elle se propose de vendre 0 fr. 80 la douzaine. Chemin faisant, elle en casse 17; mais, au lieu de vendre 0 fr. 80 la douzaine, elle la livre à 0 fr. 85, et, de cette façon, elle ne perd rien. Combien avait-elle d'œufs d'abord?

2631. Un cultivateur achète une propriété de 3600 fr. le 1er novembre 1855. Il paie sur cette acquisition, savoir : 1000 fr. au 1er janvier 1857; 840 fr. au 15 septembre de la même année, et 1260 fr. au 20 avril 1858. Dire ce qu'il redoit encore au 1er juillet 1858, jour où il se libère complétement. On tient compte des intérêts simples à 5 p. 0/0, et ces intérêts ne sont réglés pour le tout qu'au jour du dernier paiement.

2632. Dans la fabrication du sucre de betterave, on ajoute au jus exprimé ses 0,015 d'eau et l'on soumet le mélange à différentes manipulations qui lui font perdre environ les 0,85 de son poids. Le reste donne alors en sucre les 0,06 du sien. En admettant que la betterave donne en jus les 0,70 de son poids total, on demande de calculer la quantité de sucre qu'on retirera de 10000 kil. de betteraves.

2633. Le poids des cendres provenant de la combustion du

bois de chêne est environ les 0,03 du poids de ce bois, et le poids de la potasse contenue dans les cendres est la quinzième partie du poids de ces cendres. D'après cela, on demande combien on retirera de kilos de potasse des cendres fournies par la combustion de 2 stères de bois de chêne dont la densité est 0,94.

2634. Le nombre des enfants en âge de fréquenter les écoles de tous les degrés est, en France, d'environ le $\frac{1}{5}$ de la population totale, qui est de 38069000 âmes. Sur ce nombre d'enfants, 5 p. 0/0 restent entièrement privés d'instruction, et l'on peut évaluer à $\frac{1}{12}$ du reste ceux qui, fréquentant peu l'école, n'en retirent aucun profit. Calculer, d'après cela : 1° le nombre des enfants qui devraient aller à l'école ; 2° le nombre de ceux qui n'y vont pas ; 3° le nombre de ceux qui n'y apprennent rien ; 4° le nombre total des illettrés.

2635. On a deux lingots d'or; le premier, au titre de 0,900, pèse 820 gr. de moins que le second, qui est au titre de 0,850. On demande le poids de chacun d'eux, sachant que le deuxième vaut 1694 fr. 441 de plus que le premier. Le cuivre, dans les objets d'or et d'argent, est considéré comme n'ayant pas de valeur. (Voir la note au bas de la page 71.)

2636. Un homme meurt en laissant à 5 héritiers une somme de 21500 fr. et 12 hectares de terre estimée 1200 fr. l'hectare, à condition qu'ils paieront les frais d'enterrement s'élevant à 350 fr. et qu'ils inviteront au convoi 25 pauvres à chacun desquels on donnera : 1° un pain valant 0 fr. 80; 2° une aumône de 8 fr. 50. Quelle sera la part nette de chaque héritier?

2637. Quel serait le bénéfice net d'un propriétaire qui, au lieu de faire de l'huile avec les 9 hectol. de noix qu'il a récoltées, les vendrait à raison de 0 fr. 25 le cent? On admet : 1° qu'une pilée de noix donne 13 litres d'huile valant 2 fr. le litre ; 2° qu'il entre 860 noix par décalitre et 1 hectol. $\frac{1}{2}$ de noix par pilée ; 3° que les frais d'extraction de l'huile s'élèvent à 2 fr. 75 par pilée.

2638. Une cuisinière a mis par erreur dans les 3 litres d'eau de son potage 59 grammes de sel au lieu de 48 qui devaient suffire. On suppose le sel complétement dissous et l'eau partout également salée, et l'on demande ce que la cuisinière doit ôter d'eau salée en remplaçant par de l'eau pure pour avoir le degré de salaison convenable.

X. EXERCICES ET PROBLÈMES SUR LES CARRÉS ET LA RACINE CARRÉE.

Élevez au carré chacun des nombres suivants [1] :

2639. 7; 4; 9; 28; 39; 345; 100; 1000.
2640. 76; 329; 4675; 101; 1000; 100408.
2641. 0,6; 0,47; 0,009; 0,8125; 0,9051; 0,0504.
2642. 9,02; 27,8; 375,017; 90,008.
2643. 18,09; 2768,4; 1500,81; 36,0018.
2644. $\frac{1}{4}$; $\frac{1}{3}$; $\frac{2}{5}$; $\frac{2}{3}$; $\frac{5}{8}$; $\frac{12}{17}$.
2645. $\frac{14}{15}$; $\frac{21}{28}$; $\frac{63}{82}$; $\frac{108}{211}$.
2646. $2\frac{1}{3}$; $9\frac{2}{7}$; $17\frac{3}{4}$; $149\frac{19}{21}$; $10000\frac{33}{43}$.

Extrayez la racine carrée de chacun des nombres suivants :

2647. 1; 16; 49; 64; 48; 64; 81; 100.
2648. 144; 169; 629; 9025; 11025.
2649. 22500; 32400; 11881; 4004001.
2650. 0,04; 0,0025; 0,000139; 0,112225; 0,40005625.
2651. 6,25; 73,96; 16,4025; 256,672441.

1. Les nombres sont séparés par un point et une virgule.

2652. $\frac{1}{16}$; $\frac{1}{9}$; $\frac{4}{25}$; $\frac{16}{49}$; $\frac{25}{36}$.

2653. $\frac{169}{441}$; $\frac{625}{6400}$; $\frac{42025}{361201}$; $\frac{84681}{94864}$.

2654. $86\frac{11}{49}$; $745\frac{120}{169}$; $1750\frac{366}{625}$; $3265\frac{277544}{494209}$.

Extrayez, à moins de 0,1 près, la racine carrée de chacun des nombres suivants :

2655. 536; 4376; 59785; 875042; 5193783.

Extrayez, à moins de 0,01 près, la racine carrée de chacun des nombres suivants :

2656. 53,2; 49,24; 100,052; 9,254; 95,767.

Extrayez, à moins de 0,001 près, la racine carrée de chacun des nombres suivants :

2657. 4,532; 3,55075; $8\frac{2}{7}$; $\frac{5}{9}$; $4\frac{63}{115}$.

Extrayez, à moins de 0,0001 près, la racine carrée de chacun des nombres suivants :

2658. 5,2; 4,005; 7,20051; $9\frac{21}{23}$; $19\frac{47}{51}$.

2659. Quel est le nombre qui, multiplié par lui-même, donne pour produit 121801?

2660. Le produit de deux nombres égaux est 122500. Déterminer ces deux nombres.

3661. Un marchand vend 75 kil. d'une marchandise au prix d'autant de centimes le kilo qu'il a vendu de kilos. Combien a-t il retiré de sa vente?

2662. On partage 676 fr. entre un certain nombre de personnes, de manière que chacune d'elles reçoit autant de francs qu'il y a de personnes. Combien y a-t-il de personnes et combien chacune reçoit-elle?

2663. Quel est le nombre dont la racine carrée augmentée de 17 donne pour résultat 71 ?

2664. Quel est le nombre dont le triple de la racine carrée est égal à $27\frac{6}{7}$?

2665. Trouver un nombre dont le carré plus 9 est égal à 738.

2666. Quel est le nombre dont le $\frac{1}{3}$ multiplié par le $\frac{1}{4}$ donne pour produit 20772873,6 ?

2667. En divisant une fraction par ses termes renversés, on trouve $\frac{16}{49}$. Déterminer cette fraction.

2668. Un nombre est tel que, si l'on élève au carré les $\frac{7}{12}$ de ses $\frac{5}{8}$, on trouve $\frac{8113}{24336}$. Quel est-il ?

2669. La somme des carrés de deux nombres est 18281 et la différence de ces carrés 1719. Déterminer ces deux nombres ?

2670. La différence de deux nombres est 23 et celle de leurs carrés 4209. Quels sont ces deux nombres ?

2671. La somme des carrés de deux nombres est 3202 et la différence de ces mêmes carrés 160. Quels sont ces deux nombres ?

2672. Combien pourrait-on mettre de pièces de 5 fr. en argent sur une table carrée de 0 m. 777 de côté ? On sait que le diamètre d'une pièce de 5 fr. est de 37 millimètres.

2673. Une table carrée de 3 m. 552 de tour est recouverte de piles de pièces de 5 fr. en argent. Les piles étant de 50 fr. chacune, on demande la valeur dont la table est chargée.

2674. La différence qui existe entre les carrés de deux nombres consécutifs est 59 : quels sont ces deux nombres ?

2675. Les carrés de deux nombres consécutifs diffèrent de 209. Faites connaître ces deux nombres.

2676. Un jardinier veut planter des arbres dans un terrain carré; il les dispose par rangées parallèles; mais il lui en reste

27 ; il veut alors mettre un arbre de plus sur chaque côté du carré ; mais il lui en manque 46. Combien a-t-il d'arbres ?

2677. Un colonel veut ranger son régiment en carré ; s'il met un certain nombre d'hommes sur chaque côté, il lui en reste 67 ; s'il en met un de plus, il lui en manque 24. De combien d'hommes est composé son régiment ?

2678. On a deux nombres dont l'un surpasse l'autre d'une unité. Les carrés de ces nombres différant de 25622, on demande de les faire connaître.

2679. Un armurier a vendu 3 fusils Lefaucheux pour 900 fr. Les prix de ces trois fusils sont tels que leurs carrés sont entre eux dans le même rapport que les nombres 5, 6 et 7. On demande, d'après cela, le prix de chaque fusil.

2680. On achète de l'eau-de-vie pour 156 fr. 25. Le prix d'achat du décalitre est égal au nombre de décalitres achetés. Combien a-t-on eu de décalitres d'eau-de-vie ? et combien devrait-on revendre le litre pour gagner 50 fr. sur le tout ?

2681. Une fermière a vendu 384 œufs à un certain nombre de personnes qui ont eu chacune autant de douzaines qu'elles étaient de personnes. Combien y avait-il de personnes et combien ont-elles déboursé chacune, si la douzaine d'œufs a coûté 0 fr. 80 ?

2682. On a acheté, au prix de 1 fr. 50 la douzaine, des oranges pour une somme de 25 fr. 50. Elles ont été revendues à différentes personnes qui en ont eu chacune autant qu'elles étaient de personnes. Combien y avait-il de personnes ? et combien chacune a-t-elle eu d'oranges ?

2683. Un épicier a vendu, à raison de 1 fr. 70 le kilo, un nombre de kilos de sucre tel qu'en ajoutant 83 à son carré, on obtient 651332 au résultat. On demande quelle somme l'épicier doit recevoir.

2684. La valeur des diamants bruts s'obtient en élevant au carré leur poids en carats, et en multipliant le résultat par 50 fr. Calculer, d'après cela, la valeur du diamant de la couronne de France (*le Régent*), dont le poids est de 27 gr. 719225. On sait que le carat pèse 0 gr. 2027.

2685. On a acheté 75 kil. de café et 92 kil. de chocolat. Le carré du prix d'achat des deux acquisitions est de 455355 fr. 04.

La somme déboursée pour le café étant de 270 fr., on demande le prix du kilo de chaque denrée.

2686. Un cordonnier vend 3 douzaines de paires de bottes et 4 douzaines de paires de souliers. En élevant au carré le produit total de la vente, on trouve 1904400 fr. Sachant que les bottes seules ont été vendues 756 fr., on demande, séparément, le prix d'une paire de bottes et d'une paire de souliers.

XI. PROBLÈMES SUR LES SURFACES.

Explications préliminaires.

1. On appelle *surface* l'étendue considérée sous deux dimensions : longueur et largeur.

2. On désigne généralement toute surface par le mot polygone. Un *polygone* est donc une surface quelconque. Les lignes qui le limitent se nomment ses *côtés*.

3. Les polygones portent différents noms, selon qu'ils ont un plus ou moins grand nombre de côtés. Ainsi on distingue : le *triangle* (polygone de trois côtés) ; le *quadrilatère* (polygone de 4 côtés) ; le *pentagone* (polygone de 5 côtés) ; l'*hexagone* (polygone de 6 côtés) ; l'*eptagone* (polygone de 7 côtés) ; l'*octogone* (polygone de 8 côtés) ; le *décagone* (polygone de 10 côtés).—Les polygones qui ont un plus grand nombre de côtés tirent leurs noms du nombre de côtés qui les limitent. Ainsi on dit : un polygone de 11, de 12, de 13, etc. côtés, quand il a 11, 12, 13, etc. côtés. — Il y a encore un autre polygone dont nous parlerons plus loin : c'est le *cercle*.

4. On distingue cinq sortes de quadrilatères : le *carré*, le *parallélogramme*, le *rectangle*, le *trapèze* et le *losange*.

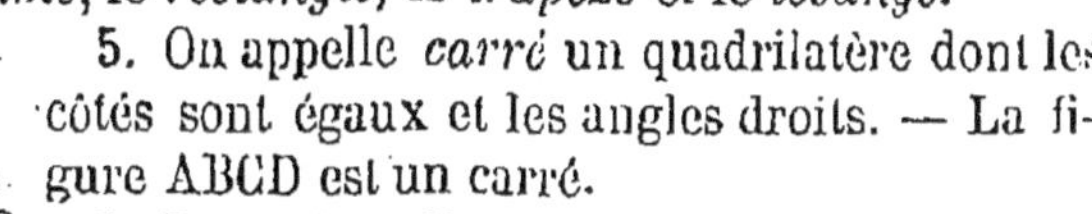

5. On appelle *carré* un quadrilatère dont les côtés sont égaux et les angles droits. — La figure ABCD est un carré.

6. La surface d'un carré s'obtient en élevant au carré l'un quelconque des côtés, c'est-à-dire en le multipliant par lui-même. La surface

du carré ci-contre est de 9×9 ou $9^2 = 81$ mètres carrés.

7. Le *mètre carré* est l'*unité* des surfaces en général, et l'*are*, qui est égal au *décamètre carré*, celle des *surfaces agraires*.

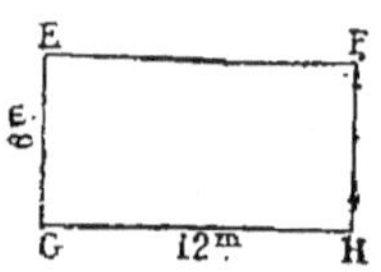

8. On appelle *rectangle* un quadrilatère dont les côtés opposés sont égaux deux à deux et les angles droits. — La figure EFGH est un rectangle.

9. On nomme *base* d'un rectangle l'un quelconque des côtés, GH, par exemple, et *hauteur* le côté GE ou HF.

10. La surface d'un rectangle s'obtient en multipliant sa base par sa hauteur, ou, ce qui est la même chose, sa longueur par sa largeur. La surface du rectangle ci-contre est de $12 \times 6 = 72$ mètres carrés.

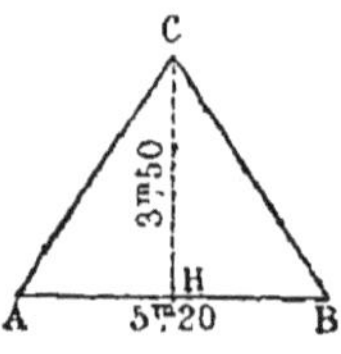

11. On appelle *triangle* un polygone de 3 côtés. — La figure ABC est un triangle.

12. On nomme *base* d'un triangle l'un quelconque des côtés, AB, par exemple, et *hauteur* la perpendiculaire abaissée sur cette base du sommet opposé, c'est-à-dire CH.

13. La surface d'un triangle s'obtient en multipliant sa base par la moitié de sa hauteur, ou bien sa hauteur par la moitié de sa base. La surface du triangle ABC est donc de $5{,}20 \times \frac{3{,}50}{2}$ ou $\frac{5{,}20}{2} \times 3{,}50 = 9$ m. c. 10.

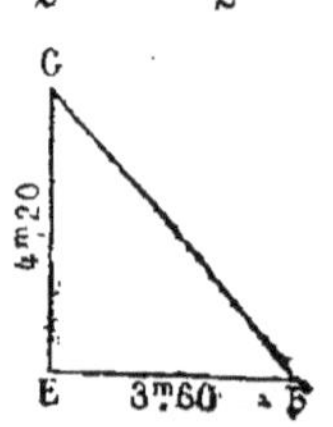

14. Un triangle est dit *rectangle* lorsqu'il a un angle droit. Ainsi le triangle EFG ci-contre est rectangle, parce qu'il a un angle droit en E.

15. Le côté opposé à l'angle droit d'un triangle rectangle, c'est-à-dire la ligne GF, se nomme *hypoténuse*.

16. On démontre en géométrie que le carré construit sur l'hypoténuse est toujours égal à la somme des carrés construits sur les deux autres côtés. Ainsi, dans le triangle rectangle EFG, on a $GF^2 = GE^2 + EF^2$ ou $GF^2 = 4{,}2^2 + 3{,}6^2$, et, par suite, $GF = \sqrt{4{,}2^2 + 3{,}6^2} = 5$ m. 53.

Il est très-souvent fait usage de cette propriété dans les calculs géométriques. On en trouvera des applications plus loin.

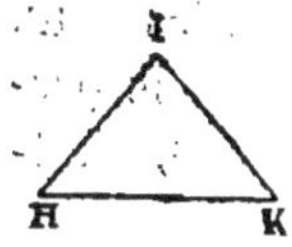

17. Un triangle est dit *isocèle* quand il a deux côtés égaux. — La figure HIK est un triangle isocèle, parce que les côtés HI et IK sont égaux.

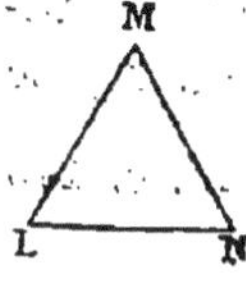

18. Un triangle est dit *équilatéral* quand ses trois côtés sont égaux. — La figure LMN est un triangle équilatéral.

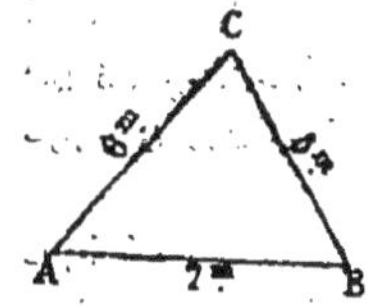

19. La surface d'un triangle, dont on connaît les trois côtés, s'obtient en multipliant le demi-périmètre par les trois différences qui existent entre ce demi-périmètre et chacun des côtés, et en extrayant ensuite la racine carrée du produit.

Le triangle ABC ci-contre a pour demi-périmètre $\frac{5+6+7}{2} = 9$ m., et, pour les trois différences entre ce demi-périmètre et chacun des côtés, 9 m. — 5 ou 4 m.; 9 — 6 ou 3 m.; 9 — 7 ou 2 m. On a donc pour la surface cherchée $\sqrt{9 \times 4 \times 3 \times 2} = 14$ m. c. 6969.

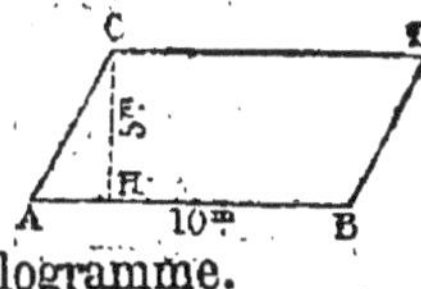

20. On appelle *parallélogramme* un quadrilatère dont les côtés opposés sont égaux deux à deux et les angles non droits. — La figure ABCD est un parallélogramme.

21. On nomme *base* d'un parallélogramme l'un quelconque des côtés, AB, par exemple, et *hauteur* la perpendiculaire qui joint les deux bases, c'est-à-dire CH.

22. La surface d'un parallélogramme s'obtient en multipliant sa base par sa hauteur. La surface du parallélogramme ci-contre est par conséquent de $10 \times 5 = 50$ mètres carrés.

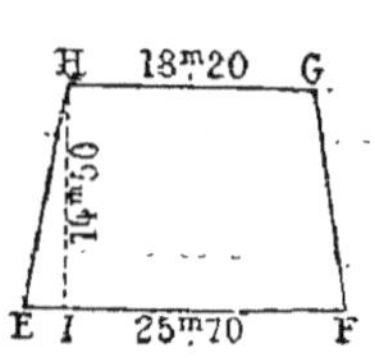

23. On appelle *trapèze* un quadrilatère dont deux côtés sont parallèles et inégaux. — La figure EFGH est un trapèze.

24. On nomme *bases* d'un trapèze les deux côtés parallèles EF et HG, et *hauteur* la perpendiculaire qui joint les deux bases, c'est-à-dire la ligne IH.

25. La surface d'un trapèze s'obtient en multipliant la demi-somme de ses deux bases par la hauteur. La surface du trapèze ci-contre est donc de $\frac{25,70 + 18,20}{2} \times 14,50 = 318$ m. c. 275 ou 3 ares 18275.

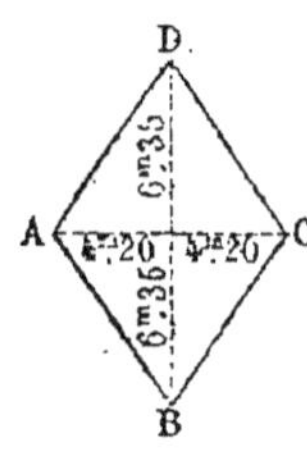

26. On appelle *losange* un quadrilatère dont les côtés sont égaux, mais dont les angles ne sont pas droits. — La figure ABCD est un losange.

27. Les lignes pointillées AC et DB, qui joignent deux angles non contigus, sont ce qu'on nomme des *diagonales*.

28. La surface d'un losange s'obtient en multipliant l'une quelconque des deux diagonales par la moitié de l'autre. La surface du losange ci-contre est par conséquent de $12,70 \times \frac{8,4}{2}$ ou $8,4 \times \frac{12,70}{2} = 53$ m. c. 34.

29. Les polygones se divisent en polygones réguliers et en polygones irréguliers.

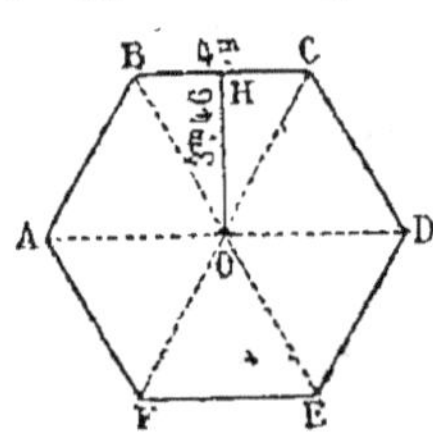

30. Un polygone est dit *régulier* lorsque ses côtés et ses angles sont égaux ; il est dit *irrégulier* dans le cas contraire. — Le polygone ABCDEF ci-contre est régulier : c'est un hexagone.

31. Tout polygone régulier a un point intérieur O nommé *centre*, qui est à égale distance des côtés et des sommets des angles. La droite OB, qui joint le centre au sommet B, est le *rayon* du polygone, et la perpendiculaire OH, abaissée du centre sur le milieu du côté BC, en est l'*apothème*.

32. La somme des côtés, c'est-à-dire le pourtour du polygone, est ce qu'on appelle le *périmètre* du polygone.

33. La surface d'un polygone régulier s'obtient en multipliant le périmètre par la moitié de l'apothème, ou bien l'apothème par la moitié du périmètre. La surface du polygone régulier ci-dessus est donc de $(4 \times 6) \times \frac{3,46}{2} = 41$ m. c. 52.

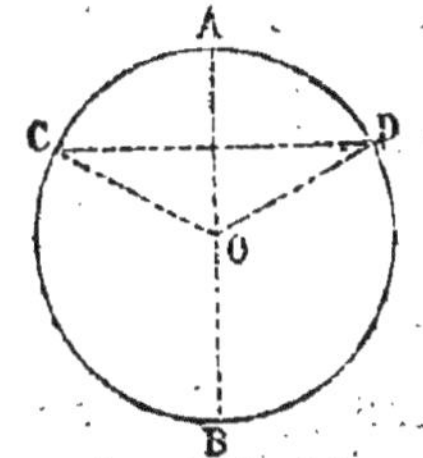

34. On appelle *cercle* un polygone régulier limité par une ligne courbe (circonférence) dont tous les points sont à égale distance d'un point intérieur nommé *centre*.

35. On peut encore dire qu'un cercle est un polygone régulier composé d'un *nombre infiniment grand de côtés infiniment petits*.—La figure ci-contre est un cercle.

36. Le calcul des surfaces utilise dans le cercle : 1° la circonférence ; 2° le diamètre ; 3° le rayon ; 4° la corde ; 5° l'arc ; 6° l'angle au centre.

37. La *circonférence* est la ligne qui limite le cercle : c'est une courbe dont tous les points sont également distants d'un point intérieur nommé centre.

38. Le *diamètre* est une droite qui touche à deux points de la circonférence en passant par le centre. Il divise la circonférence et le cercle en deux parties égales. AB est un diamètre.

39. Le *rayon* est une droite qui va du centre à un point quelconque de la circonférence. Il est la moitié du diamètre. OD, OA, OC et OB sont des rayons.

40. L'*arc* est une portion plus ou moins grande de la circonférence. CAD est un arc.

41. La *corde* est une droite qui joint les deux extrémités d'un arc. On peut encore dire qu'une corde est une droite qui ne passe pas par le centre du cercle. CD est une corde.

42. L'*angle au centre* est un angle formé par deux rayons. L'angle COD est un angle au centre.

43. Il existe un rapport constant entre la circonférence et le diamètre : celui-ci est contenu 3,1416 fois dans celle-là, qu'elle

soit grande ou petite. C'est Archimède, savant mathématicien de Syracuse (tué l'an 212 avant J.-C.), qui a trouvé ce rapport, qu'on représente par la lettre grecque π.

44. Il résulte de là qu'on détermine le diamètre en divisant la circonférence par 3,1416, et qu'on obtient la circonférence en multipliant le diamètre par ce même nombre.

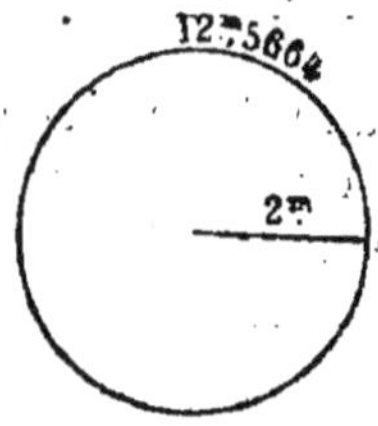

45. La surface d'un cercle s'obtient en multipliant la circonférence par la moitié du rayon, ou encore en multipliant le carré du rayon par π ou 3,1416. La surface du cercle ci-contre est donc de $2^2 \times 3,1416$ ou $12,5664 \times \frac{2}{2} = 12$ m. c. 5664.

46. En désignant par S la surface d'un cercle, par R le rayon et par π le rapport de la circonférence au diamètre, on a la formule suivante :

$$S = \pi \times R^2 \text{ ou tout simplement } \pi R^2.$$

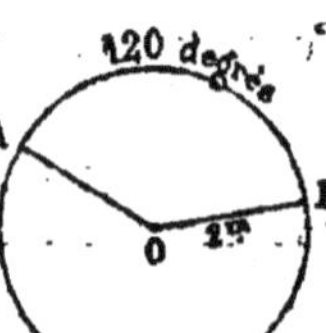

47. Dans un cercle, on appelle *secteur* la surface limitée par deux rayons et l'arc qu'ils déterminent. — La surface AOB est un secteur.

48. La surface d'un secteur s'obtient en divisant la surface du cercle dont il dépend par 360, puis en multipliant le quotient obtenu par le nombre de degrés de l'arc. La surface totale du cercle ci-contre égale $2^2 \times 3,1416 = 12$ m. c. 5664 ; et celle du secteur AOB est, d'après ce que nous venons de dire, de $\frac{12 \text{ m. c. } 5664 \times 120}{360} =$ 4 m. c. 188.

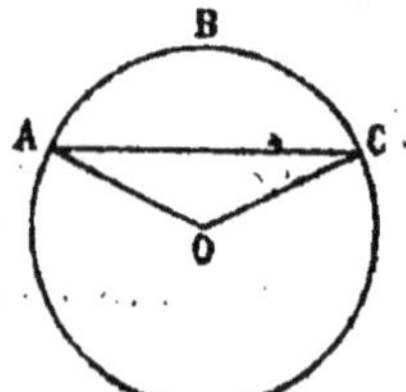

49. On nomme *segment*, dans un cercle, la surface comprise entre un arc et sa corde. — La surface ABC est un segment.

50. Pour obtenir la surface d'un segment, on cherche d'abord celle du secteur AOCB ; on retranche ensuite de cette surface celle du triangle AOC formé par la corde AC et les deux rayons OA et OC.

Supposons que la surface du secteur AOCB soit de 4 m. c. 50 et que celle du triangle isocèle AOC soit de 1 m. c. 75; celle du segment ACB sera alors de 4 m. c. 50 — 1 m. c. 75 = 2 m. c. 75.

Les calculs relatifs à l'évaluation de la surface d'un segment sont d'ailleurs du ressort de la trigonométrie.

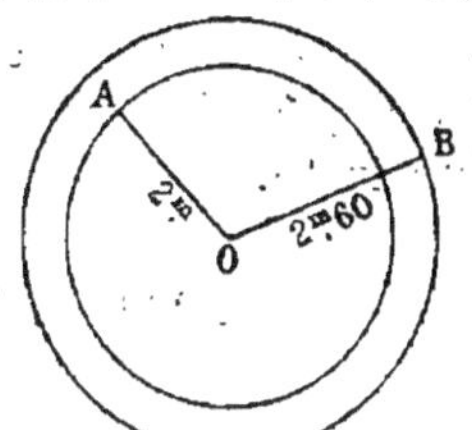

51. On appelle *couronne* la surface comprise entre les circonférences de deux cercles concentriques.

52. On obtient la surface d'une couronne en faisant la différence des surfaces des deux cercles qui la déterminent.

La surface du grand cercle est de $2{,}6^2 \times 3{,}1416 = 21$ m. c. 2372, et celle du petit, de $2^2 \times 3{,}1416 =$ 12 m. c. 5664.

La surface de la couronne égale par conséquent 21 m. c. 2372 — 12 m. c. 5664 = 8 m. c. 6708.

La surface supérieure du mur d'un puits est une couronne.

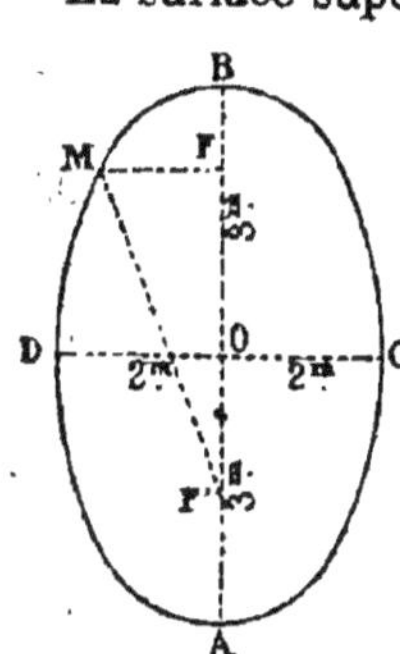

53. On appelle *ellipse* une surface limitée par une courbe telle que la somme FM et F'M des distances de chacun de ses points à deux points fixes intérieurs, F et F', nommés *foyers*, est *constante*, quel que soit le point M sur la courbe.

La figure ADBC ci-contre est une ellipse.

54. Le mot ellipse désigne tout à la fois la surface enveloppée par la ligne courbe et cette ligne elle-même. Le point O, milieu de AB, est le *centre* de l'ellipse; AB et DC sont les deux *axes*.

55. La surface d'une ellipse s'obtient en multipliant la moitié du grand axe AB par la moitié du petit axe CD, et ensuite le produit résultant par 3,1416. La surface de l'ellipse ci-contre est par conséquent de $3 \times 2 \times 3{,}1416 = 18$ m. c. 8496.

56. Les deux axes d'une ellipse sont toujours perpendiculaires.

57. Il arrive souvent, dans l'arpentage, qu'on a à mesurer des polygones très-irréguliers. Il n'est alors qu'un seul moyen

à employer : c'est de les diviser en un certain nombre de figures régulières ou géométriques. Pour cela, on jalonne, le plus souvent au milieu du champ, une ligne qu'on appelle *base* de l'opération, puis, du sommet de tous les angles opposés, on abaisse sur cette base, avec l'équerre d'arpenteur, des perpendiculaires. Le champ se trouve alors partagé en un certain nombre de triangles et de trapèzes dont on calcule séparément la surface. On additionne ensuite les surfaces partielles obtenues, et leur somme est la surface totale du champ.

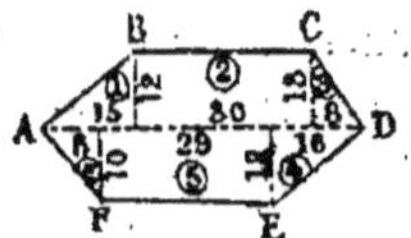

Soit, pour exemple, le polygone ABCDEF ci-contre :

La surface du triangle 1 $= \dfrac{15 \times 12}{2} = 0$ are 90 ;

La surface du trapèze 2 $= \dfrac{12 + 13}{2} \times 30 = 3$ 75 ;

La surface du triangle 3 $= \dfrac{13 \times 8}{2} = 0$ 52 ;

La surface du triangle 4 $= \dfrac{16 \times 12}{2} = 0$ 96 ;

La surface du trapèze 5 $= \dfrac{10 + 12}{2} \times 29 = 3$ 19 ;

La surface du triangle 6 $= \dfrac{8 \times 10}{2} = 0$ 40.

Total = 9 ares 72.

OBSERVATION. — Avant de commencer l'opération, il faut avoir soin de faire le tour de la pièce et de planter un jalon au sommet de chaque angle.

58. Quand le terrain est limité par une ligne courbe ou sinueuse, il faut planter sur cette ligne autant de jalons qu'il est besoin pour que la partie de courbe comprise entre deux jalons puisse être considérée à peu près comme droite. On opère ensuite comme ci-dessus.

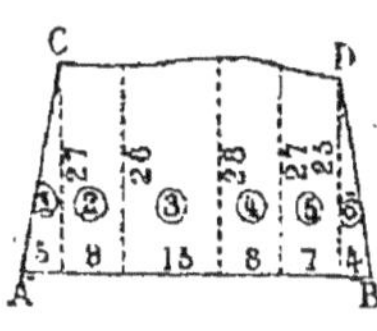

Ce moyen n'est pas rigoureusement mathématique ; mais, lorsqu'on opère avec attention, il donne un résultat suffisamment juste. La figure ABCD ci-contre fournit un exemple de ce qui doit être fait en pareil cas.

La surface du triangle 1 $= \dfrac{5 \times 27}{2} = 0$ are 675;

La surface du trapèze 2 $= \dfrac{27 + 26}{2} \times 9 = 2 \quad 385$;

La surface du trapèze 3 $= \dfrac{26 + 28}{2} \times 15 = 4 \quad 050$;

La surface du trapèze 4 $= \dfrac{28 + 27}{2} \times 8 = 2 \quad 200$;

La surface du trapèze 5 $= \dfrac{27 + 25}{2} \times 7 = 1 \quad 820$;

La surface du triangle 6 $= \dfrac{25 \times 4}{2} = 0 \quad 500$.

Total = 11 ares 63

CONSEIL. — Nous engageons les Élèves à construire eux-mêmes les figures qui leur paraîtraient utiles pour la clarté des énoncés de ce paragraphe. Ils faciliteront très-souvent ainsi leur travail.

2687. Un carré a 31 m. 20 de côté. Calculer sa surface. (Voir nº 6 des explications.)

2688. Calculer séparément la surface de trois carrés ayant, le premier 26 m. 50 de côté ; le deuxième 111 m. 85, et le troisième 218 m. 05.

2689. Un rectangle a 93 m. 75 de base et 72 m. 20 de hauteur. Quelle en est la surface 1° en décamètres carrés ? 2° en centiares ? (Voir nº 10 des explications.)

2690. Calculer séparément et en ares la surface de quatre

rectangles ayant respectivement 0 m. 85 ; 51 m. 04; 165 m. 30 et 243 m. 32 pour base; et 0 m. 35 ; 28 m. 20; 95 m. 60 et 171 m. 45 pour hauteur.

2691. La base d'un triangle est de 112 m. 70 et sa hauteur de 68 m. 20 ; quelle en est la surface en ares? (Voir n° 13 des explications.)

2692. Calculer séparément la surface de deux triangles qui ont, l'un 74 m. 25 de base et 91 m. 80 de hauteur, l'autre 241 m. 05 et 138 m. 06.

2693. On a un parallélogramme dont la base est de 218 m. 10 et dont la hauteur est de 165 m. 85. Quelle en est la surface en hectares ? (Voir n° 22 des explications.)

2694. Calculer séparément la surface de deux parallélogrammes ayant, l'un 49 m. 07 de base et 32 m. 05 de hauteur, l'autre 0 m. 25 et 0 m. 16.

2695. Les bases d'un trapèze sont respectivement 73 m. 40 et 59 m. 55 ; la hauteur de ce trapèze étant de 43 m. 44, on demande d'en déterminer la surface. (Voir n° 25 des explications.)

2696. On a deux trapèzes qui ont : le premier 15 m. 7 pour hauteur, 50 m. 65 et 28 m. 15 pour bases; le deuxième 137 m. 40 pour hauteur, 92 m. 70 et 110 m. 20 pour bases. Calculer en ares la surface de chacun d'eux.

2697. Les diagonales d'un losange ont respectivement 4 m. 30 et 3 m. 65. Quelle est la surface de ce losange en décimètres carrés? (Voir n° 28 des explications.)

2698. On demande de déterminer séparément la surface de trois losanges dont les diagonales sont 9 m. et 7 m. pour le premier ; 10 m. 15 et 5 m. 905 pour le second; 0 m. 32 et 0 m. 30 pour le troisième.

2699. Un hexagone régulier a 36 m. de périmètre et 5 m. 18 d'apothème. Quelle en est la surface? (Voir le n° 33 des explications.)

2700. Calculer la surface d'un hexagone régulier qui a 4 m. de côté et 3 m. 46 d'apothème.

2701. Quelle est la surface d'un cercle de 18 m. de rayon? On calculera cette surface par les deux méthodes indiquées au n° 45 des explications.

2702. On demande, en décimètres carrés, la surface d'un cercle de 0 m. 48 de diamètre.

2703. Les deux côtés de l'angle droit d'un triangle rectangle ont respectivement 25 m. et 20 m. Déterminer l'hypoténuse de ce triangle. (Voir n° 16 des explications.)

2704. L'hypoténuse d'un triangle rectangle a 75 m. 60 et l'un des deux autres côtés 29 m. 30. Quelle est la longueur du troisième côté?

2705. Quelle est la surface du triangle dont il est question au n° précédent?

2706. On demande de calculer la surface d'un secteur appartenant à un cercle de 7 m. 60 de diamètre. On sait que l'arc du secteur a 78 degrés. (Voir n° 48 des explications.)

2707. Deux cercles concentriques ont, l'un 12 m. 20 de rayon, l'autre 8 m. 70. Quelle est la surface de la couronne qu'ils déterminent ? (Voir n° 52 des explications.)

2708. On a une ellipse dont les deux diagonales ont respectivement 20 m. 60 et 15 m. 80. Quelle en est la surface? (Voir n° 55 des explications.)

2709. Quelle est, en décimètres carrés, la surface d'un petit triangle dont la base est de 0 m. 65 et la hauteur 0 m. 94 ?

2710. On ensemence en blé un champ de 47 ares 80 à raison de 2 hectol. 4 par hectare. Quelle quantité de blé faudra-t-il pour ensemencer un terrain triangulaire ayant 145 m. 70 de base et 94 m. 05 de hauteur? et quel sera le prix de cette semence, si elle vaut 5 fr. 50 le double décalitre?

2711. On demande la hauteur d'un triangle qui a une surface de 10274 m. c. 60 et dont la base est de 250 m. 60.

2712. Déterminer la base d'un triangle dont la surface est de 102 ares 746 et la hauteur de 82 mètres.

2713. On demande le côté d'un carré qui a même surface qu'un triangle dont les côtés sont 75 m., 40 m. et 52 m. 60. (Voir n° 19 des explications.)

2714. Quelle est la surface d'un cercle de 5 m. 40 de diamètre? et quel serait le côté d'un carré qui aurait la même surface?

2715. Une cour circulaire a 215 m. de circonférence : quelle en est la surface?

2716. Quel est le rayon d'un cercle ayant même surface qu'un trapèze qui a pour bases 84 m. 80 et 76 m. 50, et pour hauteur 61 mètres ?

2717. On a un champ rectangulaire de 96 ares 8016. Sachant que sa base est de 107 m. 20, on en demande la hauteur.

2718. Un pépiniériste veut planter de pommiers une terre de 248 m. de long sur 152 m. de large. Combien devra-t-il se procurer d'arbres, s'il les place à 4 mètres les uns des autres en tous sens ?

2719. On a un pré rectangulaire de 139 m. de long sur 110 m. 80 de large. On veut prendre 26 ares dans le sens de la longueur : quelle sera la largeur de la partie prise ? et combien restera-t-il du champ ?

2720. Quelle est la hauteur d'un trapèze dont les bases ont ensemble 231 m. et dont la surface est 1 hect. 8480 ?

2721. L'une des bases d'un trapèze a 45 m. 15 ; sa hauteur est de 160 m. et sa surface de 92 ares 40. Déterminer l'autre base.

2722. La plus petite base d'un trapèze est de 103 m. 6, sa hauteur de 50 m. et sa surface de 28 ares 45 ; quelle en est la grande base ?

2723. Déterminer les circonférences de trois cercles dont les rayons sont 1 m. 38, 2 m. 45 et 7 m. 60.

2724. Calculer la circonférence d'un cercle qui a 13 m. c. 5918 de superficie.

2725. Le champ suivant a été acheté à raison de 21 fr. 40 l'are. Combien a-t-il coûté, y compris les frais d'acte et autres qui se sont élevés ensemble à 5 p. 0/0 du prix d'achat ? (Voir le n° 57 des explications.)

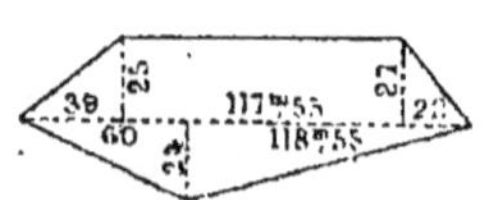

2726. Le jardin ci-dessous a été payé 1208 fr. 50. Quel est le prix de l'hectare?

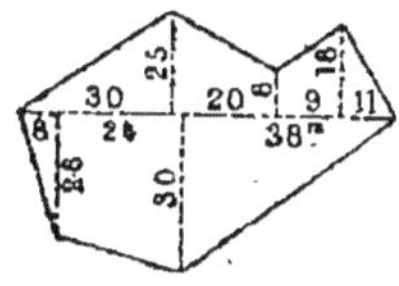

2727. Une roue de voiture de 0 m. 7 de rayon a parcouru une distance de 6 myriamètres en 5 heures 13′. Combien, en moyenne, a-t-elle mis de temps pour faire un tour?

2728. Le diamètre des grandes roues d'une locomotive est de 1 m. 65. On demande, en kilomètres, le trajet parcouru par une locomotive dont les grandes roues ont fait 1251309 tours?

2729. Deux voitures, marchant en sens contraire, partent en même temps; l'une parcourt 157 m. 08 par minute, l'autre 141 m. 377. Sachant qu'elles se sont rencontrées au bout d'une heure 11 minutes, on demande combien les roues de chacune d'elles ont fait de tours. On sait que celles de la première ont un rayon de 0 m. 50, et celles de la seconde, un rayon de 0 m. 45.

2730. Le règlement des écoles exige un mètre carré par élève. Une classe, qui a 12 m. 40 de long et 8 de large, reçoit 104 élèves. Le règlement est-il observé dans cette classe? Quelle devrait être sa longueur pour qu'il le fût?

2731. Deux vergers ont même surface; l'un est carré, l'autre rectangulaire. Ce dernier ayant 54 m. de longueur sur 30 m. de largeur, on demande de déterminer le côté du premier.

2732. Le rayon d'un cercle est de 36 m. On demande le rayon d'un autre cercle dont la surface est triple de celle du premier.

2733. Calculer la surface d'un carré qui contient 10 fois autant de centiares que son contour contient de mètres.

2734. Que devient la surface d'un polygone quelconque quand on en double les dimensions?

2735. Un triangle a 64 m. de base et 49 m. 35 de hauteur. Quelle en est la surface? et quelle serait celle d'un autre triangle qui aurait des dimensions doubles?

2736. Une prairie rectangulaire de 216 m. de longueur sur 151 m. de largeur a produit 3180 bottes de foin de 5 kilog. chacune et valant 42 fr. les 100 bottes. Quelle est la valeur du foin produit par un are?

2737. On a deux rectangles; les dimensions de l'un sont doubles de celles de l'autre. Exprimer le rapport qui existe entre les surfaces de ces deux rectangles?

2738. Un cuisinier achète pour 0 fr. 75 une botte d'asperges entourée d'une ficelle; le lendemain, il prend une ficelle double de la première et veut avoir, pour 1 fr. 50, les asperges qu'entourera sa ficelle. Est-ce juste?

2739. Un propriétaire, qui a acheté, au prix de 40 fr. l'are, une vigne carrée de 0 hect. 49, veut payer 3920 fr. une autre vigne également carrée et de même qualité, mais d'un côté double. A-t-il raison? Que devrait-il la payer?

2740. Quelle est la valeur de la récolte en blé faite dans un champ rectangulaire de 271 m. de longueur sur 92 m. 30 de largeur, s'il a donné par hectare 21 hectol. 8 valant 20 fr. 70 l'hectolitre?

2741. En admettant qu'un hectare donne 22 hectol. $\frac{1}{2}$ de blé, quel sera le rendement d'un champ de blé rectangulaire de 375 m. 30 de long sur 135 m. 20 de large?

2742. Un bourgeois fait clore de murs un jardin carré de 408 m. c. 04 de superficie. Quel sera le montant de la dépense, si ces murs lui coûtent 7 fr. 80 le mètre courant?

2743. Un rectangle, un parallélogramme, un triangle et un trapèze ont une même base de 148 m. 60 et une hauteur commune de 49 m. 25. Sachant que la seconde base du trapèze est de 65 m. 60, on demande de calculer, à raison de 18 fr. 65 l'are, la valeur totale de ces quatre polygones?

2744. Une chambre carrée a 4 m. 50 de longueur et 3 m. 70 de hauteur. On la tapisse avec des rouleaux de papier de 8 m. de long sur 0 m. 50 de large et coûtant 1 fr. 35 le rouleau. On demande : 1° combien il faudra de rouleaux de papier; 2° quel sera le montant de la dépense, si le collage coûte 3 fr. 50. On sait que cette chambre a deux ouvertures de 1 m. 93 $\frac{3}{4}$ de hauteur sur 1 m. 20 de largeur.

2745. On veut parqueter une chambre de 8 m. 40 de longueur sur 7 m. 40 de largeur avec des planches rectangulaires ayant 0 m. 90 de long sur 0 m. 20 de large. Combien emploiera-t-on de ces planches ?

2746. On carrelle une salle rectangulaire de 4 m. 80 de long sur 3 m. 60 de large avec des carreaux carrés de 0 m. 20 de côté coûtant 65 fr. le mille. En supposant que les frais de pose et de mortier s'élèvent à 10 p. 0/0 du prix des carreaux employés, on demande de faire connaître le montant de la dépense.

2747. Une chambre a 4 m. 90 de long sur 3 m. 85 de large et 3 m. 05 de haut. On en peint les murs à raison de 0 fr. 40 le mètre carré et le plafond à raison de 0 fr. 50. Calculer la dépense totale. On sait que cette chambre a 3 ouvertures de 1 m. 90 de hauteur sur 1 m. 10 de largeur, lesquelles sont peintes en dedans et en dehors au prix de 1 fr. 40 le mètre carré.

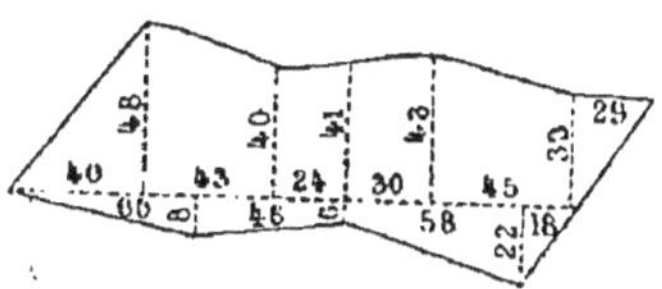

2748. Evaluer en ares la surface du champ ci-dessus. (Voir n° 58 des explications.)

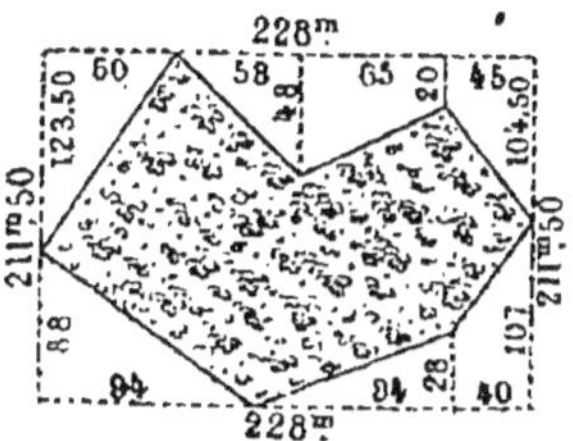

2749. Il arrive très-souvent qu'on ne peut pas pénétrer dans un bois qu'on veut arpenter. Dans ce cas, on l'enveloppe, comme ici, d'un rectangle dont on calcule la surface. On retranche ensuite de cette surface les parties ajoutées, et l'on a ainsi celle du bois. D'après cela, on demande de déterminer la superficie du bois ci-dessus.

2750. Calculer la surface de l'étang ci-dessous. (Faire comme pour le numéro précédent.)

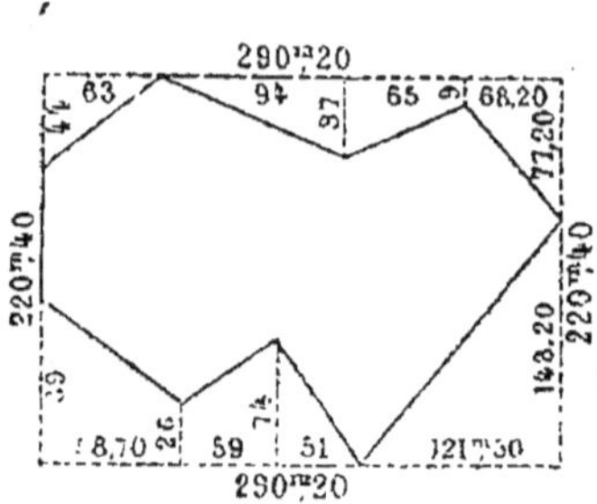

2751. L'hypoténuse d'un triangle rectangle a une longueur de 72 m. 80, et l'un des deux autres côtés, une longueur de 49 m. Quelle est la surface de ce triangle ?

2752. On demande de calculer la surface d'un triangle équilatéral de 294 mètres de périmètre. (Application du n° 16 des explications.)

2753. On a deux triangles équilatéraux dont les côtés sont 45 m. 28 pour le premier et 68 m. 34 pour le second. On demande de calculer le côté d'un troisième triangle équilatéral dont la surface serait égale à la somme des surfaces des deux premiers.

2754. Un terrain, qui a la forme d'un trapèze, a été payé 55800 fr. Les bases ont respectivement 230 m. et 260 m. de longueur, et chacun des deux côtés non parallèles 54 m. Trouver le prix de l'hectare.

2754 *bis*. Un trapèze symétrique a pour hauteur 12 m. et pour périmètre 84 m. 84 ; la différence des bases est de 16 m. On demande : 1° la surface du trapèze ; 2° le côté du carré équivalent à ce trapèze.

2755. On demande de déterminer l'apothème d'un hexagone régulier qui a 42 m. 48 de périmètre. (Application du n° 16 des explications.)

2756. Un hexagone régulier a 25 m. 20 de périmètre: quelle en est la superficie ?

2757. Le côté d'un hexagone régulier est de 5 m. On en demande le prix à raison de 0 fr. 70 le centiare.

2758. Un triangle a une surface de 58 m. c. 02. On sait que sa base est triple de sa hauteur : quelles sont les dimensions de ce triangle ?

2759. Un parallélogramme a une surface de 27 ares 68896. Sachant que sa hauteur est les $\frac{2}{5}$ de sa base, on demande de déterminer cette dernière dimension.

2760. Dans un champ triangulaire, dont la base est égale aux $\frac{7}{9}$ de la hauteur, on a récolté, à raison de 38 hectol. par hectare, 77 hectol. 90 d'orge. Quelles sont les dimensions de ce champ ?

2760 *bis*. On joint deux à deux les milieux des côtés d'un rectangle, et l'on demande : 1° quelle espèce de figure on obtient; 2° l'aire de cette figure, en supposant que les côtés du rectangle soient 7 m. 8 et 3 m. 4.

2761. Les deux diagonales d'un losange sont dans le rapport de 3 à 5. Quelles sont-elles, la surface du losange étant de 18 ares ?

2762. La grande diagonale d'un losange est les $\frac{3}{2}$ de la petite. La surface de ce losange étant de 486 mètres carrés, on demande de déterminer la longueur de la petite diagonale.

2763. Un carré de 74 m. de côté est recouvert de pièces de 5 fr. en argent. Faire connaître la valeur de ces pièces et déterminer, en même temps, la surface du vide que ces pièces laissent entre elles. On sait que le diamètre de la pièce de 5 fr. est de 37 millimètres.

2764. Trouver la surface totale des 4 segments déterminés par les côtés d'un carré inscrit dans une circonférence dont le rayon est de 10 mètres.

2765. Trois enfants se partagent une terre ; la part du premier est un carré de 135 m. de côté ; celle du deuxième est un rectangle de 162 m. de base et 104 m. de hauteur, et celle du troisième, un trapèze ayant 112 m. de hauteur et 280 m. pour les deux bases réunies. Les parts ayant même valeur et celle du premier étant estimée 19 fr. l'are, on demande de calculer le prix de l'are de chacune des deux autres.

2766. On a un champ carré de 368 m. de périmètre; un autre champ, de forme rectangulaire et de même contour, vaut 10 fr. 24 de moins que le premier. Sachant que les deux champs sont l'un et l'autre estimés 0 fr. 16 le mètre carré, on demande de calculer la hauteur du dernier.

2767. On a trouvé, pour la surface d'un carré, 1604 ares 0025. Sachant que le décamètre avec lequel on a pris les mesures était trop court de 0 m. 045, on demande la superficie réelle du champ.

2768. Un arpenteur a trouvé pour base d'un triangle 175 m. 80 et pour hauteur 158 m. 70. Rentré chez lui, il s'aperçoit que le décamètre dont il s'est servi est trop long de 0 m. 05. Déterminer, sans retourner sur le terrain, la surface vraie du triangle.

2769. Une salle, qui a 5 m. 60 de longueur sur 4 m. 90 de largeur, doit être carrelée avec des carreaux hexagonaux de 0 m. 12 de côté et coûtant 50 fr. le mille. Quel sera le montant de la dépense, si l'on emploie 10 fr. 60 de mortier et si, pour la pose, il faut 2 journées $\frac{1}{2}$ de maçon à 3 fr. ?

2770. Pour couvrir les maisons, on emploie généralement des tuiles de 0 m. 25 de longueur sur 0 m. 17 de largeur et coûtant 28 fr. le mille. Ces tuiles perdant par le recouvrement les $\frac{3}{5}$ de leur surface, on demande quel sera le montant de la dépense occasionnée par une couverture de 15 m. 40 de long et dont chaque versant a 8 m. de large. On sait d'ailleurs : 1° que les faîtières employées ont une longueur de 0 m. 35 et qu'elles coûtent 7 fr. le cent ; 2° que le couvreur, dont la journée est payée 3 fr. 50, fait 22 m. c. de couverture par jour.

2771. Un terrain formait un carré. Avant de l'ensemencer en blé et sans en changer la forme, on augmente son côté de

20 m. 20 et l'on accroît ainsi sa surface de 26 ares 5004. La récolte faite, le propriétaire la vend 21 fr. 60 l'hectolitre. Quelle somme retirera-t-il, si l'ensemencement a été fait à raison de 10 doubles décalitres $\frac{1}{4}$ par hectare, et si la semence produit 13 pour 1 ?

2772. Un terrain, qui a la forme d'un parallélogramme, a une hauteur égale aux $\frac{3}{5}$ de sa base. On l'a ensemencé en froment, à raison de 2 hectol. $\frac{1}{2}$ par hectare. La récolte, qui est de 12 pour 1 de la semence, a été de 55 hectol. 125. Calculer, d'après cela, la hauteur du terrain.

2773. Une vigne de forme rectangulaire, de 215 m. de longueur sur 107 m. de largeur, a produit 110 pièces de vin de 272 l. chacune. Ce vin a été vendu 25 fr. 50 l'hectolitre. Le fermage de la vigne est de 420 fr. l'hectare et les frais d'exploitation, de 795 fr. en tout. On demande : 1° le bénéfice net du vigneron ; 2° la quantité de vin produite par are ; 3° le revenu net pour cent de la vigne, si le propriétaire l'avait exploitée lui-même. On sait que cette vigne est estimée 7700 fr. l'hectare.

2774. Sachant que chaque pied d'artichaut, produisant en moyenne 10 artichauts, occupe un mètre carré de terrain, et que chaque botte contient 5 artichauts, on demande combien il faudra vendre la botte pour gagner 60 p. 0/0. Le champ a la forme d'un trapèze dont la hauteur est de 23 m. 65 et les deux bases réunies 96 m. 34 ; mais, au milieu du champ, il y a une mare circulaire, de 6 m. 43 de diamètre, qui ne produit rien. La location du terrain est de 30 fr. et les frais de culture s'élèvent à 48 fr. (Concours d'admission à l'École normale de l'Yonne, 1868.)

2775. Un cultivateur possède un terrain rectangulaire dont la largeur est 190 m. 50 et la longueur 265 m. 10. Le propriétaire voisin consent à lui céder, dans le sens de la longueur, une portion de son champ telle que la surface de celui du cultivateur soit de 558 ares 0355. Quelle sera alors la largeur du terrain du cultivateur ?

2776. Un bassin circulaire est entouré d'une couronne de gazon de 4 m. 75 de largeur. Ce bassin ayant 31 m. 57308 de circonférence, on demande de déterminer, en kilog., la quantité de foin que produira la couronne, sachant que 10 ares en donnent 60 bottes de 5 kil.

2777. Pour payer une certaine somme, un banquier a donné en argent un nombre de pièces de 5 fr. tel que la surface *carrée* qu'elles forment, placées à côté les unes des autres, est de 547600 millimètres carrés. Faire connaître la somme payée. On sait que la pièce de 5 fr. a 37 millimètres de diamètre.

2778. Un particulier achète une prairie de forme triangulaire dont les côtés ont 950 m., 732 m. et 536 m. Au centre de la prairie se trouve un étang en ellipse dont les deux axes ont, l'un 250, l'autre 190 m. On demande : 1° la surface totale du champ ; 2° son prix d'achat, sachant que la partie occupée par l'étang se paie 10 fr. l'are, chiffre qui représente les $\frac{3}{5}$ du prix de l'are de prairie. (Voir numéros 19 et 55 des explications.)

2779. Un général veut ranger 2120 soldats en bataillon carré à centre vide, de façon que ce vide puisse contenir 43 soldats de front. On demande, d'après cela, combien il y aura d'hommes de front sur chaque face extérieure du bataillon.

XII. EXERICES ET PROBLÈMES SUR LES CUBES ET LA RACINE CUBIQUE.

Élevez au cube chacun des nombres suivants [1] :

2780, 4; 7; 9; 37; 75.
2781. 39; 130; 276; 100; 1000.
2782. 109; 2007; 10000; 29015; 371908.

1. Les nombres sont séparés par un point et une virgule.

2783. 0,7; 0,29; 0,008; 0,7175; 0,10091.
2784. 9,3; 24,8; 375,012; 80,0027.
2785. 17,05; 2945,6; 13005,91; 23,0014.
2786. $\frac{1}{4}$; $\frac{1}{3}$; $\frac{2}{5}$; $\frac{2}{3}$; $\frac{5}{8}$.
2787. $\frac{14}{15}$; $\frac{23}{28}$; $\frac{66}{82}$; $\frac{108}{219}$.
2788. $2\frac{1}{7}$; $9\frac{2}{9}$; $18\frac{3}{4}$; $168\frac{19}{23}$; $10000\frac{34}{37}$.

Extrayez la racine cubique de chacun des nombres suivants :

2789. 1; 125; 343; 512; 729.
2790. 1000; 2197; 3375; 27270901.
2791. 35937000; 512000000; 1003003001; 28934443000.
2792. 0,001; 0,125; 0,064; 0,512.
2793. 0,001728; 0,021952; 0,000000343; 0,000006859; 0,000010529664.
2794. $\frac{1}{343}$; $\frac{8}{729}$; $\frac{27}{64}$; $\frac{125}{216}$; $\frac{512}{729}$.
2795. $\frac{29218112}{344472101}$; $\frac{65450827}{128024064}$; $709\frac{11442}{15625}$; $1221\frac{21016}{91125}$.

Extrayez, à moins de 0,1 près, la racine cubique de chacun des nombres suivants :

2796. 419; 2038; 307504; 1765789; 513175785.

Extrayez, à moins de 0,01 près, la racine cubique de chacun des nombres suivants :

2797. 29,2; 410,23; 97,005; 109,0126; 51,94085.

Extrayez, à moins de 0,001 près, la racine cubique de chacun des nombres suivants :

2798. 4,531; 1,5046; 29,46504; 5,296570.

Extrayez, à moins de 0,01 près, la racine cubique de chacun des nombres suivants :

2799. 0,56; 0,091; $\frac{1}{7}$; $3\frac{2}{9}$; $28\frac{14}{15}$.

Extrayez, à moins de 0,001 près, la racine cubique de chacun des nombres suivants :

2800. 0,63; $\frac{12}{13}$; $9\frac{38}{39}$; $926\frac{139}{215}$.

2801. Le produit de trois nombres égaux est 729. Déterminez-les.

2802. Le cube d'un nombre est 1128111921. Quel est ce nombre ?

2803. On demande le nombre qui, multiplié deux fois par lui-même, donne pour produit 741,217625.

2804. En multipliant un nombre par son carré, on a trouvé 658000 : quel est ce nombre ?

2805. Le produit d'un nombre par les $\frac{3}{4}$ de son carré est 6181,806. Quel est ce nombre ?

2806. Déterminer un nombre tel que le produit de son $\frac{1}{5}$ par son carré soit 8575.

2807. Quel est le nombre dont la moitié, le tiers et le quart, multipliés ensemble, donnent pour produit 35864 ?

2808. On a acheté 144 caisses qui renferment chacune autant d'objets coûtant chacun autant de centimes qu'il y a de caisses. Quel est le prix total des objets achetés ?

2809. Quel est le nombre dont la racine cubique, diminuée de 4, est égale à 27 ?

2810. Déterminer le nombre dont la racine cubique, augmentée de 19, est égale à 81.

2811. Quel est le nombre dont le quadruple de la racine cubique est 1156 ?

2812. Trouver un nombre dont le cube plus 18 soit égal à 343018.

2813. Les cubes de deux nombres consécutifs diffèrent de 24571. Quels sont ces deux nombres ?

2814. Un nombre surpasse un autre nombre de 1 ; les cubes de ces nombres différant de 768000, on demande de les faire connaître l'un et l'autre.

2815. La différence de deux nombres est 7 et celle de leur cube, 3913. Déterminer ces deux nombres.

2816. La somme des cubes de deux nombres est 9091427 et la différence de ces cubes, 7636427. Quels sont ces deux nombres ?

2817. Un nombre est tel que, si l'on divise sa quatrième puissance par le tiers de ce nombre, l'excès sur 13083 du quotient trouvé est de 45966. Quel est ce nombre ?

2818. Un fermier a acheté 29 moutons. Quelle somme a-t-il déboursée, sachant que le prix d'un mouton, multiplié par son carré, donne 10793 fr. 861 ?

2819. A raison de 1 fr. 60 le kilo, un épicier a fait venir un nombre de kilos d'huile à brûler tel que les $\frac{2}{3}$ du cube de ce nombre égalent 771750 kil. Quelle somme a-t-il déboursée ?

2820. Un tisserand achète, au prix de 1 fr. 70 le $\frac{1}{2}$ kilo, un nombre de kilos de coton tel que les $\frac{2}{3}$ du cube de ce nombre moins le $\frac{1}{5}$ de ce même cube, égalent 540225 kil. Calculer la somme qu'il a dû payer.

2821. Le kilo de laine vaut 3 fr. 30. Un bonnetier en achète un nombre de balles tel que, si on multiplie entre eux la $\frac{1}{2}$, le $\frac{1}{3}$ et le $\frac{1}{4}$ de ce nombre, on obtient 72 pour produit. Quelle somme doit-il ? On sait que chaque balle pèse 118 kil.

2822. Un cordonnier a vendu, au prix de 13 fr. 50, un certain nombre de paires de souliers. En multipliant successivement ce nombre par 4, par 5 et par 6, on obtient trois résultats dont le produit est 263640. Quelle somme doit recevoir le cordonnier ?

2823. Un négociant a vendu, à raison de 17 fr. 50 le mètre, un certain nombre de pièces de drap contenant chacune 25 mètres. En multipliant successivement par 2 et par 5 le nombre de mètres vendus, on obtient deux résultats dont le produit est 400000. Déterminer le nombre de pièces vendues et la somme que doit recevoir le négociant.

2824. En divisant le carré du prix de 7 lièvres par ce prix lui-même, on trouve 26 fr. 60 au quotient. Quel est le prix d'un lièvre ?

2825. Combien coûteront 15 douzaines de couteaux, sachant que le prix du couteau est tel qu'en le multipliant par ses $\frac{2}{3}$ et ensuite par ses $\frac{3}{5}$, on a pour produit 1 fr. 35 ?

2826. On a acheté pour 51 fr. 20 des toupies renfermées dans un certain nombre de caisses dont chacune contient 5 fois autant de toupies qu'il y a de caisses. Chaque toupie coûtant deux fois autant de centimes qu'il y a de caisses, on demande combien on a acheté de caisses et de toupies.

2827. Un capital de 5230 fr. est placé à intérêts composés au taux 5. Quelle somme retirera-t-on au bout de 3 ans, capital et intérêts compris ?

2828. On a placé, pour 5 ans, à intérêts composés, un capital de 8050 fr. au taux $4\frac{1}{2}$. Quel sera le montant des intérêts au bout de ce temps ?

XIII. PROBLÈMES SUR LES SURFACES ET LES VOLUMES.

Explications préliminaires.

1. On nomme *solide* ou *volume* tout ce qui a trois dimensions : *longueur*, *largeur* et *hauteur*. Cette dernière dimension s'appelle aussi, selon le cas, *épaisseur* ou *profondeur*.

On peut dire encore qu'un solide ou volume est tout ce qui occupe une certaine portion de l'espace.

2. On nomme *faces* d'un corps ou solide les diverses surfaces qui le limitent, et *arêtes* les lignes formées par la rencontre de deux faces.

3. Parmi les corps ou solides, il y en a qui sont *réguliers* ou *géométriques*, et d'autres, en très-grand nombre, qui sont *irréguliers*. La géométrie ne s'occupe que des premiers.

4. Les principaux solides géométriques sont : le cube, le prisme, le cylindre, la couronne cylindrique, la pyramide, le cône, le tronc de pyramide, le tronc de cône et la sphère.

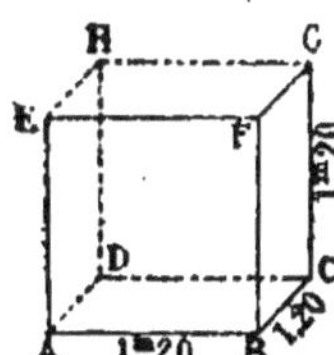

5. On appelle *cube* un solide dont les trois dimensions sont égales. Il est limité par 6 faces égales et carrées. —La fig. ABCDEFGH est un cube.

6. La surface totale d'un cube s'obtient en multipliant par 6 celle d'une face quelconque. La surface du cube ci-contre est de $1,20^2 \times 6 = 8$ m. c. 64.

7. Le cube a pour mesure de son volume le produit de sa surface de base par sa hauteur, ou le produit de ses trois dimensions, ou encore le cube de son arête. Le volume du cube ci-dessus est donc de $1.20^3 = 1$ m. cub. 728.

8. Le *cube* (généralement le mètre cube ou le décimètre cube) a été choisi pour *unité* de volume.

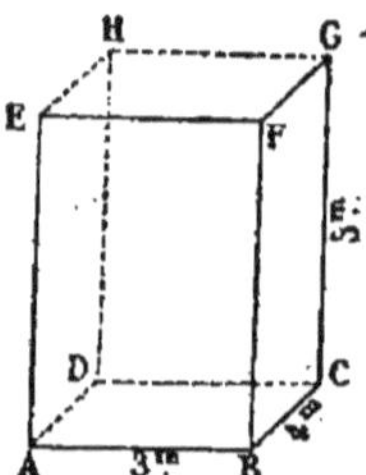

9. On appelle *prisme* un solide dont les deux bases sont des polygones égaux et parallèles et dont les faces latérales sont des parallélogrammes ou des rectangles. — La figure ABCDEFGH est un prisme.

10. Un prisme est dit *triangulaire, quadrangulaire, pentagonal, hexagonal*, etc., selon que sa base est un triangle, un quadrilatère, un pentagone, un hexagone, etc. On le désigne aussi par le nombre de ses faces latérales, qu'on nomme *pans*, et l'on dit, par exemple, un prisme à 4 pans au lieu d'un prisme quadrangulaire; un prisme à 5 pans au lieu d'un prisme pentagonal, etc.

11. Les prismes sont dits *droits* lorsque leurs arêtes latérales sont perpendiculaires aux deux bases; ils sont *réguliers* lorsque les deux bases sont des polygones réguliers.

12. Quand les bases d'un prisme sont des parallélogrammes, il prend le nom particulier de *parallélipipède*, parce qu'alors toutes ses faces sont des parallélogrammes. Si le prisme est droit et que ses bases soient des rectangles, il prend le nom de *parallélipipède rectangle*, parce qu'alors toutes ses faces sont des rectangles.

Le cube n'est rien autre chose qu'un prisme droit dont toutes les faces sont des carrés égaux.

13. On nomme *bases* d'un prisme les deux polygones égaux qui le limitent aux deux extrémités. On donne encore le nom de *base* à l'un de ces polygones pris isolément, c'est-à-dire à ABCD ou à EFGH.

14. On appelle *hauteur* d'un prisme la perpendiculaire qui joint les deux bases, c'est-à-dire BF ou CG.

15. La surface *latérale* d'un prisme droit s'obtient en multipliant le périmètre de l'une des deux bases par la hauteur.

Le périmètre de la base du prisme ci-dessus est de $(3 \times 2) + (4 \times 2)$ ou 14 mètres ; donc sa surface latérale est de $14 \times 5 = 70$ m. c.

16. La surface *totale* d'un prisme s'obtient en ajoutant à sa

surface latérale celle de ses deux bases, laquelle est ici de $(3 \times 4) \times 2$ ou 24 m. c. On a donc pour sa surface totale :

$$70 \text{ m. c.} + 24 \text{ m. c.} = 94 \text{ m. c.}$$

17. Le volume d'un prisme quelconque s'obtient en multipliant la surface de l'une de ses deux bases par la hauteur; il est égal au produit des trois dimensions quand le prisme est un *parallélipipède rectangle.*

Le volume du prisme ci-dessus est donc de $(3 \times 4) \times 5 =$ 60 mètres cubes.

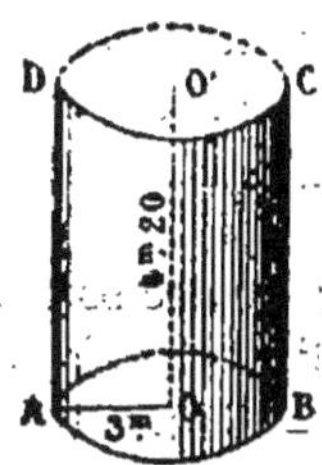

18. On appelle *cylindre* ou *rouleau* un prisme limité latéralement par une surface courbe et dont les deux *bases* sont des *cercles égaux* et parallèles. — La figure ABCD est un cylindre.

19. On nomme *hauteur* d'un cylindre la perpendiculaire qui joint les deux bases, c'est-à-dire la *ligne* OO', BC ou AD.

20. La surface *latérale* d'un cylindre s'obtient en multipliant la circonférence de base par la hauteur.

La surface latérale du cylindre ci-contre est de $3{,}1416 \times (3 \times 2) \times 4{,}20 =$ 79 m. c. 17.

21. La surface *totale* d'un cylindre s'obtient en ajoutant à sa surface latérale celle de ses deux bases, laquelle est ici de $(3^2 \times 3{,}1416) \times 2 =$ 56 m. c. 55. On a donc pour sa surface totale :

$$79 \text{ m. c. } 17 + 56 \text{ m. c. } 55 = 135 \text{ m. c. } 72.$$

22. Le volume d'un cylindre s'obtient en multipliant la surface de l'une des deux bases par la hauteur.

Le volume du cylindre ci-dessus est donc de $(3^2 \times 3{,}1416) \times 4{,}20 =$ 118 m. cub. 752.

Un cylindre n'est rien autre chose qu'un prisme régulier dont la base est composée d'un nombre *infiniment grand* de côtés *infiniment petits.*

23. On appelle *couronne cylindrique* le volume compris entre deux cylindres concentriques.

La maçonnerie d'un puits, les parois latérales de nos mesures de capacité, sont des couronnes cylindriques. La figure ci-contre représente une couronne cylindrique.

24. On nomme *base* d'une couronne cylindrique la surface comprise entre les deux cylindres qui la déterminent. On en obtient la surface en opérant comme il est dit au nº 52, page 115.

25. Le volume d'une couronne cylindrique s'obtient en multipliant sa surface de base par sa hauteur. On peut encore le trouver en retranchant le volume du petit cylindre de celui du grand.

Supposons que la hauteur de la couronne ci-contre soit de 5 mètres. La surface du grand cercle est de $1{,}3^2 \times 3{,}1416 =$ 5 m. c. 309304, et celle du petit, de $1^2 \times 3{,}1416 =$ 3 m. c. 1416. La surface de la base est alors de 5 m. c. 309304 — 3 m. c. 1416 = 2 m. c. 167704, et, par suite, le volume de la couronne cylindrique égale $2{,}167704 \times 5 =$ 10 m. cub. 83852.

On pourrait voir que la seconde méthode fournit le même résultat.

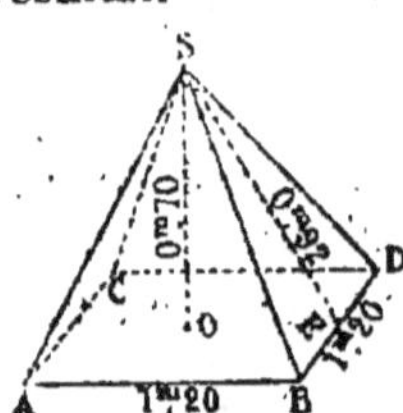

26. On appelle *pyramide* un solide qui a pour base un polygone quelconque et dont les faces latérales sont des triangles qui se réunissent en un point nommé *sommet*. — La figure ABCDS est une pyramide quadrangulaire.

27. Une pyramide est dite triangulaire, quadrangulaire, pentagonale, etc., selon que sa base est un triangle, un quadrilatère, un pentagone, etc. On dit aussi, comme pour les prismes, une pyramide à 3, à 4, à 5, etc. *pans*.

28. Une pyramide est *régulière* quand elle a pour base un polygone régulier. Les faces latérales sont alors des triangles égaux. Elle est dite *irrégulière* dans le cas contraire.

29. Une pyramide régulière est dite *droite* lorsque la per-

pendiculaire abaissée du sommet sur la base tombe au centre de cette base. Dans le cas contraire, elle est dite *oblique* ou *inclinée*.

30. On nomme *hauteur* d'une pyramide la perpendiculaire abaissée du sommet sur la base ou sur son prolongement, c'est-à-dire OS.

31. La surface *latérale* d'une pyramide régulière s'obtient en multipliant le périmètre de la base par la moitié de la perpendiculaire ES abaissée du sommet sur l'un des côtés de cette base.

La surface latérale de la pyramide ci-contre est de $(1 \text{ m. } 20 \times 4) \times \frac{0,92}{2} = 2$ m. c. 21.

32. La surface totale d'une pyramide s'obtient en ajoutant à sa surface latérale celle de la base, qui est ici de 1 m. 20^2 ou 1 m. c. 44.

On a donc pour la surface totale 2 m. c. 21 + 1 m. c. 44 = 3 m. c. 65.

33. Le volume d'une pyramide s'obtient en multipliant sa surface de base par le $\frac{1}{3}$ de sa hauteur.

Le volume de la pyramide ci-dessus est donc de $1.2^2 \times \frac{0,7}{3} = 0$ m. cub. 336.

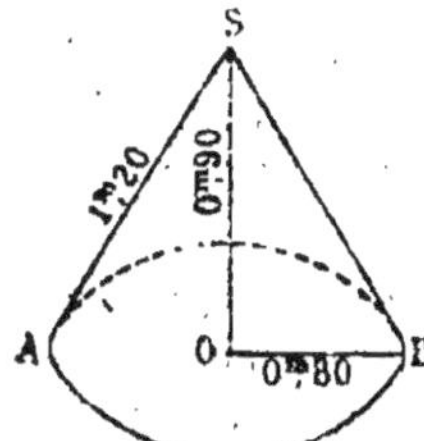

34. On appelle *cône* un solide qui a pour base un cercle et qui se termine en pointe comme un pain de sucre. — La figure ABS est un cône.

35. Toute section de cône faite non parallèlement à la base engendre une *ellipse*. Il s'ensuit qu'il n'y a pas de cône *oblique*, et que ce qu'on appelle ainsi n'est rien autre chose qu'une espèce de *pyramide inclinée*.

36. On nomme *hauteur* d'un cône la perpendiculaire abaissée du sommet sur la base ou sur son prolongement, c'est-à-dire OS.

37. La surface *latérale* d'un cône s'obtient en multipliant la circonférence de la base par la moitié de la droite AS qui joint cette circonférence au sommet.

La surface latérale du cône ci-contre est de $(0{,}8 \times 2) \times 3{,}1416 \times \frac{1{,}20}{2} = 3$ m. c. 02.

38. La surface *totale* d'un cône s'obtient en ajoutant à sa surface latérale celle de sa base, laquelle est ici de $0{,}8^2 \times 3{,}1416$ ou 2 m. c. 0106.

On a donc pour la surface totale 3 m. c. 02 + 2 m. c. 0106 = 5 m. c. 0306.

39. Le volume d'un cône s'obtient en multipliant la surface du cercle de base par le tiers de la hauteur.

Le volume du cône ci-dessus est donc de $(0 \text{ m. } 8^2 \times 3{,}1416) \times \frac{0{,}90}{3} = 0$ m. cub. 594.

Un cône n'est rien autre chose qu'une pyramide régulière dont la base est composée d'un nombre *infiniment grand* de côtés *infiniment petits*.

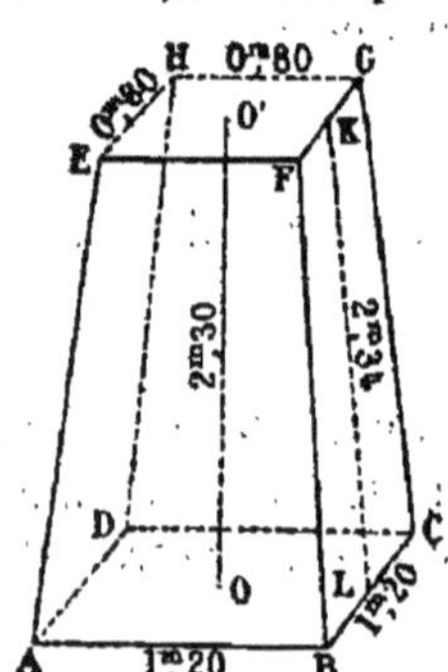

40. On appelle *tronc de pyramide* une pyramide dont on a enlevé la partie supérieure par un plan parallèle à la base. — La figure ABCDEFGH est un tronc de pyramide à bases carrées.

41. On nomme *bases* d'un tronc de pyramide les deux polygones ABCD et EFGH qui le limitent aux extrémités, et *hauteur* la perpendiculaire OO′ qui joint les deux bases.

42. La surface *latérale* d'un tronc de pyramide régulière s'obtient en multipliant la demi-somme des périmètres des deux bases par la droite KL qui joint les milieux des côtés BC et FG.

La surface latérale du tronc de pyramide ci-contre est de $\frac{(1{,}20 \times 4) + (0{,}80 \times 4)}{2} \times 2{,}34 = 9$ m. c. 36.

43. La surface *totale* d'un tronc de pyramide s'obtient en

ajoutant à sa surface latérale celle de ses bases, laquelle est ici de $1,2^2 + 0,8^2$ ou 2 m. c. 08.

On a donc pour la surface totale 9 m. c. 36 + 2 m. c. 08 = 11 m. c. 44.

44. Le volume d'un tronc de pyramide s'obtient en faisant la somme des surfaces des deux bases et d'une moyenne géométrique entre ces deux surfaces, et en multipliant le résultat par le tiers de la hauteur [1].

Le volume du tronc de pyramide ci-dessus est donc de

$$\left(1,20^2 + 0,80^2 + \sqrt{1,20^2 \times 0,80^2}\right) \times \frac{2,3}{3} = 2 \text{ m. cub. } 332.$$

REMARQUE. — Une pièce de bois équarrie, qui est un peu plus grosse par un bout que par l'autre, est un tronc de pyramide.

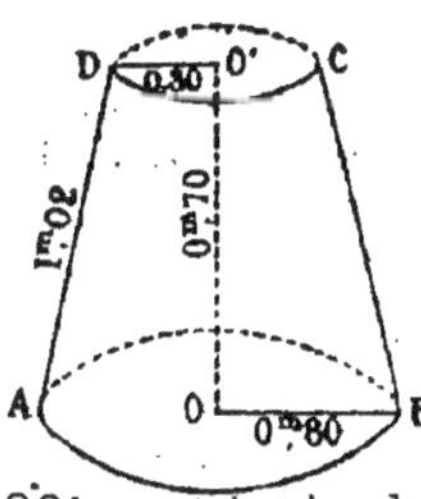

45. On appelle *tronc de cône* un cône dont on a enlevé la partie supérieure par un plan parallèle à la base. — La figure ABCD est un tronc de cône.

46. On nomme *bases* d'un tronc de cône les deux cercles qui le limitent aux extrémités, et *hauteur* la perpendiculaire OO' qui joint les deux bases.

47. La surface *latérale* d'un tronc de cône s'obtient en multipliant la demi-somme des circonférences des deux bases par la droite AD ou BC.

La surface latérale du tronc de cône ci-contre est de

$$\frac{(0,8 \times 2 \times 3,1416) + (0,3 \times 2 \times 3,1416)}{2} \times 1,02 = 3 \text{ m. c. } 5248.$$

1. Dans la pratique, on calcule généralement le volume d'un tronc de pyramide en multipliant la *base moyenne* par la hauteur. En opérant d'après cette méthode, on trouverait, pour le cas qui nous occupe, $\frac{1 \text{ m. c. } 44 + 0 \text{ m. c. } 64}{2} \times 2,3 = 2 \text{ m. cub. } 392$. — Il est facile de voir que ce procédé fournit un résultat un peu trop fort. Mais la différence est peu sensible, surtout quand il s'agit de petits volumes.

48. La surface *totale* d'un tronc de cône s'obtient en ajoutant à sa surface latérale celle de ses deux bases, laquelle est ici de $(0,8^2 \times 3,1416) + (0,3^2 \times 3,1416)$ ou 2 m. c. 3248.

On a donc pour la surface totale 3 m. c. 5248 + 2 m. c. 3248 = 5 m. c. 8496.

49. Le volume d'un tronc de cône s'obtient en faisant la somme des surfaces des deux bases et d'une moyenne géométrique entre ces deux surfaces, et en multipliant le résultat par le tiers de la hauteur.

Le volume du tronc de cône ci-dessus est donc de

$$\left[(0,8^2 \times 3,1416) + (0,3^2 \times 3,1416) + \sqrt{(0,8^2 \times 3,1416) \times (0,3^2 \times 3,1416)}\right] \times \frac{0,70}{3} = 0 \text{ m. cub. } 711.$$

Dans la pratique, on opère comme pour le tronc de pyramide. (Voir, au bas de la page 139, la note relative à ce corps.)

Remarque. — Un arbre non équarri, dont on a enlevé la partie supérieure, un cuvier, un seau, etc., sont des troncs de cônes.

Un tronc de cône n'est rien autre chose qu'un tronc de pyramide régulière.

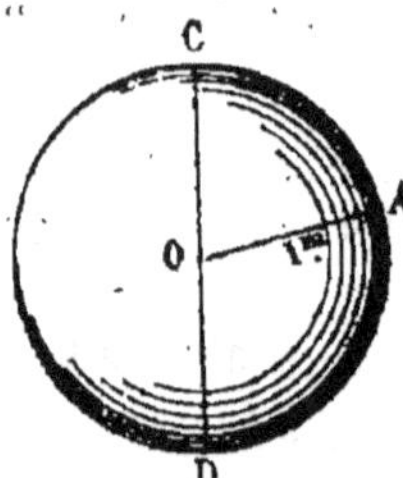

50. On appelle *sphère* ou *globe* un solide limité par une surface courbe dont tous les points sont également distants d'un point intérieur nommé centre. — La figure ci-contre est une sphère.

Dans les calculs relatifs à la sphère, on utilise : 1° la circonférence ; 2° le rayon ; 3° le diamètre ou axe; 4° le grand cercle; 5° le petit cercle.

51. On nomme *grande circonférence* la plus grande ligne qui fait le tour d'une sphère ; *rayon*, la droite qui va du centre à un point quelconque de la surface de la sphère, c'est-à-dire OA ou OC ; *diamètre* ou *axe*, la droite qui touche à deux points de la surface de la sphère en passant par le centre, c'est-à-dire CD; *grand cercle*, tout cercle déterminé par un

plan de section passant par le centre ; *petit cercle*, tout cercle déterminé par un plan de section qui ne passe pas par le centre.

L'axe de la terre (ligne imaginaire) va du sud au nord. Ses deux extrémités se nomment *pôles*. Le grand cercle qui passe par les pôles se nomme *méridien*.

52. La surface d'une sphère s'obtient en multipliant par 4 celle d'un grand cercle, c'est-à-dire d'un cercle qui aurait même rayon ou même diamètre que la sphère.

La surface de la sphère ci-contre est de $(1^2 \times 3{,}1416) \times 4 = 12$ m. c. 5664.

53. Le volume d'une sphère s'obtient en multipliant sa surface par le tiers du rayon.

Le volume de la sphère ci-dessus est donc de $12{,}5664 \times \frac{1}{3} = 4$ m. cub. 1888.

53 *bis*. En désignant par R le rayon d'une sphère, par S sa surface et par V son volume, on a pour la formule générale de son volume :

$$V = \frac{4 \pi R^3}{3}.$$

Dans une sphère on distingue principalement : 1° le secteur sphérique ; 2° le segment sphérique ; 3° la tranche sphérique.

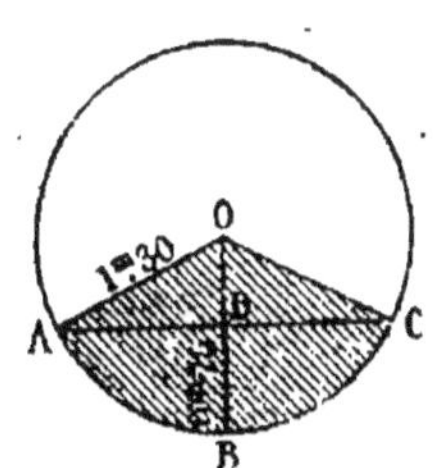

54. On appelle *secteur sphérique* le solide régulier engendré par un secteur de cercle tournant autour du rayon qui le divise en deux parties égales.

55. Le secteur sphérique a pour base ce qu'on appelle une *calotte sphérique*. — La figure ABOC est un secteur sphérique.

56. La surface de la calotte de base d'un secteur sphérique s'obtient en multipliant la hauteur BD de la calotte par la circonférence d'un grand cercle de la sphère à laquelle elle appartient.

La surface de la calotte ABC ci-contre est de $(1{,}3 \times 2) \times 3{,}1416 \times 0{,}75 = 6$ m. c. 12612.

57. Le volume d'un secteur sphérique s'obtient en multipliant la surface de la calotte qui lui sert de base par son rayon, et en prenant le tiers du produit.

Le volume du secteur sphérique ABCO est donc de $\frac{6,12612 \times 1,3}{3}$ = 2 m. cub. 654652.

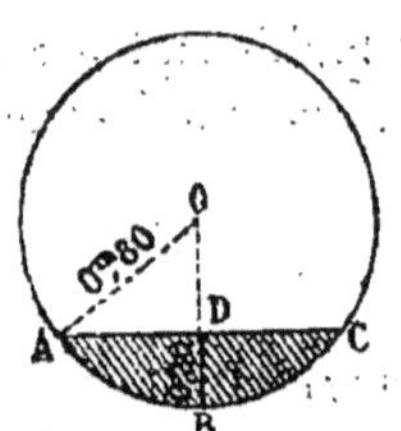

58. On appelle *segment sphérique* toute portion de sphère détachée par un petit cercle. — Le segment sphérique a, comme le secteur sphérique, une calotte pour base. — La figure ABCD est un segment sphérique.

59. Le volume d'un segment sphérique s'obtient en multipliant la surface d'un cercle, ayant pour rayon la hauteur du segment, par le rayon de la sphère diminué du tiers de cette hauteur.

Le volume du segment ci-contre est donc de $0,3^2 \times 3,1416 \times (0,8 - \frac{0,30}{3}) = 0$ m. cub. 198.

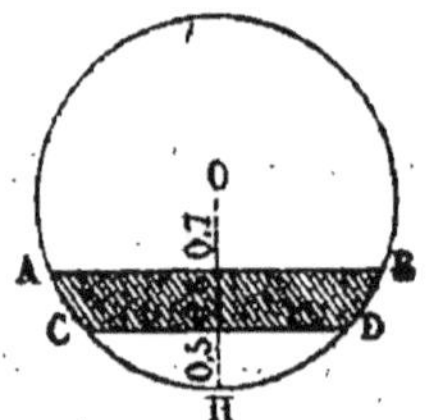

60. On appelle *tranche sphérique* la portion de sphère comprise entre deux cercles parallèles.

61. La surface d'une tranche sphérique se nomme *zone sphérique*. — La figure ABCD est une tranche sphérique.

62. La surface d'une zone sphérique s'obtient en multipliant la circonférence d'un grand cercle par la hauteur de la zone.

La surface de la zone DCBA ci-contre est de $(1,8 \times 2) \times 3,1416 \times 0,6 = 6$ m. c. 7859.

63. Le volume d'une tranche sphérique s'obtient en faisant la différence des deux segments sphériques qui la déterminent.

Le volume du grand segment ABH (voir le n° 59) est de $(0,6 + 0,5)^2 \times 3,1416 \times \left[(0,7 + 0,6 + 0,5) - \frac{(0,6 + 0,5)}{3}\right] =$ 5 m. cub. 436.

Le volume du petit segment CDH est de $0,5^2 \times 3,1416 \times \left[(0,7+0,6+0,5) - \frac{0,5}{3}\right] = 1$ m. cub. 281.

Le volume de la tranche sphérique ABCD ci-dessus est donc de 5 m. cub. 436 — 1 m. cub. 281 = 4 m. cub. 155.

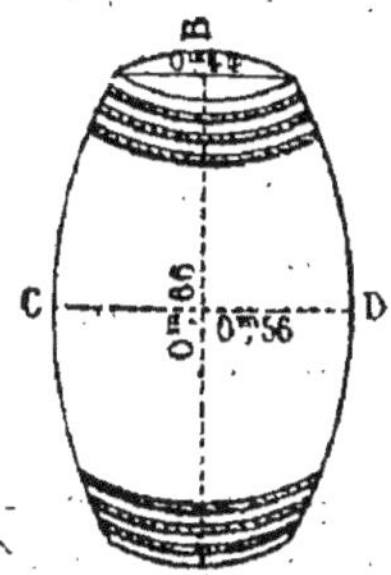

64. Les tonneaux employés pour les liquides ont une forme non géométrique, et leurs capacités ne se déterminent que par des formules empiriques dont voici la plus simple :[1]

$$V = \pi H \times \left(\frac{2D+d}{6}\right)^2,$$

formule dans laquelle V désigne la capacité du tonneau, D le diamètre du bouge, d le diamètre intérieur du fond, H la longueur intérieure du tonneau, et π le rapport de la circonférence au diamètre.

Cela posé, on demande de calculer la capacité du fût ci-contre qui a 0 m. 56 de diamètre au bouge, 0 m. 44 de diamètre aux extrémités, et 0 m. 66 de longueur.

En remplaçant π, H, D et d de la formule précédente par les valeurs indiquées dans l'énoncé, on a pour la capacité du fût, exprimée en litres,

$$V = 3,1416 \times 6,6 \times \left(\frac{2 \times 5,6 + 4,4}{6}\right)^2 = 140 \text{ l. } 17.$$

CONSEIL. — Nous engageons les Élèves à construire eux-mêmes les figures qui leur paraîtraient utiles pour la clarté des énoncés de ce paragraphe. Ils faciliteront très-souvent ainsi leur travail.

2828 *bis*. Un cube a 2 m. 05 d'arête. Calculer son volume. (Voir n° 7 des explications.)

1. On pourrait, à la rigueur, considérer un tonneau comme étant composé de deux troncs de cônes réunis par leurs grandes bases, et opérer alors, pour chacun d'eux, comme il est dit au n° 49, page 140.

2829. Calculer séparément le volume de trois cubes ayant, le premier 3 m. 15 d'arête; le deuxième 1 m. 85, et le troisième 0 m. 06.

2830. Un tas de bois rectangulaire a 28 m. 20 de longueur sur 3 m. 42 de largeur et 1 m. 95 de hauteur. Quel en est le volume 1° en décistères? 2° en mètres cubes? (Voir n° 17 des explications.)

2831. Calculer séparément et en stères le volume de deux prismes rectangulaires ayant respectivement 3 m. c. 54 et 6 m. c. 40 pour base, et une hauteur commune de 1 m. 85.

2832. On demande le poids de l'eau pure que peut contenir un bassin rectangulaire de 1 m. 65 de longueur sur 1 m. 20 de largeur et 0 m. 75 de hauteur.

2833. On a une boîte rectangulaire dont les dimensions intérieures sont 1 m., 0 m. 64 et 0 m. 48. Combien pourra-t-on mettre dedans de petites boîtes de même forme et dont les dimensions extérieures sont 20, 16 et 12 centimètres?

2834. Quelle est la surface totale 1° d'un décimètre cube? 2° d'un mètre cube? 3° d'un cube de 0 m. 90 d'arête? (Voir n° 6 des explications.)

2835. Un prisme rectangulaire a 32 m. 50 de longueur sur 4 m. 45 de largeur et 2 m. 60 de hauteur. Quel en est le volume 1° en décistères? 2° en mètres cubes?

2836. On demande de calculer la surface totale du prisme dont il est question au numéro précédent. (Voir n° 16 des explications.)

2837. Déterminer le côté d'un cube dont le volume égale 72 m. cub. 550.

2838. Quel est le côté d'un corps cubique dont le volume est de 12977 m. cub. 875?

2839. On désire connaître, à un millimètre près, la hauteur intérieure d'une caisse de forme cubique dont la capacité est de 75 litres.

2840. Une citerne, de forme cubique, contient, quand elle est pleine, 42875 litres d'eau. Quelles en sont les dimensions?

2841. On demande la troisième dimension d'un parallélipipède qui a 167 m. cub. de volume et dont les deux dimensions connues sont 6 m. et 2 m. 65.

2842. Une citerne a 11 m. c. 20 de base ; lorsqu'elle est pleine d'eau, elle en contient 280 hectolitres : quelle est sa hauteur ?

2843. Quelle est la valeur d'une pile de bois longue de 8 m. 90 et haute de 1 m. 60 ? On sait que les bûches ont 1 m. 14 de longueur et que le stère se vend 10 fr. 35.

2844. Une pile de bois à brûler, ayant la forme d'un prisme rectangulaire, a 10 m. 60 de long et 1 m. 14 de large. A raison de 15 fr. le stère, elle a été vendue 271 fr. 89. Quelle en était la hauteur ?

2845. On mesure du bois, dont les bûches ont 1 m. 137 de longueur, avec la membrure d'un demi-décastère. Quelle hauteur doit-on donner à la pile pour qu'elle contienne 5 stères ?

2846. On demande le prix de 6 chênes équarris ayant 8 m. 70 de longueur sur 0 m. 35 d'équarrissage et vendus à raison de 7 fr. 80 le décistère. (Voir n° 17 des explications.)

2847. Un propriétaire fait clore d'un fossé une prairie rectangulaire de 185 m. de longueur sur 132 m. de largeur. Quel sera le montant de la dépense s'il paie 0 fr. 65 par mètre cube de terre enlevée ? On sait que le fossé doit avoir une profondeur de 0 m. 70 et une largeur moyenne de 0 m. 80.

2848. On demande l'épaisseur d'un mur qui a 39 m. 25 de longueur sur 2 m. 40 de hauteur, et qui, à raison de 20 fr. le mètre cube, a coûté 942 fr.

2849. On veut former un stère de bois avec des bûches longues de 0 m. 85. Quelle sera la hauteur du tas, si on les empile entre deux pieux distants de 0 m. 92 ?

2850. Un étang, qui a une profondeur moyenne de 1 m. 60, occupe une surface de 2 hecta. $\frac{1}{2}$. Combien cet étang contient-il d'hectolitres d'eau quand il est plein ? (Voir n° 17 des explications.)

2851. Un bassin rectangulaire, de 10 m. 80 de long sur 3 m. 60 de large, ne contenait presque plus d'eau ; par suite de pluies, cette eau a monté de 0 m. 62. On demande, en mètres cubes, la quantité d'eau fournie au bassin par les pluies.

2852. Un tas de pierres, de forme rectangulaire, a 7 m. 12

de long sur 2 m. 85 de large et 1 m. 25 de hauteur. Quel est le prix de ces pierres, si elles valent 5 fr. 30 le mètre cube ?

2853. Une place à fumier a la forme d'un trapèze dont la hauteur est 3 m. 80 et les bases 4 m. 40 et 3 m. 90 ; cette place est couverte d'une couche de fumier valant 94 fr. 62. Sachant que le mètre cube de fumier se vend 5 fr., on demande l'épaisseur de la couche. (Voir n° 17 des explications.)

2854. Un marchand vend, à raison de 98 fr. le décastère, une pile de bois ayant la forme d'un parallélipipède de 17 m. 40 de long, 2 m. 28 de large et 5 m. 60 de haut. L'acheteur payant comptant, on lui accorde une remise de 6 p. 0/0. Quelle somme doit-il donner ?

2855. Un cultivateur veut couvrir d'une couche de fumier de 0 m. 03 d'épaisseur une pièce de terre de forme triangulaire ayant 275 m. de base et 87 m. 90 de hauteur. Combien lui faudra-t-il de mètres cubes de fumier ?

2856. On demande combien il faut de quintaux de fumier pour couvrir d'une couche de 0 m. 025 d'épaisseur un champ carré de 115 m. de côté. On sait que le mètre cube de fumier pèse 760 kil.

2857. Combien faudra-t-il faire de voyages avec un tombereau de 1 m. 80 de longueur sur 1 m. 20 de largeur moyenne et 0 m. 60 de profondeur pour enlever un monceau de terre ayant les dimensions suivantes : longueur 25 m., largeur 5 m. 20, hauteur 1 m. 92.

2858. On a un cylindre dont la surface du cercle de base est 3 m. c. 90 et dont la hauteur est de 2 m. 40. Déterminer son volume en décimètres cubes. (Voir n° 22 des explications.)

2859. Calculer le volume d'un cylindre qui a 4 m. 25 de hauteur et pour base un cercle de 1 m. 10 de diamètre.

2860. On demande de déterminer en décimètres cubes le volume d'un cylindre ayant une hauteur de 0 m. 265 et pour base un cercle dont la circonférence est de 155 centimètres.

2861. Un rouleau a 0 m. 25 de rayon et 2 m. 20 de hauteur. Quel en est le volume en décistères ?

2862. Calculer séparément le volume de trois cylindres ayant respectivement pour hauteur 2 m. 60, 1 m. 45 et 2 m. 10, et pour diamètre 0 m. 60, 0 m. 52 et 0 m. 80.

2863. Quelle est la surface latérale d'un cylindre qui a 0 m. 51 de rayon ? (Voir n° 20 des explications.)

2864. Déterminer la surface totale d'un cylindre ayant pour base un cercle de 628 centim. 32 de circonférence. (Voir n° 21 des explications.)

2865. Une pyramide, à base carrée, a 2 m. 40 au côté de sa base et 1 m. 60 de hauteur. Calculer : 1° sa surface latérale ; 2° sa surface totale ; 3° son volume. (Voir numéros 31, 32 et 33 des explications.)

2866. Un cône a 1 m. 60 de rayon à sa base et 2 m. 70 de hauteur. On demande : 1° sa surface latérale ; 2° sa surface totale ; 3° son volume. (Voir numéros 37, 38 et 39 des explications.)

2867. Un vase cylindrique, de 2 m. 20 de circonférence et de 2 m. 10 de hauteur, est rempli aux $\frac{4}{5}$ d'eau pure. Quel est le poids de cette eau ?

2868. Déterminer la hauteur d'un cône dont le rayon de base est 1 m. 05 et dont le volume est égal à celui d'une pyramide à base carrée de 1 m. 50 de côté et de 8 m. 10 de hauteur.

2869. Quelle est la surface de base d'un prisme dont le volume égale 67 m. cub. 800 et la hauteur 4 m. 52 ?

2870. Déterminer la hauteur d'un prisme dont le volume est 132 m. cub. et la surface de base 8 m. carrés.

2871. Quelle est la surface de base d'une pyramide dont le volume égale 7 m. cub. 310 et la hauteur 0 m. 85 ?

2872. Calculer la surface de base d'un cône qui a 47 m. cub. 23 de volume et dont la hauteur égale 3 m. 25.

2873. Calculer la hauteur d'une pyramide à base carrée de 3 m. 05 de côté et dont le volume égale 18 m. cub. 605.

2874. Un cylindre a un volume de 207816 centim. cub. 84. Le rayon de sa base étant 0 m. 21, on en demande la hauteur.

2875. Quel est le rayon de base d'un cône qui a 251328 centimètres cubes de volume et dont la hauteur égale 0 m. 50 ?

2876. A raison de 0 fr. 65 le mètre carré, on a fait peindre latéralement 7 colonnes cylindriques ayant chacune 1 m. 24 de tour et 3 m. 95 de hauteur. Quel est le montant de la dépense ? (Voir n° 20 des explications.)

2877. Un tuyau de poêle en tôle, de 0 m. 45 de circonférence et long de 5 m. 25, a coûté 12 fr. 29 $\frac{1}{2}$. Combien a-t-on payé le mètre carré de tôle?

2878. Une chambre circulaire de 4 m. 95 de diamètre sur 3 m. 50 de hauteur, a été boisée latéralement. La dépense s'étant élevée à 435 fr. 40, on demande combien on a payé le mètre carré de boiserie. On ne tient pas compte des ouvertures.

2879. Déterminer la surface d'une sphère de 1 m. 80 de diamètre. (Voir n° 52 des explications.)

2880. Calculer le volume d'une sphère ayant une surface de 31 m. c. (Voir n° 53 des explications.)

2881. On demande de calculer le volume d'une sphère de 3 m. 35 de rayon.

2882. Quel est le diamètre d'une sphère dont le volume est de 240 mètres cubes ?

2883. Quel est le côté d'un corps cubique qui a même volume qu'une sphère de 4 m. 25 de rayon ?

2884. Une pyramide tronquée, à bases carrées, a respectivement 2 m. 40 et 1 m. 60 aux côtés de ses bases, et 4 m. 60 de hauteur. Déterminer 1° sa surface latérale ; 2° sa surface totale ; 3° son volume. (Voir numéros 42, 43 et 44 des explications.)

2885. Un cône tronqué a 2 m. 40 et 0 m. 90 aux rayons de ses bases, et 2 m. 10 de hauteur. Calculer 1° sa surface latérale ; 2° sa surface totale ; 3° son volume. (Voir numéros 47, 48 et 49 des explications.)

2886. Un sabotier achète, au prix de 3 fr. 50 le décistère, un bouleau de 6 m. 20 de longueur et de 1 m. 10 de circonférence moyenne ; il en fabrique 25 paires de sabots. Combien doit-il vendre la paire pour que la façon lui soit payée 0 fr. 55 ? (Voir la note au bas de la page 139.)

2887. Déterminer 1° la surface, 2° le volume d'une sphère de 2 m. 40 de diamètre.

2888. Quel est, à raison de 15 fr. le mètre cube, le prix de revient d'un mur de 35 m. 50 de longueur sur 0 m. 45 d'épaisseur et 2 m. 40 de hauteur ?

2889. Calculer, à raison de 8 fr. 40 le décistère, le prix d'une pièce de bois de 7 m. 60 de long qui a 0 m. 32 d'équarrissage à un bout et 0 m. 28 à l'autre. (Voir n° 44.)

2890. Calculer le poids d'une barre de fer de 4 centimètres d'épaisseur, 12 centimètres de largeur et 5 m. 90 de longueur, sachant que le décimètre cube de fer pèse 7 kil. 79.

2891. Il faut en moyenne 5 m. cub. 8 d'air par heure pour la respiration d'un élève. Une classe bien close, qui reçoit 90 élèves, a 9 m. 90 de long, 7 m. 50 de large et 4 m. 10 d'élévation. Pendant combien de temps l'air y suffira-t-il à la respiration ?

2892. Un cultivateur fait ferrer une paire de roues de 0 m. 80 de rayon. Le fer employé a 0 m. 14 de largeur et 0 m. 03 d'épaisseur. Quel sera le montant de la dépense, si le kilo de fer tout posé est compté 0 fr. 75? La densité du fer est 7,79.

2893. Une cuve parfaitement cylindrique, de 1 m. 55 de diamètre extérieur, a reçu 3 cercles en fer. Les lames employées ont 0 m. 008 d'épaisseur et 0 m. 09 de largeur. Sachant que les cercles reviennent tout posés à 0 fr. 70 le kil., on demande, d'après le problème précédent, quel sera le montant de la dépense.

2894. Un tuyau à drain, long de 0 m. 40, a 0 m. 15 de diamètre à l'intérieur et 0 m. 17 pour diamètre total. Quel est, en décimètres cubes, le volume de la terre qui le forme ? (Voir n° 25 des explications, page 136.)

2895. Le diamètre d'un puits, y compris l'épaisseur de la maçonnerie, est de 1 m. 60 ; le diamètre intérieur étant de 0 m. 90, on demande le volume de la maçonnerie et celui du vide ou partie occupée par l'eau. On sait que ce puits a une profondeur de 7 m. 35, et l'on admet que la maçonnerie a partout la même épaisseur.

2896. Une auge en pierre, de forme cubique, a 1 m. 22 de côté à l'intérieur. Combien contient-elle d'hectolitres ? L'épaisseur des parois étant de 12 centimètres, quel est le volume de l'enveloppe totale ?

2897. Quel est le volume d'une pièce de bois dont la longueur est de 7 m. 50 et dont les bases sont des carrés qui ont respectivement 0 m. 32 et 0 m. 30 de côté ? (Voir n° 44 des explications.)

2898. Le grand diamètre d'une cuve, qui a la forme d'un tronc de cône, est de 1 m. 95. Sachant que son petit diamètre est de 1 m. 55 et sa hauteur 1 m. 60, on demande, à raison de 24 fr. 50 l'hectolitre, la valeur du vin qu'elle contient lorsqu'elle en est remplie ?

2899. Une cuve, ayant la forme d'un cône tronqué, est pleine de bière, que le brasseur vend 14 fr. 50 l'hectolitre. Quelle somme doit-il recevoir, si les dimensions de la cuve sont : diamètre du fond 1 m. 50 ; diamètre de l'ouverture 1 m. 80 ; profondeur 1 m. 20 ?

2900. On a un vase cylindrique dont le diamètre intérieur est 0 m. 20. On y verse 73645 grammes de lait dont la densité est 1,03, et l'on demande à quelle hauteur s'élève le liquide.

2901. Un tonneau cylindrique a 1 m. 40 de diamètre et 1 m. 05 de profondeur. On verse dedans 18 hectol. de vin valant 7 fr. 60 le double décalitre. A quelle hauteur s'élèvera le liquide ? et quelle serait la valeur du vin qu'il contiendrait s'il était plein ?

2902. Le poids de l'air étant $\frac{1}{770}$ du poids d'un même volume d'eau, déterminer le poids de l'air contenu dans un cylindre dont la circonférence de base est 0 m. 50 et la hauteur 1 m. 40.

2903. Un grenier a 3 m. 30 de hauteur, 6 m. 25 de longueur et 3 m. 45 de largeur. Il est rempli de blé aux $\frac{4}{15}$ de sa hauteur. Combien en contient-il de doubles décalitres, sachant qu'il y a dans ce grenier 4 poteaux cylindriques de 0 m. 30 de diamètre destinés à étayer le toit ?

2904. On veut sabler, sur une épaisseur de 0 m. 15, une rotonde de 25 m. de diamètre. Quelle sera la dépense, sachant que, mis en place, le mètre cube de sable coûte 3 fr. 75 ?

2905. Quel est le poids d'une colonne d'air à base carrée de

2 m. 10 de côté, le baromètre marquant 0 m. 76, et la densité du mercure étant 13,6 ? [1]

2906. Le diamètre d'un cercle est 2 m. 50. On demande par quel poids est exprimée la pression atmosphérique exercée sur ce cercle, le baromètre marquant 0 m. 75 et la densité du mercure étant 13,59.

2907. Le baromètre marquant 0 m. 76, la main d'un homme est placée sur un tube cylindrique de 0 m. 08 de diamètre qu'elle bouche hermétiquement. Le vide étant parfaitement fait dans ce tube, on demande si cet homme pourra retirer sa main, en admettant qu'il puisse employer une force égale à 55 kil. On prendra pour densité du mercure 13,6.

2908. La grande roue d'une locomotive a 4 m. 20 de circonférence et elle fait un tour à chaque double coup de piston. On demande, d'après cela, combien le piston doit donner de coups par seconde pour que la locomotive ait une vitesse de 80 kilom. à l'heure.

2909. La roue de devant d'une voiture, dont la circonférence est de 1 m. 75, a fait 2500 tours de plus que celle de derrière, qui a 2 m. 375 de circonférence. Quel est le chemin parcouru ?

2910. Un corps plongé dans un vase entièrement plein d'eau en a chassé 1250 grammes. Quel est le volume de ce corps ?

2911. Pour évaluer le volume d'une pierre précieuse, tout à fait irrégulière, on l'a plongée dans un vase cylindrique de 0 m. 25 de diamètre et contenant 2 l. 6 d'eau. La pierre ayant fait monter le liquide de 1 centim. $\frac{1}{4}$, on demande le volume de cette pierre.

2912. Un bloc de marbre est tellement irrégulier qu'il est impossible d'en prendre les dimensions. On le plonge dans un vase cylindrique de 0 m. 31 de rayon et contenant une certaine quantité d'eau, laquelle s'élève après à une hauteur de 0 m. 24. Le bloc retiré, il se trouve que le liquide ne monte plus qu'à 0 m. 14. Cela posé, on demande le volume et le poids du bloc de marbre, sa densité étant 2,65.

1. Le poids d'une colonne d'air quelconque est toujours égal à celui d'une colonne de mercure de même base et ayant pour hauteur celle du baromètre.

2913. Un morceau de fer de 40 kil. 508 ne pèse dans l'eau douce que 35 kil. 308. Quel en est le volume? [1].

2914. On a un morceau de chêne sec cubique dont la densité est 0,89. De quel poids devra-t-on le charger pour l'immerger totalement dans l'eau de mer, dont la densité est 1,026 ? On sait que le morceau de bois a 0 m. 19 d'arête.

2915. On sait que, aux termes de la loi, les mesures pour les graines sèches doivent avoir une hauteur égale à leur diamètre. D'après cela, on demande de déterminer la hauteur 1° d'un décalitre ; 2° d'un double décalitre.

2916. On demande la hauteur 1° d'un demi-hectolitre; 2° d'un hectolitre.

2917. On plonge dans un double décalitre, en partie rempli d'eau, un corps dont la densité est 7,782, et l'on remarque que l'eau s'élève des $\frac{4}{7}$ de la hauteur du vase. Quel est le poids du corps plongé ?

2918. La loi exige que les mesures en étain aient une hauteur double du diamètre. Cela étant, on demande de déterminer la hauteur 1° d'un litre ; 2° d'un double litre en étain.

2919. La plus grande circonférence d'un boulet de canon est de 0 m. 52. Quels en sont la surface et le volume ?

2920. Quel est le diamètre d'une sphère qui a même volume qu'un cône de 1 m. 20 de rayon et 1 m. 50 de hauteur?

2921. En admettant que la terre soit parfaitement ronde, on demande : 1° sa surface ; 2° son volume. On sait que son diamètre est de 12733 kilom. 557.

2922. Un boulet de canon, dont la densité est 7,79, pèse 24 kil. Quel en est le diamètre à moins de 0 m. 001 près ?

2923. Un vase, qui a la forme d'un tronc de cône, a 1 m. 20 de hauteur, 0 m. 80 de diamètre à l'ouverture et 0 m. 60 de diamètre au fond. Ce vase est plein de poudre destinée à remplir des obus dont le diamètre intérieur est 0 m. 20. Combien d'obus pourront être remplis ?

1. Tout corps plongé dans un fluide quelconque perd un poids égal à celui du fluide déplacé. (Principe d'Archimède.)

2924. Un boulanger commande à un ferblantier un étouffoir cylindrique d'une capacité de 1 hectol. $\frac{1}{2}$. Quelle sera la longueur du diamètre, si la hauteur doit être de 0 m. 80 ?

2925. On veut faire une citerne rectangulaire d'une contenance de 34 hectolitres et dont les dimensions soient entre elles comme les nombres 5, 7 et 9. Quelles seront ces dimensions ?

2926. Un tas de bois, ayant la forme d'un parallélipipède rectangle, a une largeur égale aux $\frac{2}{5}$ de la longueur et un volume de 79 stères 62. Quelle en est la hauteur ?

2927. On commande à un chaudronnier une caisse rectangulaire d'une capacité de 4 hectol. 725. On veut que la longueur et la largeur soient, la première les $\frac{5}{2}$ de la seconde et la seconde les $\frac{7}{8}$ de la profondeur. Quelles seront les dimensions de cette caisse ?

2928. Un bloc cubique de bois, de 0 m. 60 d'arête, flotte sur l'eau. A quelle profondeur s'y enfonce-t-il, sa densité étant 0,48 ? et de quel poids faudrait-il le charger pour qu'il s'y enfonçât de 0 m. 30 ?

2929. Quelle pression devrait-on exercer sur un corps prismatique de 0 m. c. 218 de base et de 1 m. 44 de hauteur pour l'immerger totalement, sa densité étant 0,92 ?

2930. On plonge dans un vase plein d'eau une sphère de zinc de 0 m. 252 de diamètre, et l'on demande : 1° la quantité d'eau qui doit sortir du vase ; 2° le poids de la sphère dans l'eau, la densité du zinc étant 7,19.

2931. On verse dans un vase cylindrique pour 42 fr. d'eau-de-vie à 130 fr. l'hectolitre. Le liquide s'élevant à 40 centimètres, on demande le diamètre intérieur du vase.

2932. On a un vase cylindrique dont le diamètre intérieur est de 0 m. 35. On y verse 84 kilog. de mercure, et l'on demande à quelle hauteur s'élèvera le liquide, la densité du mercure étant 13,6.

2933. Un morceau de fer a 0 m. cub. 095 de volume. On demande son poids 1° dans le vide ; 2° dans l'air : 3° dans l'eau. On sait que la densité du fer est 7,79.

2934. On a un lingot cubique d'argent de 0 m. 08 d'arête. La densité de l'argent étant 10,47, on demande : 1° le poids du lingot dans le vide ; 2° son poids dans l'air ; 3° son poids dans l'eau.

2935. Une pyramide régulière d'or au titre de 0,7 a pour base un carré de 0 m. 16 de côté et pour hauteur 13 centimètres Quelle en est la valeur, la densité de ce métal étant 16,24? On sait que 900 gr. d'or pur valent 3093 fr. 30.

2936. Combien pourrait-on faire de pièces de 2 fr. avec un lingot d'argent pur ayant la forme d'un parallélipipède de 0 m. 29 de long sur 0 m. 18 de large et 0 m. 15 d'épaisseur, la densité de l'argent étant 10,47 ?

2937. Combien pourrait-on faire de pièces de 20 fr. avec une boule d'or pur de 0 m. 20 de diamètre, la densité de l'or étant 19,26 ?

2938. On a trouvé, pour la capacité d'une auge cubique, 1728 litres. Sachant que le mètre avec lequel on a pris les mesures était trop long de 4 millimètres, on demande la capacité réelle de l'auge.

2939. On avait trouvé 336 décim. cub. 20 pour le volume d'un prisme à base carrée de 0 m. 82 de côté. Sachant qu'on s'est trompé en plus de 2 centimètres en prenant la hauteur, on demande le volume vrai du prisme.

2940. Une tour cylindrique a 9 m. 45 de diamètre à l'intérieur et 21 m. 50 de hauteur. L'épaisseur du mur étant de 0 m. 95, on demande le volume de la maçonnerie.

2941. Un tuyau en fonte pour la conduite du gaz a un diamètre intérieur de 0 m. 30 et une longueur de 1535 mètres. L'épaisseur de la paroi étant 0 m. 02 et la densité de la fonte 7,21, déterminer le prix de revient du tuyau. On admet que le kilo de fonte vaut 0 fr. 35.

2942. Un particulier fait construire un puits de 7 m. 60 de profondeur et 0 m. 80 de diamètre intérieur. Le diamètre extérieur étant de 1 m. 70, on demande : 1° le prix de la maçonnerie, à raison de 25 fr. le mètre cube; 2° la quantité d'eau que contiendra ce puits lorsqu'il sera plein aux $\frac{2}{5}$.

2943. Une chaudière en fonte, ayant la forme d'une demi-sphère, a 1 m. 25 de diamètre intérieur à l'ouverture; l'épaisseur de la paroi étant de 0 m. 045, on demande : 1° la capacité de cette chaudière; 2° son prix de revient; 3° le volume de l'enveloppe. On admet que le kilo de fonte vaut 0 fr. 40.

2944. Un boulet de canon a 0 m. 10 de rayon. Quel en est le poids, la densité du fer qui le compose étant 7,79?

2945. On demande combien il faudrait de pièces de 0 fr. 10 en bronze pour fabriquer un boulet de canon de 2 décim. cub. $\frac{1}{2}$. Les densités du cuivre, de l'étain et du zinc sont respectivement 8,95, 7,29 et 7,19.

2946. L'air pesant, à volume égal, 770 fois moins que l'eau, on demande de déterminer le poids de l'air contenu dans une salle carrée de 5 m. 20 de côté et haute de 3 m. 60.

2947. Un ballon sphérique en verre a 0 m. 15 de rayon à l'intérieur. On demande quel sera le poids du mercure qui le remplira aux $\frac{3}{5}$, la densité de ce métal étant 13,6.

2948. Un bassin, qui a la forme d'un prisme hexagonal régulier, a 1 m. 92 de profondeur. Sachant qu'on le remplit exactement avec 38 hectol. 20 d'eau, on demande la surface de sa base.

2949. La plus grande pyramide d'Égypte a 146 mèt. de hauteur; sa base est un carré de 237 m. de côté. Le sommet du Panthéon est à 79 mèt. au-dessus du sol On imagine un prisme droit dont la base carrée aurait pour côté la hauteur du Panthéon et pour hauteur celle de la pyramide, et l'on demande de déterminer le rapport qui existe entre le volume de la pyramide et celui de ce prisme.

2950. Une meule de blé, de forme cylindrique, a 10 m. 40 de diamètre à la base; elle est terminée par un faîte conique de 5 m. 70 de hauteur. La hauteur totale de la meule étant de 14 m. 20, on en demande la surface latérale et le volume.

2951. Un prisme triangulaire a une hauteur de 0 m. 24 et pour base un triangle équilatéral de 0 m. 12 de côté. Quel en est le volume en centimètres cubes ?

2952. Une commune veut entourer de murs un cimetière carré de 70 m. de côté. Les fondations de ces murs auront 0 m. 55 de profondeur et 0 m. 60 d'épaisseur jusqu'au niveau du sol. A partir du sol, la hauteur des murs sera de 2 m. 20 et leur épaisseur de 0 m. 50 seulement. Le mètre cube de maçonnerie, tous frais comptés, coûtant 22 fr. 50, on demande à combien s'élèvera la dépense de la commune.

2953. Un lingot d'or pur vaut 40000 fr.; sa forme est celle d'un cylindre dont la base a 0 m. 20 de rayon. Quelle en est la hauteur, sa densité étant 19,26 ? On sait que 900 gr. d'or pur valent 3093 fr. 30.

2954. La densité de l'argent étant 10,47 et celle du cuivre, 8,90, on demande de calculer le volume et la densité d'une pièce de 5 fr. en argent.

2955. On commande à un boisselier un seau d'une contenance de 20 litres, et l'on veut que le diamètre inférieur soit les $\frac{11}{12}$ du diamètre supérieur, qui est de 0 m. 30. Cela étant, on demande quelle hauteur le boisselier devra donner au seau.

2956. Sachant qu'un décimètre cube de sucre pèse environ 1600 grammes, on demande les dimensions d'un pain de sucre conique dont la hauteur est double du diamètre de base et dont le poids est de 12 kilos.

2957. Un maître maçon achète pour 12 fr. 96 un tas cubique de pierre de 1 m. 20 de côté. Il en achète un second tas de même qualité, mais d'un côté double, et veut le payer une fois de plus que le premier. Est-ce juste ? que doit-il réellement et quel est le prix du mètre cube de pierre ?

2958. Que devient, en général, le volume d'un solide dont on double les dimensions ?

2959. Une sphère a 0 m. 32 de diamètre. Que deviendrait le volume de cette sphère si son diamètre était doublé ? Faire connaître le rapport qui existerait entre le premier volume et le second.

2960. Un secteur sphérique, détaché d'une sphère de 2 m. 60 de rayon, a pour base une calotte de 0 m. 40 de hauteur. Calculer 1° la surface de la calotte qui lui sert de base ; 2° le volume du secteur. (Voir numéros 56 et 57 des explications.)

2961. Un segment sphérique, détaché d'une sphère de 1 m. 60 de rayon, a 0 m. 60 de hauteur. Quel en est le volume? (Voir n° 59 des explications.)

2962. On admet, lorsqu'on équarrit un arbre en grume, que le pourtour diminue tantôt du $\frac{1}{6}$, tantôt du $\frac{1}{5}$: c'est ce qu'on appelle cuber au sixième ou au cinquième déduit. D'après cela, on demande de calculer : 1° au sixième déduit, 2° au cinquième déduit, le volume d'un arbre en grume de 5 m. 60 de longueur et dont le pourtour moyen est de 1 m. 20.

2963. Quel est, au cinquième déduit, le volume d'un arbre en grume de 6 m. 20 de longueur et dont la circonférence moyenne est de 1 m. 30?

2964. Calculer, au sixième déduit, le volume de l'arbre dont il est question au numéro précédent.

2965. Un entrepreneur a besoin d'une poutre de 9 m. 20 de longueur. On lui offre, au prix de 12 fr. le décistère, un arbre en grume de cette longueur et ayant 2 m. 10 de circonférence moyenne ; mais il préfère le payer, équarri au sixième déduit, 13 fr. 50 le décistère. A-t-il raison ? On sait que, pour le faire équarrir lui-même, il paierait 1 fr. 75. (Voir la note au bas de la page 139.)

2966. Un mécanicien a besoin d'un arbre long de 9 m. 50 ; en grume, il a 2 m. 30 de circonférence moyenne et coûte 8 fr. 60 le décistère ; façonné au cinquième déduit, on le paie 97 fr. le mètre cube. Quel est le parti le plus avantageux pour l'acheteur, si l'équarrissage coûte 2 fr.?

2967. On demande, au prix de 0 fr. 35 le litre, la valeur du vin que peut contenir un fût ayant 0 m. 80 de diamètre au bouge, 0 m. 72 de diamètre à chacun des fonds et 0 m. 98 de longueur. (Voir n° 64 des explications.)

2968. Quelle est la capacité d'un tonneau qui a 0 m. 90 de

diamètre à la bonde, 0 m. 74 aux fonds et 1 m. 20 de longueur ?

XIV. PROBLÈMES SUR LA CONVERSION DES ANCIENNES MESURES DE SURFACE ET DE LONGUEUR EN NOUVELLES ET RÉCIPROQUEMENT.

Explications préliminaires.

1. Avant 1790, les poids et mesures dont on se servait en France n'avaient aucune uniformité : elles variaient d'un pays à l'autre. Le 8 mai 1790, un décret de l'Assemblée constituante chargea l'Académie des sciences d'organiser un meilleur système. La commission nommée par l'Académie convint de donner aux nouvelles mesures une base commune, l'*unité de longueur*, et de prendre cette base dans la nature même. Pour que cette base fût véritablement universelle, on l'emprunta à la terre. MM. Méchain et Delambre furent chargés de mesurer la circonférence du méridien terrestre passant par Paris. Ils trouvèrent, pour le *quart* de ce méridien, 5130740 toises *anciennes*, et convinrent de prendre, pour unité des longueurs et pour base du nouveau système, la *dix-millionième partie* de cette grandeur. Ils donnèrent à cette unité le nom de *mètre* (3 pieds 11 lignes 296.)

2. L'édifice complet du système métrique ne fut définitivement achevé qu'en 1799. Le 2 novembre 1801, il devint le seul système légal et fut dès lors, exclusivement adopté dans toutes les opérations officielles.

3. Pour donner au peuple français le temps de s'habituer aux nouvelles mesures et pour lui en faciliter l'étude, un décret du 12 février 1812, tout en conservant les dénominations et les divisions anciennes, les accommoda au nouveau système. C'est ainsi que la toise fut faite de 2 mètres, l'aune de 12 décimètres,

la livre de $\frac{1}{2}$ kilogramme, etc. Enfin la loi du 4 juillet 1837 fit disparaître ce système bâtard et rendit obligatoire pour tout le monde, à partir du 1er janvier 1840, l'usage du système métrique.

4. De ce qui précède, il résulte que 5130740 toises anciennes valent 10 millions de mètres. [1]

5. L'ancienne toise (unité des longueurs) se divisait en 6 pieds; le pied, en 12 pouces, et le pouce, en 12 lignes.

6. La toise *métrique* (créée en 1812) valait 2 mètres juste, et le pied *métrique*, un tiers de mètre, par conséquent.

7. L'*arpent*, ancienne unité des mesures agraires, variait selon les localités, mais se divisait toujours en 100 *perches carrées*, nommées dans certains pays *cordes* ou *carreaux*. Les arpents les plus usités étaient :

1° L'arpent des *eaux et forêts*, composé de 100 perches carrées de 22 pieds de côté ;

2° L'arpent *commun*, composé de 100 perches de 20 pieds de côté ;

3° L'arpent *champenois*, composé de 100 perches de 19 pieds de côté ;

4° L'arpent de *Paris*, composé de 100 perches de 18 pieds de côté.

8. Toutes les mesures anciennes étaient des plus incommodes, d'abord parce qu'elles n'étaient pas partout les mêmes, ensuite parce que, n'étant pas soumises à la loi de génération décimale, elles présentaient, dans la pratique, des calculs excessivement longs et ennuyeux. Quant au système qui les remplace, il est, à tous les points de vue, un chef-d'œuvre de conception qui fera, nous n'en doutons pas, le tour du monde.

2969. Combien 9 toises anciennes valent-elles de mètres ? et combien 19 m. 20 valent-ils de toises anciennes ?

1. Nous engageons les Élèves à retenir ces deux nombres : on en fait un fréquent usage dans les calculs relatifs à la conversion des anciennes mesures de longueur et de surface en nouvelles.

2970. Faites connaître, en mètres, 1° le côté d'une perche de 22 pieds anciens; 2° le côté d'une perche de 20 pieds : 3° celui d'une perche de 19 pieds; 4° celui d'une perche de 18 pieds.

2971. Combien 78 toises *métriques* font elles de mètres? et combien 139 mètres valent-ils de toises métriques? (Voir n° 6 des explications.)

2972. Exprimez 7 toises $\frac{2}{3}$ 1° en pieds; 2° en pouces; 3° en lignes; et 21 m. 25 1° en pieds anciens; 2° en pieds métriques.

2973. Combien y a-t-il 1° de pieds carrés? 2° de pouces carrés? 3° de lignes carrées dans une toise carrée?

2974. Exprimez deux toises cubes 1° en pieds cubes; 2° en pouces cubes; 3° en lignes cubes.

2975. Quelle est, en mètres carrés, la surface d'une toise métrique carrée? et quelle est, en pieds carrés métriques, celle de 18 mètres carrés?

2976. Exprimez, en mètres cubes, le volume d'une toise cube métrique, et en pieds cubes métriques celui de 15 mètres cubes.

2977. Un jardinier bêche par jour 66 mètres carrés de terre : combien lui faudra-t-il de temps pour bêcher un jardin d'une contenance de 132 toises carrées métriques?

2978. Un terrassier enlève à chaque brouettée un pied cube métrique de terre. Combien devra-t-il faire de voyages pour en enlever 13 mètres cubes?

2979. Une ménagère emploie, pour faire une soupe, 3 pouces cubes métriques de beurre. Combien pourra-t-elle faire de soupes avec un morceau de beurre d'un volume égal à $\frac{1}{18}$ de pied cube?

2980. On demande, à raison de 0 fr. 18 le pied cube métrique, le prix d'un tas cubique de moellons de 1 m. 30 de côté.

2981. A raison de 4 fr. 20 le pied cube métrique, quel serait le prix d'une pièce de bois prismatique de noyer qui aurait 2 m. 80 de longueur et 0 m. 35 d'équarrissage?

2982. Un sabotier achète, à raison de 2 fr. 25 le pied cube métrique, un petit noyer de 3 m. 10 de longueur et de 1 m. 005 de circonférence moyenne dont il confectionne 10 paires de sabots. Combien devra-t-il vendre la paire pour que la façon lui soit payée 0 fr. 90? (Voir la note au bas de la page 139.)

2983. Un menuisier veut acheter, au prix de 2 fr. 30 le pied cube métrique, un arbre sur pied dont la partie, susceptible d'être équarrie, donne 18 m. 40 d'ombre au moment où une perche de 3 m. 15 en donne 7. Combien paiera-t-il cet arbre, qui a une circonférence moyenne de 1 m. 85?

2984. Une personne, qui a acheté $\frac{5}{6}$ d'aune de drap à 24 fr. l'aune, cède $\frac{3}{4}$ de mètre à un ami. Que doit celui-ci et quelle partie d'aune a-t-il eue?

2985. Un marchand a vendu les $\frac{4}{5}$ d'une pièce de toile, et il lui reste encore $\frac{1}{3}$ de cette pièce moins 9 aunes. Combien cette pièce contenait-elle de mètres?

2986. Après avoir vendu, à raison de 10 fr. 25 l'aune, les $\frac{5}{9}$ d'une pièce de taffetas, il reste encore $\frac{1}{8}$ de cette pièce plus 9 mètres. On demande la valeur totale de la pièce.

2987. D'une pièce de satin de 31 mètres on a vendu une première fois 2 aunes $\frac{1}{2}$, une deuxième fois 4 aunes $\frac{3}{4}$, et une troisième fois 5 aunes $\frac{1}{5}$. Combien reste-t-il de mètres et combien a-t-on vendu l'aune, sachant que le reste, vendu au même prix le mètre que les 3 premiers coupons, produirait 184 fr. 69?

2988. Combien y a-t-il d'ares à l'arpent? (perche de 18 pieds.)

2989. Combien y a-t-il d'ares dans un arpent? (perche de 19 pieds.)

2990. Combien y a-t-il d'ares à l'arpent? (perche de 20 pieds.)

2991. Combien y a-t-il d'ares à l'arpent? (perche de 22 pieds.)

2992. Quelle est, en perches de 20 pieds, la surface d'un champ triangulaire de 51 mètres de base et 42 m. 80 de hauteur ?

2993. On a un trapèze dont la hauteur est 60 mètres et dont les deux bases sont 78 m. 60 et 57 m. 08. Quelle en est la surface en perches de 19 pieds ?

2994. Un terrain, d'une contenance de 77 ares 40, a été vendu au prix de 12 fr. 60 la perche de 18 pieds. Quel est le montant de la vente ?

2995. A raison de 38 fr. les 3 perches de 20 pieds, quel est le prix de 8 ares 90 de terre ?

2996. Un carré a 27 toises anciennes de côté. Quelle en est la surface en centiares?

2997. Un propriétaire vend, au prix de 18 fr. l'are, un champ carré de 226 mètres de côté. Lors du règlement, il persuade à l'acquéreur qu'un are vaut 2 perches de 22 pieds et qu'en conséquence il lui paiera son terrain 9 fr. la perche au lieu de 18 fr. l'are. Est-ce juste? S'il n'en est rien, faire connaître en francs l'erreur commise, et désigner celui des deux qui a été lésé.

2998. Quelle est, en centiares, la valeur 1° d'une perche de 18 pieds de côté ? 2° d'une perche de 19 pieds ? 3° d'une perche de 20 pieds? 4° d'une perche de 22 pieds ?

2999. Déterminer, séparément, la valeur d'un are en perches de 18, de 19, de 20 et de 22 pieds de côté [1].

1. Les Élèves feront bien de graver dans leur mémoire la valeur d'un are en perches de 18, de 19, de 20 et de 22 pieds Quand il s'agira de convertir des ares en perches ou des perches en ares, ils n'auront plus ainsi qu'une multiplication ou une division à faire.

XV. PROBLÈMES SUR L'AGRICULTURE [1].

3000. Le mètre cube de bon fumier d'étable pèse environ 780 kilos et contient par kilo, savoir : eau et urine 0 k. 90 ; gaz divers 0 kil. 035; cendres 0 kil. 06; azote (*matière la plus fécondante*) 0 kil. 005. Calculer le poids de chacune des matières contenues dans ce mètre cube de fumier.

3001. Le rendement moyen de l'orge est, par hectare, de 35 hectol. pesant 65 kil. l'hectolitre. Quelle sera en poids la production d'un hectare ensemencé en orge?

3002. La graine d'œillette, pesant 60 kil. l'hectolitre, donne environ un litre d'huile par 3 litres de graine. Combien faudrait-il de kilos de cette graine pour obtenir 2 doubles décalitres d'huile ?

3003. Il faut environ 28 kilog. de graine de luzerne pour ensemencer un hectare. L'hectolitre de cette graine, qui vaut 4 fr. 50 le double décalitre, pèse 40 kilos Quel sera le prix de la graine nécessaire à l'ensemencement de 2 ha. 35 ?

3004. On a semé dans un champ 120 l. de seigle, et l'on a récolté 635 gerbes dont chacune a donné 4 l. $\frac{1}{2}$ de grain et 5 kilog. 75 de paille. On demande quelle a été la récolte en seigle et en paille, et quel est le rapport de la récolte de grain à la semence.

3005. L'hectare de blé donne en moyenne 570 gerbes du poids de 9 kil. $\frac{1}{2}$ chacune. Le poids du grain étant les $\frac{40}{100}$ de celui de la paille, on demande, en paille et en grain, le poids de la récolte d'un hectare de blé.

3006. En admettant qu'une culture de froment donne par

1. Les données de ce paragraphe important sont aussi exactes que possible : elles ont été toutes ou puisées dans l'excellent ouvrage de MM. Payen et Richard, ou fournies par des hommes compétents.

hectare 1° 17 hectol. $\frac{1}{2}$ de grain pesant 78 kil. l'hectolitre; 2° 190 kil. de paille par hectolitre de grain, on demande de quelle contenance provient une récolte dont les gerbes, paille et grain, pèsent 100 quintaux.

3007. Le poids du froment récolté en France est à peu près les $\frac{40}{100}$ de celui de la paille. D'après cela, quel sera le poids de la paille récoltée dans un champ qui a donné à l'hectare 21 hectol. $\frac{1}{2}$ de grain pesant 76 kil. $\frac{1}{2}$? On sait que le champ a la forme d'un triangle dont les dimensions sont : base 297 m. 25 ; hauteur 189 m. 70.

3008. Pour rendre au sol les éléments nutritifs que lui a enlevés une récolte de froment, il faut une quantité de fumier d'étable égale à 5 fois $\frac{3}{4}$ le poids de la récolte. Cela étant, on demande, en volume, la quantité de fumier qu'on devra donner à un champ de 2 hectares qui a produit 35 hectolitres de blé pesant 77 kil. et 2 fois $\frac{2}{5}$ autant de paille, et quelle sera la valeur de cette fumure, si le mètre cube de fumier, pesant 760 kil., vaut 6 fr. 80.

3009. Le rendement moyen d'une vache en viande est d'environ 60 p. 0/0 de son poids sur pied. Cette viande se divise en 3 qualités valant, la 1re 1 fr. 60, la 2e 1 fr. 50 et la 3e 1 fr. 20 le kilo. La proportion de ces diverses qualités dans la viande totale est de 27 p. 0/0 pour la 1re et de 45,7 p. 0/0 pour la seconde. Cela admis, on demande : 1° le poids sur pied d'une vache qui a fourni 285 kil. de viande ; 2° le poids des diverses qualités de viandes ; 3° la valeur totale de la viande.

3010. Un bœuf, pesant 650 kil. le 15 novembre 1870, pesait 790 kg. le 10 février suivant. Dans cet intervalle, il a consommé une quantité d'aliments équivalente à 3393 kil. de foin estimé 28 fr. les 100 bottes de 5 kil. $\frac{1}{2}$. On demande : 1° quel est le rapport moyen de l'augmentation du poids du bœuf dans un jour au poids de sa ration ; 2° quel est le gain total produit par le bœuf, sachant qu'il a été vendu sur pied 1 fr. 30 le kilo et qu'il a donné pour 0 fr. 45 de fumier par jour.

3011. Un bœuf a été engraissé en 28 mois. Son poids moyen, depuis sa naissance jusqu'à la fin de l'engraissement, a été de 248 kilos. Il a consommé pendant tout ce temps $3\frac{1}{2}$ p. 0/0 de son poids de foin par jour, lequel foin est évalué 40 fr. les 1000 kil. A 28 mois, le bœuf pesait 710 kil. et a été vendu sur pied à raison de 0 fr. 60 le kilo. On demande : 1° la quantité de foin que ce bœuf a consommée ; 2° le bénéfice de l'éleveur.

3012. Les choux se plantent généralement en lignes distantes de 0 m. 60 et à 0 m. 50 les uns des autres dans chaque ligne. D'après cela, combien faudra-t-il de plants pour un champ ayant 29 m. 70 de largeur et 49 m. de longueur ? On suppose que les lignes sont établies parallèlement au plus grand côté.

3013. Dans les conditions ordinaires, 20 kilog. de fumier suffisent à la production de 1 kilog. 7 de froment. On a reconnu que, dans les terres argileuses, on augmente la production de 3 p. 0/0 en mêlant au fumier $\frac{1}{110}$ de son poids de sel. Sachant qu'on emploie 20000 kilog. de fumier par hectare, on demande : 1° combien dans ce cas on devra employer de sel ; 2° quel sera en blé le produit d'un hectare ainsi fumé.

3014. L'expérience prouve que le sel favorise la végétation et qu'il augmente la qualité des produits. Voici les résultats obtenus pour le froment : De deux ares de terrain, de même qualité, l'un n'a pas reçu de sel, l'autre en a reçu 4 kilos. Le 1er n'a produit que 15 kilog. de blé, tandis que le second en a donné 21. Cela admis, on demande : 1° quel sera, par hectare, la différence des produits en hectolitres, sachant que l'hectolitre pèse 77 kil. ; 2° quel sera le bénéfice réalisé, le sel valant 9 fr. 50 les 100 kilos et le blé 4 fr. 20 le double décalitre. On sait de plus qu'il a fallu, pour répandre le sel, une journée d'homme payée 2 fr. 50.

3015. Un cultivateur veut marner une terre de façon à introduire dans la couche arable, dont l'épaisseur est de 0 m. 25, 4 p. 0/0 de calcaire. La marne employée contenant 62 p. 0/0 de calcaire pur, on demande quelle épaisseur de marne il doit répandre sur cette terre.

3016. Un sol de 0 m. 22 d'épaisseur, qui contient $\frac{1}{10}$ de calcaire, a pour sous-sol une couche contenant ses $\frac{5}{9}$ de calcaire. A quelle profondeur doit-on défoncer le sous-sol pour que la couche arable contienne $\frac{1}{4}$ de calcaire ?

3017. Un terrain drainé a produit en un an, par hectare, une somme nette de 134 fr. Avant le drainage, il ne produisait que 56 fr. 90. Les travaux de drainage ayant occasionné une dépense de 610 fr., on demande à quel taux l'argent dépensé a été ainsi placé.

3018. On veut marner une terre de forme rectangulaire de 204 m. 50 de long sur 189 m. 50 de large à raison de 65 mètres cubes par hectare. La marne coûtant 2 fr. 45 le mètre cube, on demande : 1° combien il faudra de mètres cubes de marne ; 2° quelle sera l'épaisseur de la couche de marne, en supposant qu'on puisse l'égaliser parfaitement.

3019. A un sol argileux, de 0 mèt. 26 de profondeur, on veut ajouter une couche de marne impure contenant 75 p. 0/0 de calcaire et 25 p. 0/0 d'argile, de telle sorte que le sol en entier renferme ensuite 10 p. 0/0 de marne. Quelle est l'épaisseur de la couche de marne impure qu'on doit répandre à la surface du champ ?

3020. On veut drainer un champ rectangulaire de 336 ares, ayant 140 mèt. de large, avec des tuyaux de 0 mèt. 35 de long coûtant 2 fr. 10 le cent. On demande le nombre et le prix des tuyaux, qui doivent être placés dans le sens de la longueur, sachant que les lignes de drains sont distantes de 10 mètres ; que la première ligne est à 5 mètres du bord du champ, et qu'il y a 4 p. 0/0 de déchet dans l'emploi des tuyaux.

3021. Un agriculteur a drainé une propriété rectangulaire ayant 225 mèt. de longueur sur 135 de largeur en établissant, dans le sens de la longueur, des drains parallèles à 15 mèt. de distance les uns des autres, les drains extrêmes étant à 7 mèt. 50 des limites du champ. Le prix de la main-d'œuvre des tranchées est de 0 fr. 20 par mètre courant, et les tuyaux, qui ont 0 mèt. 35 de longueur, coûtent 18 fr. le mille. En améliorant ainsi son terrain, l'agriculteur a placé son argent à 10 p. 0/0. Quel est le revenu actuel de cette propriété, qui ne rapportait d'abord que 20 fr. par hectare?

3022. Le sang desséché contient 0,15 de son poids d'azote, et le fumier ordinaire 0,0045. On sait que la qualité d'un engrais est en raison de la quantité d'azote qu'il renferme. Cela posé, combien faudra-t-il de sang desséché pour fumer un hectare de terre, sachant qu'il faut, pour la même étendue, environ 20000 kilogr. de fumier ordinaire?

3023. Le fumier d'étable contient les 0,0045 de son poids d'azote et coûte en moyenne 6 fr. 25 le mètre cube de 770 kilogr. Le guano, qui contient les 0,14 de son poids d azote, coûte 42 fr. les 100 kilogr. On demande de déterminer, d après cela, le plus avantageux de ces deux engrais. (Voir le n° précédent.)

3024. Pour drainer un champ humide de 2 hectares $\frac{1}{2}$, il a fallu faire 2850 mètres de tranchées à 0 fr. 105 le mètre linéaire, tranchées au fond desquelles on a posé 6500 petits tuyaux à 22 fr. le mille et 1850 gros à 27 fr. On a de plus dépensé 120 fr. pour la pose des tuyaux et les remblais. Calculer le prix de revient du drainage par hectare.

3025. Le froment fournit les 0,88 de son poids de farine; celle-ci absorbe dans l'opération du pétrissage les 0,55 de son poids d'eau, et il s'en évapore les 0,22 dans la cuisson. Combien, d'après cela, pourra-t-on faire de kilogr. de pain avec 2658 kilogr. de froment?

3026 On admet que la graine de colza contient 48 p. 0/0 de

son poids d'huile et qu'on ne peut obtenir par la pression que les $\frac{7}{9}$ de cette huile. Sachant que la densité de l'huile de colza est 0,92, on demande combien on doit payer les 100 kilogr. de graine pour que le litre d'huile revienne à 0 fr. 80. On suppose que les frais d'extraction s'élèvent à 0 fr. 15 par litre.

3027. Les olives rendent en moyenne 10 p. 0/0 de leur poids d'huile. En admettant 1° qu'un litre d'huile d'olive vaille 2 fr. 30 ; 2° que les frais d'extraction s'élèvent à 0 fr. 15 par litre, on demande quel doit être le prix d'un hectolitre d'olives pesant 42 kilogr. La densité de l'huile d'olive est 0,915.

3028. La canne à sucre renferme 0,90 de jus contenant 0,16 de sucre. En supposant qu'on ne puisse retirer que les 0,55 de ce sucre, combien retirera-t-on de sucre de 10000 kilogr. de canne?

3029. On estime que les vignobles de la France occupent environ 2150000 hectares donnant un revenu moyen annuel de 671125000 fr.. D'après cela, quelle est l'étendue d'une vigne payée 50000 fr.? On sait que le revenu de cette vigne est de 10 p. 0/0 de sa valeur.

3030. L'étendue de la France cultivée en blé est d'environ 5979311 hectares. On demande: 1° combien il faut d'hectolitres de blé pour les semailles en France, à raison de 2 lit. 048 par are; 2° quelle est la récolte annuelle, sachant qu'en moyenne un hectare produit 13 hectol.; 3° quelle est la valeur de la récolte totale, l'hectolitre valant 22 fr; 4° quelle peut être, en blé, la consommation moyenne d'un individu, la population de la France étant de 38069094 habitants.

3031. Un pré donne 3850 kilogr. de foin sec par hectare plus un regain estimé le $\frac{1}{5}$ du foin, lequel vaut 80 fr. les 1000 kilogr. Les frais de culture s'élevant à 35 fr. par hectare et le produit net étant 5, 10 p. 0/0 de la valeur du pré, on demande l'étendue d'une prairie qui vaudrait 8325 fr. 90.

3032. Une prairie, artificielle, dont la superficie est de 2 hect. 7, a donné en deux coupes 82620 kilogr. de fourrage vert qui a produit pour 1744 fr. 20 de foin sec. Sachant que le fourrage vert perd les $\frac{7}{9}$ de son poids en passant à l'état sec et que la botte de fourrage sec pèse 5 kilogr. $\frac{1}{2}$, on demande le prix de 50 bottes de ce fourrage et le nombre de bottes fournies par un are.

3033. Un batteur en grange, à qui l'on donnait pour son salaire le $\frac{1}{21}$ du grain battu, demande maintenant à battre au $\frac{1}{15}$. Exprimer, par rapport à ce qu'il gagnait primitivement, l'augmentation qu'il réclame.

3034. Pour battre sa récolte, un fermier employait d'abord, pendant 21 jours, 10 ouvriers qui battaient chacun 1 hectol. 18 de grain payé à raison de 0 fr. 12 le décalitre. Ce fermier ayant acheté une machine de 500 fr. à l'aide de laquelle 5 ouvriers peuvent battre la récolte en 7 jours, on demande: 1° l'économie produite sur le prix du premier battage, les frais occasionnés par la machine étant supposés de 18 p. 0/0 de sa valeur; 2° la valeur de l'augmentation du rendement, l'hectolitre de blé valant 21 fr. 60. On sait que le battage à la machine augmente de $\frac{1}{12}$ environ le rendement en grain produit par le battage au fléau.

3035. Une propriété de 3 hect. 18 ares 75, qui a produit un revenu de 357 fr., a été estimée 3200 fr. l'hectare. Quelle doit être, sur une estimation semblable, la valeur de l'hectare d'une propriété dont la contenance est de 2 hect. 25 et qui donne un revenu de 189 fr?

3036. Un cultivateur a employé 430 kilog. d'os broyés pour fumer 14 hect. 35 de terre. On demande quel est le prix de cette fumure par hectare, sachant 1° qu'il a acheté les os bruts à raison de 3 fr. 75 le mètre cube; 2° que le broyage des os, qui en a augmenté le volume de 15 p. 0/0, lui a coûté 1 fr. 75 l'hectolitre après le broyage.

3037. Le plâtre cuit et pulvérisé coûte environ 2 fr. 40 l'hectolitre. On le répand, dans la première quinzaine d'avril, sur les prairies artificielles dans la proportion de 360 kilog. par hectare. L'hectolitre de plâtre pesant 168 kil., à combien revient le plâtrage par hectare ?

3037 *bis*. Le plâtre cuit et pulvérisé convient à tous les sols, excepté à ceux qui sont humides. On l'emploie à la dose de 350 kilog. environ par hectare et on le sème, par un temps calme et humide et dans les premiers jours d'avril, sur les plantes fourragères dont il stimule énergiquement la végétation. Cela dit, une luzerne de 50 ares, non plâtrée, a donné dans une année 2050 kilog. de fourrage sec; une autre, de même grandeur et de même qualité, mais plâtrée, en a donné 2870 kil. Le plâtre valant tout semé 2 fr. 90 l'hectolitre pesant 168 kil., et le foin, 52 fr. les 100 bottes de 5 kil., on demande de calculer 1° le gain p. 0/0 résultant du plâtrage de cette luzerne ; 2° le benéfice total produit par le plâtrage.

3038. Un fermier a ensemencé en colza une pièce de terre de 10 hect. 4 ares. Les frais de culture se sont élevés à 190 fr. par hectare. La terre est louée sur le pied de 25 fr. l'arpent (perche de 20 pieds). La récolte ayant été de 21 hectol. à l'hectare, on demande le bénéfice net de cette culture. On sait que l'hectolitre de colza s'est vendu 23 fr. 50.

3039. On offre à un fermier du trèfle contenant 1, 05 p. 0/0 d'azote à 6 fr. 35 le quintal, et du sainfoin, contenant 2, 10 p. 0/0 d'azote, à 9 fr. 10. Quel sera p. 0/0 l'avantage du fermier, s'il choisit le plus avantageux de ces deux fourrages ? On sait que la qualité d'un fourrage est en raison de la quantité d'azote qu'il renferme.

3040. La valeur des engrais est proportionnelle à la quantité d'azote qu'ils contiennent. Il faut à peu près 30000 kil. de bon fumier, renfermant 0, 004 de son poids d'azote et coûtant 5 fr. 50 le mètre cube, pour fumer tous les 3 ans un hect. de terre. Le guano du Pérou renferme 15 p. 0/0 d'azote et coûte 48 fr. le quintal. Combien faut-il par an de guano pour fumer un hectare ? et quelle sera la dépense de cette fumure ? Faire connaître le plus avantageux des deux engrais, le mètre cube de fumier pesant 750 kil. [1].

3041. On sait 1° que la betterave donne environ 7 p. 0/0 de son poids de sucre ; 2° qu'un are de terre produit en moyenne 315 kilog. de betteraves évaluées 17 fr. la tonne. On demande : 1° la quantité de terrain qu'il faudrait ensemencer en betteraves pour alimenter une fabrique qui doit produire annuellement 810000 kil. de sucre ; 2° la valeur des betteraves récoltées dans ce terrain.

3042. Pour la nourriture des animaux, 3 kilog. de pommes de terre équivalent à 1 kil. de foin sec. Un hectare de bon terrain, cultivé en pommes de terre, en donne à peu près 235 hectolitres pesant 81 kil. l'hectolitre, et un hectare de bon pré donne environ 5000 kil. de foin sec. Calculer, d'après cela, l'étendue qu'on devra cultiver en pommes de terre pour obtenir une quantité d'aliments équivalente à celle fournie par un hectare de pré.

3043. L'hectolitre d'avoine, pesant 50 kil., coûte 12 fr. 50, et l'hectolitre de seigle, pesant 75 kil., coûte 16 fr. 80. L'avoine contient 1,40 p. 0/0 d'azote et le seigle 1,85. On demande p. 0/0 le bénéfice résultant de l'emploi du seigle, et le prix auquel devrait être amené l'hectolitre d'avoine pour qu'elle fût aussi avantageuse que le seigle. (Voir le n° 3039.) [2]

3044. Un bœuf de trait a coûté 510 fr.; la nourriture et les soins de toute espèce reviennent à 300 fr. par an. D'autre part, il produit par an 18 mètres cubes de fumier valant 0 fr. 90 le quintal. On demande de calculer le bénéfice annuel produit par cet animal, sachant 1° qu'il faut tenir compte de l'intérêt du prix d'achat, à raison de 6 p. 0/0 ; 2° que le mètre cube de fumier pèse 760 kil.; 3° que le travail du bœuf est de 230 journées évaluées 1 fr. 65 l'une.

3045. A l'entrée d'une ville, on perçoit un droit d'octroi de 14 fr. par hectolitre d'alcool pur. Quel droit paiera-t-on pour

1. Les engrais purement animaux ne conviennent pas aux céréales, par la raison qu'ils ne renferment que peu ou point de silice.

2. A valeur égale, l'avoine, qui échauffe moins les chevaux, doit être préférée à toute autre céréale.

l'entrée d'une pièce d'alcool de 272 l. à 87 degrés centésimaux, c'est-à-dire contenant 87 p. 0/0 d'alcool pur ? et quelle quantité d'eau devra-t-on ajouter à l'alcool pour en faire de l'eau-de-vie à 19 degrés ?

3046. Le purin ou jus de fumier, mélangé avec 3 fois son volume d'eau, est un engrais des plus puissants qui convient surtout aux plantes légumineuses et aux prairies artificielles. Un cultivateur a fait établir, pour le recueillir, un bassin qui lui a coûté 35 fr.; il s'est de plus procuré, pour la somme de 70 fr., un tonneau-arrosoir. Ce purin, répandu sur une luzerne de 55 ares, qui ne produisait jusque-là que 2000 kil. de fourrage par an, a augmenté la récolte de ses $\frac{3}{5}$. Le fourrage valant 45 fr. les 100 bottes de 5 kilog., on demande si le cultivateur est remboursé de ses frais la première année.

3047. Un agriculteur a mis un hectare de terre en luzerne et l'a laissé ainsi pendant 7 ans. Il a obtenu une récolte moyenne de 5500 kil. de fourrage par an. Il a ensuite, pendant 2 années consécutives, ensemencé cette terre en blé sans y mettre d'engrais, et il a obtenu 38 hectol. $\frac{1}{2}$ de blé. Les frais de culture se décomposent ainsi : 1° pour mettre la terre en luzerne 290 fr.; 2° pour la récolte du fourrage 60 fr. par an ; 3° pour les frais de culture et de récolte du froment 80 fr. par an. Calculer, sans tenir compte des intérêts, le bénéfice réalisé dans ces 9 années, en supposant que le fourrage vaille, en moyenne, 7 fr. 50 le quintal et le blé 18 fr. 50 l'hectolitre. On sait que la luzerne n'a donné la première année qu'un pâturage estimé 32 fr., et que l'ensemencement en blé a été fait à raison de 2 hectol. $\frac{1}{4}$ par an.

3048. Pour amender les prairies naturelles, on emploie les cendres lessivées (*charrées*) qui se vendent environ 1 fr. 90 l'hectolitre pesant 72 kil. Ces cendres sont répandues à raison de 22000 kilog. par hectare. Cela posé, un hectare de pré, non cendré, donne en moyenne 3300 kil. de foin sec, tandis qu'un hectare cendré fournit un produit de $\frac{3}{5}$ supérieur. Déterminer par hectare le gain brut qui résulte de l'emploi des cendres, sachant que le foin se vend 49 fr. les 100 bottes de 5 kil. $\frac{1}{4}$.

3049. Une prairie humide de 5 hect. 40 ne donnait, dans la proportion de 1100 kilog. par 50 ares, que du foin de mauvaise qualité, estimé 40 fr. les 1000 kil. Le propriétaire qui, pour l'assainir, a fait creuser au milieu un fossé de 0 m. 90 de largeur moyenne sur 0 m. 65 de profondeur et 220 m. de longueur, a eu, après cela, une récolte qui a gagné 55 p. 0/0 en qualité et en quantité. On demande : 1° de quelle étendue l'établissement du fossé a diminué la prairie ; 2° le volume de la terre extraite du fossé ; 3° l'épaisseur de la couche produite par cette terre, qui a été répandue sur la prairie ; 4° enfin l'augmentation totale en argent de la nouvelle récolte.

3050. Le blé perd environ 5 p. 0/0 de son poids par la dessiccation après la récolte. L'hectolitre de blé pèse alors 76 kil. et vaut 27 fr. 60 le quintal. On demande, d'après cela, 1° le prix de l'hectolitre de blé sec ; 2° celui de 100 kilog. de blé non desséché.

3051. Un négociant achète, un peu après la récolte, 256 hectolitres de blé à raison de 27 fr. 60 l'hectolitre. Ce grain ayant perdu $2\frac{1}{2}$ p. 0/0 de son volume par la dessiccation, on demande à quel prix il doit revendre l'hectolitre pour gagner 215 fr. sur son marché, et quel sera, à ce compte, son bénéfice p. 0/0.

3052. Pour ensemencer un hectare en carottes fourragères, on a employé 5 kilog. de semence valant 17 fr. 40 et donné deux labours profonds qui ont coûté 25 fr. l'un. Les frais de binage, de sarclage et d'arrachage se sont élevés à 80 fr. De plus, on a mis 32 mètres cubes de fumier à 7 fr. le mètre cube, frais de transport et d'épandage compris ; mais la moitié seulement de cette fumure doit figurer pour la culture des carottes, l'autre moitié devant profiter aux cultures subséquentes. Le loyer de la terre est de 120 fr. par an. Sachant qu'on a récolté 440 hectolitres de carottes valant 2 fr. l'hectolitre, on demande de calculer le bénéfice net réalisé. On tient compte, pour toutes les dépenses, sauf pour le loyer, de l'intérêt d'un an à 5 p. 0/0.

3053. Un maquignon loue une prairie de 4 hect. 20, au prix de 1 fr. 75 l'are, et emprunte, pour un an, à 5 p. 0/0, l'argent nécessaire pour payer 12 bœufs coûtant 150 fr. l'un et 16 vaches coûtant 185 fr. Il met ensuite ces animaux au pâturage ; 5 mois après, il revend les bœufs 6800 fr. et, deux mois plus tard, les vaches à raison de 290 fr. l'une. Il place ensuite son argent à 5 p. 0/0 jusqu'à l'époque à laquelle il doit effectuer son paiement. Quel est son bénéfice total ?

3054. En admettant que la paille de froment contienne 0,055 de cendres et ces cendres 0,676 de silice, on demande combien, dans un champ, on a dû retirer de gerbes de froment du poids de 7 kil. pour que la paille ait enlevé au sol 100 kilog. de silice. On sait que les gerbes donnent 10 kil. de grain pour 25 de paille.

3055. Quelle serait, sur 1000 bottes de fourrage, pesant 6 kil. chacune, la perte éprouvée par un transport qui diminuerait le poids d'une botte de 0 kil. 7 ? On admet que la valeur nutritive de la partie perdue est, à poids égal, 2 fois $\frac{1}{2}$ plus grande que celle de la partie restante, et l'on sait que le fourrage vaut 7 fr. les 100 kil. avant la perte.

XVI. CHOIX DE PROBLÈMES DONNÉS DANS DES CONCOURS PUBLICS.

3056. Dans une usine, on traite par jour 1350 kilog. de minerai de cuivre et d'argent contenant 3 p. 0/0 de cuivre et 5 p. 0/0 d'argent. On demande combien cette usine rapporte par jour, en supposant que le kil. de cuivre se vende 2 fr. 10 et le kil. d'argent 220 fr. 55.

3057. 12050 quintaux de minerai de fer valant, au sortir de la mine, 3 fr. 40 la tonne, ont été réduits, après avoir été lavés et grillés sur place, à 5300 quintaux d'un minerai plus pur. L'opération a coûté 673 fr.; de plus, le transport à l'usine coûte 0 fr, 20 par tonne et par kilom. Sachant que l'usine fait un bénéfice de 15 p. 0/0 sur le prix de revient du minerai, on demande combien elle doit traiter par mois de minerai de fer pour réaliser un gain annuel de 16200 fr. La distance de l'usine à la mine est de 15 kilom.

3058. Une usine traite par mois 13500 kilog. de minerai de cuivre argentifère contenant 3 p. 0/0 de cuivre et 0, 00096 p. 0/0 d'argent. On demande le produit brut annuel de l'usine, en supposant que le cuivre vaille 204 fr. le quintal et l'argent 198 fr. 50 les 900 grammes.

3059. Dans une usine à gaz d'éclairage, on emploie 25 cornues contenant chacune 500 kilog. de houille, et l'on remplit ces cornues 2 fois par jour. Sachant que 100 kil. de houille donnent 22 mètres cubes de gaz, on demande : 1° la quantité de gaz que l'usine fabrique par jour; 2° le produit qu'elle en retire, si le mètre cube est vendu 0 fr. 30.

3060. Un marchand de faïence achète 190 vases à 28 fr. 50 la douzaine, non compris les frais de transport, qui s'élèvent à 0 fr. 02 par kilom. 9 des vases s'étant brisés en route, on demande ce qu'il doit revendre la douzaine pour gagner 31 p. 0/0. On sait que les vases ont été pris à une distance de 163 kilom.

3061. Un négociant fait venir du vin à Paris et se propose de le vendre 70 fr. la pièce. Dans le transport, 5 de ces pièces sont avariées et perdues pour la vente. Pour combler cette perte, le négociant vend son vin 80 fr. la pièce et retire ainsi la même somme qu'il eût retirée s'il n'eût pas perdu de vin. Combien avait-il fait venir de pièces de vin ?

3062. Un faïencier reçoit des vases de 4 sortes et donne 1082 fr. en paiement. Combien en a-t-il acheté en tout, s'il les a payés, savoir : ceux de la première espèce 1 fr. 20 pièce ; ceux de la deuxième 2 fr. 40 ; ceux de la troisième 1 fr. 80, et ceux de la quatrième 2 fr. 20, et si, de plus, les nombres des vases de chaque sorte sont entre eux respectivement comme 1, $\frac{1}{2}$, $1\frac{1}{2}$ et $\frac{13}{5}$?

3063. L'huile à éclairage coûte 0 fr. 65, la chandelle 0 fr. 75 et la bougie 1 fr. 62 le $\frac{1}{2}$ kilo. Un demi-kilo d'huile dure 40 heures; une chandelle, de 6 au $\frac{1}{2}$ kilog., 5 heures, et une bougie, de 5 au $\frac{1}{2}$ kil., 9 heures. Quelle est p. 0/0 l'augmentation qu'on aurait à subir si, au lieu de brûler de l'huile, on brûlait 1° de la chandelle? 2° de la bougie? et quel est le mode le plus économique?

3064. Combien doit-on ajouter d'eau à 10 litres d'alcool marquant 58 degrés centésimaux pour avoir de l'eau-de-vie à 19 degrés?

3065. Les impôts directs 1° de la cote personnelle et mobilière, 2° du revenu foncier, 3° des portes et fenêtres, 4° des patentes, sont dans le rapport des nombres 2, 5, 1 et 3. Quelle augmentation totale p. 0/0 subirait un contribuable, si l'on augmentait le premier de ces impôts de 14, le deuxième de 12, le troisième de 10 et le quatrième de 8 p. 0/0?

3066. On veut transporter 360 m. cubes d'une pierre dont la densité est 2,76. Deux moyens se présentent pour effectuer ce transport : 1° on emploierait 48 enfants qu'on paierait à raison de 0 fr. 75 la journée et qui feraient 40 voyages chacun par jour, transportant chaque fois, 35 kil. en moyenne; ils seraient surveillés par un empileur gagnant 2 fr. 50 par jour ; 2° on se servirait de 2 tombereaux qui coûteraient l'un 9 fr. par jour, feraient 12 voyages chacun et transporteraient chaque fois ensemble 2600 kil. Quatre hommes payés 1 fr. 50 l'un par jour chargeraient et déchargeraient les tombereaux. On demande : 1° quel serait le moyen le plus économique; 2° à combien s'élèverait l'économie. On suppose que le vide laissé entre les pierres est de $\frac{1}{20}$ du volume qu'elles occupent.

3067. On retient aux fonctionnaires, pour pensions civiles, dans la première année d'exercice: 1° $\frac{1}{12}$ de leur traitement; 2° 5 p. 0/0 sur le surplus. On demande quel est p. 0/0 le montant total de la retenue dans cette première année, et quelle différence on obtiendrait si, au lieu de procéder ainsi, on prenait d'abord 5 p. 0/0 du traitement annuel, puis le $\frac{1}{12}$ du surplus.

3068. Une traite de 2400 fr., escomptée en dehors à 5 $\frac{1}{2}$ p. 0/0, a subi une retenue de 153 fr. Quelle en était l'échéance?

3069. Donner à la fois l'escompte en dedans et l'escompte en dehors de 6000 fr. à 6 p. 0/0 payables dans 18 mois, et montrer que le deuxième n'est que le premier augmenté de ses intérêts pendant 18 mois.

3070. Un sac renferme 13 kil. 165 $\frac{10}{31}$ de monnaies de bronze, d'argent et d'or qui y entrent chacune pour la même valeur. Quelle somme contient-il?

3071. Un sac, du poids de 2 kil. 425, contient des monnaies d'or, d'argent et de bronze dont les valeurs respectives sont entre elles comme les nombres 20, 10 et 1. Calculer la valeur de chacune de ces monnaies.

3072. Combien doit-on allier d'or pur à 5 gr. 37 de cuivre pour avoir un alliage qui vaille 2 fr. 90 le gramme, le cuivre étant considéré comme n'ayant pas de valeur? On sait que 900 gr. d'or pur valent 3093 fr. 30.

3073. On a deux lingots d'argent allié de cuivre. Le premier, au titre de 0,900, pèse 900 grammes de moins que le deuxième, dont le titre est de 0,800. La différence de leurs valeurs est 39 fr. 70. Combien pèsent-ils chacun? Le cuivre est supposé sans valeur. On sait que 900 grammes d'argent pur valent 198 fr. 50.

3074. On a 272 kilog. d'eau salée contenant 7 p. 0/0 de sel. Quelle quantité d'eau doit-on faire évaporer pour que le reste contienne 23 p. 0/0 de sel?

3075. On sait que le laiton est composé de cuivre qui vaut 2 fr. le kilo et de zinc qui vaut 0 fr. 95. Déterminer la proportion de l'alliage, sachant que 15 kil. 4 de laiton coûtent 25 fr. 949.

3076. Une barrique de vin de 136 l. pèse 154 kil. On remplace du vin par une même quantité d'eau, et la barrique pèse alors 154 kil., 204. On demande combien il est entré de litres d'eau, le poids du fût vide étant de 19 kil. 156 et la densité du vin 0, 9915.

3077. On distribue le contenu d'une pièce de vin de 228 l. dans 294 bouteilles qui contiennent, les unes $\frac{5}{6}$, les autres $\frac{3}{4}$ de litre. Combien y a-t-il de bouteilles de chaque espèce ?

3078. Une revendeuse achète des œufs à 7 fr. 50 le cent. Elle en revend la moitié à raison de 0 fr. 10 pièce et l'autre moitié au prix de 0 fr. 22 les 3. De cette manière, elle gagne 7 fr. 02. Combien a-t-elle acheté d'œufs ?

3079. Un épicier a acheté un certain nombre de kilos de café à 4 fr. 25 le kil. Il en a vendu la moitié à 4 fr. 95 le kilo, le $\frac{1}{3}$ à 4 fr. 75 et le reste à 4 fr. 72. Il a fait ainsi un bénéfice total de 42 fr. 84. Combien avait-il acheté de kilos de café ?

3080. Une cloche, du poids de 900 kil. et composée de 78 parties de cuivre et de 22 d'étain, a coûté 3150 fr. On demande : 1° son volume ; 2° sa valeur intrinsèque ; 3° à combien s'élèvent les frais de fabrication. Les densités du cuivre et de l'étain sont 8, 79 et 7, 29, et les valeurs respectives de ces métaux 2 fr. 45 et 3 fr. le kilo.

3081. Un instituteur, qui confectionne lui-même ses cahiers, met 13 demi-feuilles dans chaque cahier. Le papier qu'il emploie coûte 5 fr. 20 la rame, et les couvertures 2 fr. 10 le cent. Sachant qu'une rame contient 20 mains de 25 feuilles chacune, combien gagne-t-il p. 0/0 en revendant chaque cahier 0 fr. 10?

3082. Lorsque le blé de première qualité vaut 29 fr. 25 l'hectolitre, à quel prix doit-on fixer le kilo de pain de première qualité? On admet: 1° que l'hectolitre de blé pèse 76 kil ; 2° que 100 kilog. de blé donnent 75 kil. de farine ; 3° que 100 kil. de farine donnent 135 kil. de pain ; 4° qu'on accorde au boulanger une indemnité de 4 fr. par hectolitre de grain.

3083. L'escompte d'un mandat de 5300 fr., payable dans 2 ans 3 m. 13 j., a été calculé par un banquier au taux du commerce. A quel taux réel a-t-il ainsi placé son argent?

3084. Un capital, placé à intérêts simples et à 5 p. 0/0, vaut 1319 fr. après un placement de 28 mois, et 1404 fr. après un placement de 4 ans. Déterminer ce capital.

3085. On demande de partager 14500 fr. entre 4 héritiers en raison inverse de leur âge, le premier ayant 18 ans 7 mois, le deuxième 15 ans, le troisième 12 ans et le quatrième 7 ans 7 mois.

3086. Partager le nombre 75 en parties inversement proportionnelles aux nombres $\frac{3}{4}$, $\frac{5}{6}$ et $\frac{6}{7}$.

3087. Une personne charitable laisse 600 fr. qui doivent être partagés entre 15 ouvriers de telle sorte que les parts soient en raison inverse des salaires. Quelle sera la part de chacun, sachant que 5 de ces ouvriers gagnent chacun 25 fr. par semaine, 4 chacun 35 fr , et les autres chacun 50 fr.?

3088. Un fermier a acheté des terres à 1650 fr. l'hectare et des vignes à 2820 fr. Il a dépensé de la sorte 242610 fr. S'il avait acheté les terres au même prix que les vignes, il aurait déboursé 25350 fr. de plus : combien a-t-il acheté d'hectares de chaque espèce ?

3089. Un propriétaire achète des vignes à 5400 fr. l'hectare et des terres à 3400 fr. Il a dépensé en tout 110400 fr. Quelle étendue de terres et de vignes a-t-il eue, sachant que si l'hectare de terre lui eût coûté 5400 fr. et l'hectare de vigne 3400 fr., il eût dépensé 8000 fr. de plus ?

3090. L'année solaire étant de 365 jours 5 h. 48′ 51″, quelle serait, si tous les mois étaient égaux, la durée de chacun d'eux ?

3091. Les Israélites divisaient leur année en 12 mois ayant alternativement 30 et 29 jours ; en outre, ils intercalaient en 19 ans 7 fois un mois de 29 jours. Déterminer la durée moyenne de l'année dite *sacrée* des Israélites.

3092. Le 1er janvier de l'année 1870 étant tombé un dimanche, on demande quel jour de la semaine tombera le 1er janvier 1° de l'année 1871 ; 2° de l'année 1874. On sait que l'année 1864 était bissextile.

3093. Quelle heure est-il, sachant que le $\frac{1}{4}$ du temps qui s'est écoulé depuis midi est égal à la moitié du temps qui doit s'écouler jusqu'à minuit?

3094. Un rentier, qui a un revenu annuel de 10300 fr., fait valoir le $\frac{1}{3}$ de sa fortune à $4\frac{1}{2}$ p. 0/0, le $\frac{1}{4}$ à 5 p. 0/0, le $\frac{1}{5}$ à $5\frac{1}{2}$ et le reste à 6. Quelle est cette fortune?

3095. Un particulier avait placé 2700 fr. au taux de $4\frac{1}{2}$, 4300 fr. au taux de $3\frac{3}{4}$ et 3600 fr. au taux de 5 p. 0/0. Il retire ces différentes sommes et les place ensemble au même taux. Au bout d'un an, il retire en intérêts 173 fr. 25 de plus qu'auparavant : quel est le taux du second placement?

3096. Un cabaretier a acheté, moyennant 0 fr. 85 le litre, 467 décal. 8 de vin auquel il a ajouté 18 l. d'eau par hectolitre. Combien devra-t-il vendre en détail la bouteille de 0 lit. 76 pour gagner 32 p. 0/0?

3097. Un négociant vend, avec bénéfice de 4 p. 0/0, le $\frac{1}{3}$ d'une pièce de drap et ensuite le $\frac{1}{3}$ du surplus. Il lui reste alors 37 m. qu'il vend avec un même bénéfice au prix de 17 fr. 16 le mètre. On demande le prix d'achat de la pièce de drap et le gain total du négociant.

3098. Un négociant, qui a acheté de l'huile d'olive, en vend une première fois le $\frac{1}{3}$ à 2 fr. 60 le kilo; une deuxième fois le $\frac{1}{4}$ de cette quantité à 2 fr. 70; une troisième fois les $\frac{5}{6}$ de cette dernière quantité à 2 fr. 72, et enfin une quatrième fois les 868 kil. 945 restants à 2 fr. $\frac{159}{185}$. De cette manière, il gagne 10 p. 0/0. Combien avait-il acheté d'hectolitres d'huile, la densité de cette huile étant 0,915? et à combien lui reviennent l'hectolitre et le kilo?

3099. Un propriétaire achète un bois à blanc. La coupe, âgée de 25 ans, que l'on vient d'abattre, a été vendue 3400 fr. Quel prix doit-on payer ce bois pour placer son argent à 5 p. 0/0? On n'a égard qu'aux intérêts simples.

3100. En admettant qu'une vigne de 3 hect. 25 rapporte en moyenne 100 hectol. de vin par an valant 20 fr. les 136 l., et en supposant que les frais de culture, d'engrais, de récolte, etc., s'élèvent à 340 fr. par hectare, que vaut un hectare de cette vigne? On capitalisera à $3\frac{1}{2}$ p. 0/0.

3101. Deux fontaines, coulant dans un bassin, le rempliraient, la première, en 3 heures, la seconde en 5 heures. On laisse couler la première pendant 1 h. 20′, puis la deuxième pendant 45′, et ensuite les deux ensemble. Combien mettront-elles de temps pour achever de remplir le bassin?

3102. 4 compagnies d'ouvriers sont telles que la première ferait un certain ouvrage en 45 jours, la deuxième en 9 jours, la troisième en 27 jours, et la quatrième en 26 jours. Si l'on n'emploie que les $\frac{2}{5}$ des hommes de la première compagnie avec les $\frac{3}{4}$ de ceux de la deuxième, la moitié de ceux de la troisième et le $\frac{1}{3}$ de la quatrième, en combien de temps l'ouvrage sera-t-il achevé?

3103. 3 ouvrières ont fait: la première la moitié, la deuxième le $\frac{1}{4}$, la troisième le $\frac{1}{8}$ d'une tapisserie dont la surface est celle d'un carré de 2 m. 75 de côté. Ce travail est payé à raison de 0 fr. 65 le décimètre carré. On demande : 1° la somme due à chacune des ouvrières; 2° la valeur de la partie de la tapisserie restant à faire.

3104. Pour confectionner un tapis, on a employé des laines de différentes couleurs dont le prix de revient est : violet 16 fr. le kilo ; indigo 13 fr. 60 ; bleu 16 fr. 40 ; vert 14 fr.; jaune 16 fr. 80; orangé 14 fr. 40 ; rouge 15 fr. 20. Ces couleurs sont réparties de la manière suivante : violet 0 m. c. 07; indigo 0 m. c. 02; bleu 0 m. c. 0009 ; le vert couvre la moitié; le jaune $\frac{1}{6}$ et l'orangé $\frac{1}{5}$ de la superficie totale, qui est de 1 mètre carré. Sachant qu'avec un kilo de laine on peut faire 3 mètres carrés de tapisserie, on propose de déterminer le prix de la laine employée à la confection du tapis.

3105. Louis et Charles ont fait l'échange de deux propriétés carrées. Celle de Louis a une superficie de 21 hect. 12 a. 50 et vaut 1600 fr. l'hectare ; celle de Charles a le côté de 86 mètres moins long que l'autre et vaut 1825 fr. l'hectare. On demande s'il y aura une soulte à payer pour que l'échange soit juste, et, en cas d'affirmative, par qui elle devra être payée.

3106. En divisant deux nombres l'un par l'autre, on a pour quotient 0,473. Quel est, à 0,001 près, le quotient du plus grand par le plus petit?

3107. La somme de trois nombres est 89 ; le premier est double du deuxième, et celui-ci surpasse le troisième de 7. Quels sont ces 3 nombres?

3108. La somme de deux nombres est 48 et leur quotient 0,8; quels sont ces deux nombres ?

3109. Par quel nombre faut-il diviser $\frac{5}{7}$ pour avoir le même résultat qu'en multipliant cette fraction par 0,37?

3110. Trouver deux nombres dont le rapport soit $\frac{5}{6}$ et qui soient tels qu'en les divisant l'un et l'autre par 11, la différence des quotients soit 456.

3111. La fraction $\frac{3}{5}$ donnera-t-elle lieu à une fraction décimale finie? Si oui, expliquer pourquoi et faire connaître le nombre des chiffres décimaux qui composeront la fraction décimale.

3112. La fraction $\frac{2}{7}$ est-elle convertible exactement en décimale ? Si non, dire pourquoi.

3113. Trouver une fraction telle que, si l'on ajoute une unité à son numérateur, elle devienne équivalente à $\frac{2}{7}$, et que, si l'on retranche au contraire une unité de ce même numérateur, elle devienne équivalente à $\frac{3}{11}$.

3114. Deux courriers, qui marchent avec une vitesse de 4 kilom. 8 et de 5 kil. 2 à l'heure, sont distants l'un de l'autre de 160 kilom. Le premier étant parti 1 h. 20′ avant le deuxième, on demande de calculer à quelle distance du point de départ a lieu la rencontre 1° quand les courriers vont dans le même sens ; 2° quand ils vont en sens contraire.

3115. Deux courriers, distants l'un de l'autre de 140 kilom., marchent avec des vitesses de 15 kilom. 2 et 16 kilom. 8 à l'heure. On demande à quelle distance des points de départ, si le premier part 35′ avant le second, les deux courriers ne seront plus distants que de 12 kilom. 1° quand ils vont dans le même sens ; 2° quand ils vont en sens contraire.

3116. Deux courriers, distants l'un de l'autre de 70 kilom., partent au même instant avec des vitesses de 14 kilom. 7 et 12 kilom. 3 à l'heure. On demande de calculer à quelle distance des points de départ ils seront éloignés l'un de l'autre de 130 kilom. 1° quand ils vont dans le même sens ; 2° quand ils vont en sens contraire.

3117. Le sommelier d'un établissement, qui ne tire habituellement que 15 l. de vin par jour, en tire pendant 4 jours fériés 15 l. de plus qu'il remplace chaque fois par de l'eau, afin que les dépenses ordinaires ne soient pas augmentées. On demande ce qu'il reste ensuite de vin pur dans le tonneau. On sait que ce tonneau, qui était aux $\frac{4}{5}$ plein, a une capacité de

680 lit., et l'on admet que le vin et l'eau se mélangent parfaitement.

3118. Un cabaretier achète un fût de vin de 340 l. pour 112 fr. Il tire d'abord 20 l. puis le $\frac{1}{5}$ du reste ; il remplace ensuite le vin enlevé par un mélange qui contient 19 0/0 d'un vin à 103 fr. l'hectolitre. On demande, après cela, le prix du litre du mélange et la quantité de vin pur contenu dans le tonneau.

3119. Deux négociants possédaient ensemble 3700 fr.; les achats du premier s'élèvent aux $\frac{3}{4}$ de son avoir, et ceux du deuxième aux $\frac{4}{5}$ du sien. Sachant que les dépenses totales s'élèvent à 2840 fr., on demande ce que possédait chaque négociant.

3120. Deux personnes avaient ensemble 280 fr.; la première a dépensé les $\frac{3}{4}$ de son avoir, et la deuxième les $\frac{2}{3}$ du sien. Il ne leur reste plus en tout que 80 fr. : combien chaque personne avait-elle ?

2121. Deux marchands achètent ensemble, à 15 fr. le mètre, 105 mètres de drap qu'ils se partagent inégalement. L'un vend les $\frac{4}{9}$, l'autre les $\frac{3}{7}$ de ce qui lui est échu avec bénéfice de 10 p. 0/0. Sachant que ces deux ventes ont déjà produit un bénéfice total de 69 fr., on demande ce qu'il reste encore de drap à chacun des deux marchands et comment a été fait le partage.

3122. Un rentier, qui consomme $\frac{3}{4}$ de litre de vin par jour, en achète une pièce de 240 l. pour 120 fr. 34 jours après avoir commencé à en boire, les $\frac{2}{9}$ de ce qui reste se perdent. De combien doit-il diminuer sa ration journalière, à partir de cette époque, pour que le temps de la consommation reste le même ? et quelle est l'augmentation du prix du litre produite par cette perte ?

3123. Un oncle, par son testament, lègue sa fortune à ses 4 neveux. Le premier doit avoir 300 fr. plus le $\frac{1}{5}$ du reste ; le deuxième le $\frac{1}{3}$ du reste moins 100 fr.; le troisième 1900 fr. plus le $\frac{1}{4}$ du reste, et le quatrième le surplus qui s'élève à 3330 fr. Quel était le montant de la fortune de l'oncle ?

3124. Un rentier place à intérêts simples, partie à $4\frac{1}{2}$ et partie à 5 p. 0/0, une somme de 20000 fr. Après cinq ans, les intérêts s'élèvent à 4790 fr. On demande de déterminer chacune des deux parties du capital.

2125. Une somme de 9308 fr. a été divisée en deux portions qui ont été placées à 5 p. 0/0, la première pendant 18 ans et la seconde pendant 6 ans. En les retirant, on a touché, pour chacune d'elles, la même somme, capital et intérêts compris. Déterminer les deux capitaux partiels.

3126. Un souscripteur à l'emprunt national du 15 mai 1859 a souscrit pour 30 fr. de rente 3 p. 0/0, le taux d'émission étant de 60 fr. 50. Comme il a versé le tout immédiatement, on lui a fait un escompte de 4 p. 0/0. Il jouit d'ailleurs des intérêts à partir du 22 décembre 1858. On demande à quel taux il a ainsi placé son argent.

3127. Une personne charitable rencontre un pauvre à qui elle donne autant de fois 5 centimes qu'elle a de francs. Sachant qu'il lui reste 76 fr., on demande la somme qu'elle possédait d'abord.

3128. On a acheté une pièce de soie pour 350 fr. On demande le prix du mètre et celui d'une robe de cette étoffe, sachant que cette robe contient 7 m. 50 et que si la pièce contenait 2 m. 50 de plus, il y aurait assez de soie pour faire 7 robes.

3129. On a forgé 15 barres identiques avec une masse de fer d'un poids inconnu. Trouver ce poids, sachant que si l'on eût forgé, avec la même masse, 20 barres égales au lieu de 15, chacune d'elles eût pesé 12 kil. de moins.

3130. Une personne fait placer des rideaux à 3 fenêtres, savoir : à chacune une paire de rideaux de mousseline ayant 1 m. 55 de hauteur et une paire de grands rideaux de perse ayant 2 m. 70 de hauteur. La mousseline a précisément la largeur des petits rideaux ; mais la perse n'a que les $\frac{4}{5}$ de celle des grands. On demande à combien reviendront les rideaux des 3 fenêtres, sachant que le mètre de mousseline coûte 0 fr. 90 et le mètre de perse 1 fr. 20.

3131. Une maison de commerce a deux voyageurs qu'elle paie 1500 fr. chacun par an, non compris les frais de voyage, qui sont de 15 fr. par jour et par voyageur, et une remise de 1 p. 0/0 au premier et de 3 p. 0/0 au deuxième sur le chiffre de leurs affaires respectives. Le premier a fait 100 jours de tournées et le second 170 ; de plus, le chiffre des affaires faites par eux est de 323905 fr. pour le premier et de 298145 fr. pour le deuxième. On demande ce que la maison de commerce a payé à chacun d'eux pendant cette année, sachant qu'ils ont reçu ensemble 13892 fr. 45.

3132. On a acheté 25 m. de drap, 37 de mérinos et 40 de soie pour 1289 fr. Sachant que 4 m. de drap valent 7 m. de mérinos et que 2 m. de mérinos valent 3 m. de soie, on demande le prix d'achat du mètre de chaque étoffe.

3133. Un père, qui a 28 ans 24 jours de plus que son enfant, aura dans 7 ans 5 jours le quintuple de l'âge de cet enfant. On demande de déterminer l'âge actuel du père et celui du fils.

3134. Un père, âgé de 35 ans, a trois enfants qui ont, le premier 9 ans, le deuxième 6 ans $\frac{1}{2}$ et le troisième 3 ans $\frac{1}{2}$. A quel âge le père aura-t-il un nombre d'années égal aux âges réunis de ses enfants ?

3135. Un puits de 1 m. 15 de diamètre étant totalement achevé, l'eau, sans cesser de monter uniformément, met 5 h. 28′ à s'y élever à une hauteur de 4 m. 65. Combien la source fournit-elle de litres d'eau par minute ?

3136. On a deux morceaux rectangulaires de bois, l'un de

chêne, l'autre de peuplier, dont les dimensions communes sont 0 m. 70, 1 m. 10 et 0 m. 40. Sachant que le morceau de peuplier, dont la densité est 0,75, pèse 59 kil. de moins que celui de chêne, on demande la densité de ce dernier bois.

3137. Dans un vase cylindrique, d'une capacité de 15 l. et à moitié rempli de vin, on place un corps qui fait monter le liquide aux $\frac{3}{5}$ de la hauteur du vase. Sachant que la densité du corps est 0,876, on demande d'en calculer le poids et le volume. La densité du vin est 0,992.

3138. Le 21 février 1864, un vigneron vend au comptant 27 hectol. 2 de vin à raison de 22 fr. l'hectolitre. L'acheteur paie la moitié du prix en espèces et le surplus en un billet à ordre payable le 3 mai suivant. Le taux étant 5 p. 0/0 par an, faites ce billet.

3139. Un marchand achète pour 2450 fr. de marchandises payables dans 4 mois; il les revend 1 mois $\frac{1}{2}$ plus tard pour 2600 fr. payables dans 7 mois. Quel est son bénéfice net, le taux d'escompte étant 6 p. 0/0 par an ?

3140. Un propriétaire achète un terrain pour 10000 fr. payables dans 18 mois sans intérêts. Il donne 3500 fr. au bout de 5 mois et paie le surplus 6 mois plus tard. Quel a dû être le montant de son dernier paiement ? Le taux d'escompte est $4\frac{1}{2}$ p. 0/0 par an, et les calculs sont établis au jour du dernier paiement.

3141. Quel est le montant de la rente 3 p. 0/0 qu'on aura pour 10000 fr., lorsque cette rente vaut 67 fr. 25 ? Tenir compte des frais de courtage et de timbre. (Voir les numéros 8 et 10, page 36.)

3142. Un fonctionnaire économise le $\frac{1}{20}$ de son traitement. Ce traitement étant augmenté de 230 fr., il en économise ensuite le $\frac{1}{12}$. Dans ce dernier cas, son économie étant double de la première, on demande de calculer le montant 1° de son nouveau traitement ; 2° l'économie annuelle qu'il réalise.

3143. Un pré de 2 hectares rapporte par an 40 quintaux de foin par hectare ; un autre pré rapporte, dans le même temps, 45 quintaux par hectare ; mais le foin de ce dernier se vend 10 p. 0/0 le millier de moins que le premier. Combien faut-il d'hectares du second pré pour valoir autant que le premier ?

3144. Il passe chaque jour sur un pont en moyenne 150 piétons, 20 personnes à cheval, 80 voitures et 120 animaux. Un piéton paie 0 fr. 05, une personne à cheval 0 fr. 15, et, terme moyen, le tarif est de 0 fr. 45 par voiture et de 0 fr. 06 par animal. A quelle époque le passage sera-t-il gratuit, si l'on suppose : 1° que le pont ait été livré à la circulation le 1er janvier 1870 ; 2° qu'il ait coûté 752020 fr.; 3° que les réparations s'élèvent à 800 fr. par an ; 4° que le passage doive se faire sans payer dès que toutes les dépenses seront couvertes par les recettes. (On ne tient pas compte des intérêts.)

3145. Un entrepreneur de transports a 6 chevaux qui lui coûtent en moyenne 500 fr. l'un ; chaque bête dépense 12 kil. de fourrage et 5 l. 6 d'avoine par jour. Le fourrage coûte 5 fr. 80 le quintal et l'avoine 11 fr. 25 l'hectolitre. En outre, il perd chaque année, sur la valeur de ses chevaux et en frais divers, 1000 fr. Cela posé, si l'on admet que chaque cheval travaille 260 jours par an au prix de 3 fr. 70 par jour, quel est le bénéfice annuel de l'entrepreneur ?

3146. Un blâtier a acheté une certaine quantité de blé. Il en a vendu $\frac{1}{4}$ à 5 p. 0/0 de bénéfice, un second $\frac{1}{4}$ à 15 p. 0/0; enfin il a vendu les deux autres quarts à 4 $\frac{2}{3}$ p. 0/0 de perte. En fin de compte, il a gagné 500 fr. Combien lui avait coûté son achat ?

3147. Une personne a placé deux capitaux à intérêt simple, le premier à 4, le deuxième à 5 p. 0/0. Elle a retiré au bout de 7 ans 9 mois une somme de 23800 fr. en capital et intérêts.

Quels sont les deux capitaux placés, sachant que le premier n'est que les $\frac{5}{6}$ du second?

3148. Une propriété, qui a été achetée 1728 fr. l'hectare, donne lieu à quatre sortes de cultures : $\frac{1}{4}$ fournit des céréales, les $\frac{2}{7}$ sont en prairies ; les $\frac{37}{140}$ en bois, et les 60 hect. 20 restants en vignes. La première culture produit 3 $\frac{1}{2}$, la deuxième 3 et la troisième 3 $\frac{1}{4}$ p. 0/0 par an. Quel est le produit de la quatrième dans le même temps, si le revenu total s'élève annuellement à 16077 fr. 52 $\frac{4}{5}$? et de combien d'hectares la propriété est-elle composée?

3149. Une personne désire faire l'aumône à un certain nombre de pauvres et donner à chacun 10 centimes; mais elle s'aperçoit qu'il lui manquerait ainsi 20 centimes. Elle ne donne alors à chacun que 5 centimes et, dans ce cas, il lui reste 0 fr. 25. A combien de pauvres a-t-elle fait l'aumône et quelle somme avait-elle?

3150. Auxerre, Sens et Joigny ont une population totale de 33635 habitants. Si Auxerre avait 3598 habitants de moins qu'il n'a réellement et si Joigny en avait 5660 de plus, les populations de ces trois villes seraient égales entre elles. Quelle est la population de chacune d'elles?

3151. Pendant l'année scolaire 1869-70, à l'École normale d'Auxerre on voyait figurer aux séances d'agriculture pratique, quand tous les élèves étaient à leur poste, 31 élèves le lundi, 35 le mercredi et 30 le vendredi. Les séances d'horticulture étant ainsi distribuées : lundi, première et troisième année; mercredi, première et deuxième année; vendredi, deuxième et troisième année, on demande le nombre d'élèves que comptait l'École et chaque année en particulier.

3152. On a deux mélanges contenant, l'un 3 parties de vin et 4 d'eau, l'autre 5 parties de vin et 6 d'eau. Combien doit-on ajouter de litres du second mélange à 100 l. du premier pour avoir un troisième mélange qui contienne 4 parties de vin et 5 d'eau ?

3153. Sachant que 1 kil. d'argent au titre de 0,9 vaut 198 fr. 50, on demande le poids d'une timbale en argent au titre de 0,840 valant 35 fr., y compris les frais de fabrication, qui s'élèvent au $\frac{1}{4}$ de la valeur de la timbale.

3154. Un convoi de chemin de fer part d'une station à 10 h. 35′ du soir et met 5 h. 20′ pour parcourir 320 kilom.; un autre part de la même station à minuit 25′ et doit rejoindre le premier à une distance de 130 kilom. du point de départ. Quelle est la vitesse à l'heure du dernier convoi ?

3155. Un marchand vend, avec perte de 6 p. 0/0, le $\frac{1}{3}$ d'une pièce d'étoffe qui lui a coûté 98 fr. Sachant qu'en vendant le reste 7 fr. le mètre, il gagnerait 15 p. 0/0 sur le prix d'achat de la pièce, on demande le nombre de mètres qu'elle contient.

3156. Un ouvrage de 123 m. 20 a été fait en 14 jours par 9 ouvriers. Sachant que le mètre a été payé 2 fr. 50 et que 5 d'entre les ouvriers gagnent chacun $\frac{1}{5}$ de plus que les autres, on demande ce que chaque ouvrier gagne par jour.

3157. Trois voyageurs mettent dans une bourse commune, pour leurs frais de voyage, le premier 400 fr., le deuxième 560 fr. et le troisième 610 fr. Au retour, il reste, du fonds commun, 490 fr. Que revient-il à chacun ?

3158. Un sable aurifère contient 0,00000209 d'or qu'on extrait par le lavage. Dans cette opération, on perd les 0,08 de cet or. Combien doit-on soumettre de quintaux de sable au lavage pour retirer 3000 fr. d'or ? (Voir la note au bas de la page 71.)

3159. Une société dissoute, avec un bénéfice de 55000 fr., se composait de 4 associés qui avaient apporté à la caisse sociale, le premier 12000 fr. restés dans la société depuis 6 ans, époque où elle a été constituée ; le deuxième 10500 fr. depuis la même époque ; le troisième 14000 fr. qui sont entrés 15 mois plus tard, et le quatrième 25000 fr. qui sont restés dans la société pendant 3 ans seulement. Déterminer la part de gain qui revient à chaque associé.

3160. Une personne veut partager 10000 fr. entre ses 3 neveux qui ont, le premier 12 ans, le deuxième 8 ans et le troisième 5 ans, de telle sorte que chacun reçoive à l'âge de 20 ans, tant en capital qu'en intérêts, la même somme. On demande ce que cette personne a donné à chacun d'eux.

3161. Les distances des extrémités d'un levier du premier genre au point d'appui sont entre elles dans le rapport de 7 à 11; à l'extrémité du petit bras est suspendue une pyramide en platine de 0 m. 47 de hauteur et dont la base a une surface de 0 m. c. 027. On demande : 1° le poids en kilos qui doit être suspendu à l'autre extrémité du levier pour faire équilibre à cette masse de platine, la densité de ce métal étant 21 ; 2° la valeur en francs de la pyramide de platine, le prix du gramme étant supposé de 1 fr. 50.

3162. On a une balance dont les deux bras sont inégaux. Le plus petit a 0 m. 20 de longueur et l'autre 0 m. 23. A l'extrémité du grand bras on suspend un cylindre de fer de 0 m. 08 de diamètre sur 0 m. 15 de hauteur, lequel cylindre plonge aux $\frac{3}{4}$ dans de l'eau pure. Quel poids devra-t-on fixer à l'extrémité du petit bras pour rétablir l'équilibre ? On sait que la densité du fer est 7,79.

3164. Quelle force faut-il appliquer à l'extrémité d'un levier de 0 m. 85 de longueur pour faire équilibre à un poids de 108 kil. appliqué à l'autre extrémité, celle-ci étant distante du point d'appui de 0 m. 54 ?

3165. On sait que dans la balance de Quintez, connue sous le nom de bascule, la longueur du bras de levier destiné à recevoir les poids est égale à 10 fois celle du bras de levier destiné à supporter les objets à peser. D'après cela, on demande ce qu'un négociant doit payer, à raison de 0 fr. 06 par tonne et par kilom., pour le transport à 183 kilom. d'un ballot de marchandises faisant, sur une bascule, équilibre à 24 kil. 72.

3166. On sait que le prix des diamants est proportionnel au carré de leur poids. Démontrer, d'après cela, que, si l'on partage un diamant en deux parties, les deux parties réunies valent moins que le diamant entier. On demande de plus comment le partage devrait être fait pour que la dépréciation fût la plus grande possible. On opérera sur un diamant de 12 carats valant 50 fr. le carat.

3167. Une horloge, qui retarde régulièrement de 5 minutes par jour de 24 heures, marque 2 h. 48′ un lundi à 3 heures du soir. On propose de déterminer quelle sera, le mercredi suivant, l'heure vraie au moment où l'horloge marquera midi.

3168. Un chronomètre avance régulièrement de 9 secondes $\frac{1}{2}$ par jour. Le 8 mai, à midi précis, il marquait 3 h. 25′ 57″. Le 30 mai suivant, on lit, dans l'après-midi, 8 h. 11′ 56″ 4‴ sur le chronomètre. Quelle heure est-il exactement ?

3169. Deux fours à chaux sont distants de 24 kilom. Au premier, le cours de la chaux est de 1 fr. 26 par hectolitre et les frais de transport de 0 fr. 14 par kilom.; au second, le cours est de 1 fr. 35 et les frais de transport de 0 fr. 16. Déterminer entre les deux fours un point où il y ait égal avantage à faire venir la chaux de l'un ou de l'autre four.

3170. La distance d'Auxerre au Havre, par le chemin de fer, est de 400 kilom. La houille coûte au Havre 2 fr. 25 et à Auxerre 4 fr. les 100 kilos. Le prix de transport de la houille étant de 0 fr. 07 par tonne et par kilom., on demande à quelle distance d'Auxerre et du Havre la houille que l'on ferait venir de ces deux villes reviendrait au même prix.

XVII. PROBLÈMES SUR LES PROGRESSIONS.

1° Progressions par différence.

3171. Démontrer que, dans toute progression par différence, la somme de deux termes placés à égale distance des extrêmes est *constante* et toujours *égale* à la somme du premier et du dernier. Opérer sur la progression ÷ 5. 7. 9. 11. 13...

3172. Quelle est la somme des 15 termes d'une progression par différence dont le dernier est 108 et la raison 6?

3173. Le dernier terme d'une progression par différence, composée de 30 termes, est 216. Déterminer la raison et le premier terme de cette progression.

3174. Le premier terme d'une progression par différence est 24 et la somme de ses 30 termes 1980. On demande de déterminer le dernier terme et la raison de cette progression.

3175. Former une progression arithmétique telle que le neuvième terme soit 39 et le troisième 15.

3176. Composer une progression arithmétique de 14 termes telle que la somme des termes de rang impair soit 217 et celle des termes de rang pair 245.

3177. Quelqu'un s'est acquitté d'une dette de 2320 fr. en 29 paiements; chacun d'eux différant de 5 fr., on demande séparément le montant du premier et du dernier.

3178. Dans l'espace de 4 ans, un épicier a acheté du sucre chez 23 marchands : il en a pris 121 kil. chez le dernier et chez chacun des autres une quantité allant en diminuant de 5 kilos. On demande : 1° le prix du premier achat, le kilo de sucre coûtant 1 fr. 55; 2° la somme totale déboursée par l'épicier.

3179. Une pierre qui tombe parcourt 4 m. 90 la première seconde; le chemin parcouru pendant les secondes suivantes augmente de 9 m. 80 par seconde. Quelle est, d'après cela, la profondeur d'un puits dans lequel on laisse tomber une pierre qui met 11 secondes pour atteindre le fond?

3180. Un ouvrier a réalisé une économie de 3192 fr. en mettant de côté chaque mois 8 fr. de plus que le mois précédent. Sachant que le premier mois il n'a pu mettre de côté que 6 fr., on demande le nombre de mois qu'il a mis pour économiser cette somme.

3181. Un berger se loue aux conditions suivantes : Le 1er janvier il gagne 0 fr. 01; le deux 2 centimes; le trois 3 centimes; le quatre 4 centimes, et ainsi de suite en augmentant toujours d'un centime. Que lui devra son maître à la fin de l'année, qui est bissextile?

3182. Un maître loue, à raison de 250 fr. par an, un domestique auquel il promet une augmentation annuelle de 35 fr. s'il est content de lui. Le domestique ayant toujours bien servi, on demande ce qu'il recevra pour la vingt et unième année et combien en tout.

3183. Trouver la raison d'une progression par différence dont le premier terme est 9, le dernier 2456 et le nombre des termes 132.

3184. Un individu, qui doit une certaine somme, convient de s'acquitter en 37 mois, en payant 13 fr. le premier mois, 16 fr. le deuxième; 19 fr. le troisième, et ainsi de suite jusqu'à complet remboursement. Combien doit-il et quel sera le montant du dernier paiement?

3185. Une personne a payé une dette en 25 paiements qu'elle a successivement augmentés d'une même somme. Le premier paiement a été de 9 fr. et le dernier de 84 fr. De combien chaque paiement a-t-il été augmenté et quel était le montant de la dette?

3186. Quelqu'un s'est acquitté d'une dette en 25 paiements qu'il a effectués de mois en mois. Sachant qu'il a augmenté de 3 fr. le paiement de chaque mois et que le dernier a été de 84 fr., on demande le montant du premier.

3187. Un particulier devait une certaine somme qu'il a payée en plusieurs paiements faits de mois en mois. Le premier a été de 10 fr., le deuxième de 15 fr., et ainsi de suite jusqu'au dernier, qui a été de 150 fr. Combien a-t-il fait de paiements et quelle somme devait-il ?

3188. Une personne doit payer, pendant 13 ans et de 6 en 6 mois, une somme de 200 fr. On demande ce qu'elle doit au bout de ce temps, si elle n'a rien payé du tout. Les intérêts simples seront calculés sur le pied de 5 p. 0/0 par an.

3189. Un particulier, qui doit payer 75 fr. au commencement de chaque année et pendant 15 ans, à partir du 1er janvier 1870, voudrait s'acquitter tout de suite. Quelle somme devra-t-il donner, le taux de l'escompte en dehors étant 5 p. 0/0 par an.

3190. Le 1er janvier 1869, on place 7000 fr. à 5 p. 0/0 par an ; le 1er janvier de chacune des années suivantes, on ajoute 300 fr. au capital de l'année précédente. Quel sera le montant des intérêts simples de la dernière année (1895) ? et combien recevra-t-on en tout à cette époque, tant en capital qu'en intérêts?

3191. Un maître maçon a deux ouvriers qu'il paie de la manière suivante : il donne au premier 6 fr. par jour et au deuxième 1 fr. 50 le premier jour, 1 fr. 75 le second, 2 fr. le troisième, et ainsi de suite. Après combien de jours recevront-ils le même salaire par jour ?

3192. Deux ouvriers ont travaillé ensemble pendant 20 jours. Le premier a reçu pour chaque journée la même paie, tandis que le second, qui a travaillé un jour de moins, a gagné 1 fr. le premier jour, 1 fr. 20 le deuxième, 1 fr. 40 le troisième et ainsi de suite. Le second ouvrier n'ayant touché en tout que les $\frac{4}{5}$ de ce qu'a touché le premier, on demande ce que celui-ci gagnait par jour.

3193. La somme des termes d'une progression arithmétique, composée de 18 termes, est 450 et la différence des extrêmes, 40. Déterminer ces derniers.

3194. 21 nombres forment une progression par différence dont la somme des termes est 567. Le premier étant au dernier comme 7 est à 47, on demande de faire connaître le huitième et le treizième terme de cette progression.

3195. Posez un panier à terre à 1 mètre du premier caillou d'une rangée de 100 cailloux distants les uns des autres de 1 mèt. en ligne droite, et pariez avec quelqu'un qu'il n'aura pas ramassé et porté dans le panier, les uns après les autres, les 100 cailloux avant que vous ayez fait, aller et retour, un trajet de 5 kilom.

3196. Charles fait un marché par lequel il s'engage à fournir des fruits pendant 12 semaines, à raison de 25 fr. les 100 kilos. Combien gagnera-t-il, s'il doit en expédier 3000 kil. par semaine, et s'il achète les fruits 36 fr. les 100 kil. la première semaine, 36 fr. moins $\frac{1}{10}$ la deuxième semaine, et ainsi de suite, en diminuant chaque semaine du $\frac{1}{10}$ du prix de la semaine précédente ?

3197. Démontrer que, dans toute progression arithmétique (croissante ou décroissante), le total de tous les termes est égal au produit de la somme du premier et du dernier par le nombre des termes divisé par 2. On opérera sur les progressions ÷ 4. 7. 10. 13 . . . . 49 ; ÷ 151. 146. 141 . . . . . 46.

2° Progressions par quotient.

3198. Démontrer que, dans toute progression géométrique croissante ou décroissante, le produit de deux termes placés à égale distance des extrêmes est *constant* et toujours *égal* au produit du premier par le dernier. On opérera sur les progressions

∺ 2 : 4 : 8 : 16 : 32 . . . . ; ∺ 96 : 48 : 24 : 12 : 6 . . . .

3199. Déterminer le douzième terme d'une progression géométrique dont le premier terme est 2 et la raison 3.

3200. Déterminer la somme des termes de la progression dont il est question au numéro précédent.

3201. Quel est le premier terme d'une progression par

quotient dont le dix-huitième et dernier est 655360 et la raison 2?

3202. On demande la raison d'une progression par quotient composée de 17 termes dont le premier et le dernier sont 5 et 327680.

3203. Un particulier acquitte une dette en un an, en donnant 5 fr. le premier mois et en quadruplant toujours à chaque mois suivant. Quel était le montant de la dette?

3204. Un débiteur voudrait acquitter une dette de 656000 fr. en un certain nombre de paiements qui fussent successivement triples les uns des autres. Combien fera-t-il de paiements, si le premier est de 200 fr.?

3205. Combien d'épingles une fabrique a-t-elle vendues le dernier jour du mois de mars, sachant que, au prix de 0 fr. 35 le mille, elle en a vendu le premier pour 7 fr., et que la vente de chaque jour était triple de celle du jour précédent?

3206. Un coquetier a vendu des œufs à 8 personnes; chacune en a eu 4 fois plus que la précédente. La dernière en ayant eu 196608, on demande de déterminer la part de la première et la somme reçue par le coquetier, s'il a vendu ses œufs 7 fr. 50 le cent.

3207. A volume égal, la vapeur pèse les $\frac{5}{8}$ du poids de l'air et le poids de l'air est 770 fois moindre que le poids d'un même volume d'eau. Quel est, d'après cela, à moins de 0 gr., 001 près, le poids d'un nombre de litres de vapeur égal à la somme des 9 premiers termes d'une progression par quotient dont le troisième égale 12 et le onzième 3072?

3208. Quelle sera au bout de 20 ans, la valeur de 1 fr. placé à intérêts composés à 5 p. 0/0?

3209. Chaque année, pendant 20 ans, on place 1 fr. à intérêts composés à 5 p. 0/0. Quelle somme retirera-t-on, au bout de ce temps, en capital et intérêts?

3210. Une personne emprunte 10000 fr. qu'elle s'engage à rembourser en 10 paiements égaux d'année en année. Quel sera le montant de chaque annuité? On tiendra compte des intérêts composés à 5 p. 0/0.

3211. Une personne charitable rencontre 12 pauvres qu'elle assiste ; elle donne au deuxième le double de ce qu'elle a donné au premier ; au troisième le double de ce qu'a reçu le second, et ainsi de suite. Le douzième ayant reçu 102 fr. 40, on demande : 1° ce qu'elle a donné au premier ; 2° ce qu'elle a donné en tout.

3212. Une autre personne, dans les mêmes conditions, a donné en tout 1626 fr. 30. Combien a-t-elle assisté de pauvres de plus que la personne du numéro précédent?

3213. On sait qu'un cheval a à ses fers 24 clous. Quel serait le prix d'un cheval qui serait vendu à raison de 0 fr. 01 pour le premier clou, 0 fr. 02 pour le deuxième, 0 fr. 04 pour le troisième, et ainsi de suite en doublant toujours jusqu'au vingt-quatrième?

3214. L'échiquier est composé de 64 cases. Si l'on en croit l'histoire, l'inventeur du jeu d'échecs, Sessa, se contenta de demander au roi de Perse, qui voulait le récompenser, 1 grain de blé pour la première case, 2 grains pour la seconde, 4 pour la troisième, et ainsi de suite jusqu'à la dernière. En admettant qu'il y ait 22000 grains de blé par litre et que l'hectolitre vaille 19 fr., déterminer 1° la valeur du blé demandé ; 2° l'épaisseur qu'aurait la couche, si ce blé était répandu également sur le sol français, dont l'étendue est d'environ 54239680 hectares.

3215. Le recensement de 1861 constate une augmentation de 1,86 p. 0/0 dans la population de la France pendant la dernière période quinquennale. En admettant que cette augmentation se continue, dans combien d'années la population de la France sera-t-elle doublée?

3216. On compte en France 1 naissance sur 35 habitants et 1 décès sur 41. Après combien d'années, si cette proportion restait constante, la population serait-elle doublée?

3217. Démontrer que, dans toute progression croissante par quotient, on obtient la somme de tous les termes en retranchant le premier du produit du dernier par la raison, et en divisant ensuite le reste par la raison diminuée de 1. On opérera sur la progression ∺ 3 : 6 : 12 : 24 : 48. . . . . . . 786432.

XVIII. PROBLÈMES SUR LES INTÉRÊTS COMPOSÉS, LES ANNUITÉS, L'AMORTISSEMENT, LES PLACEMENTS ANNUELS, LE CRÉDIT FONCIER, LES CAISSES D'ÉPARGNE, LES ASSURANCES SUR LA VIE, LES RENTES VIAGÈRES, LES CAISSES DOTALES ET LES PENSIONS DE RETRAITE.

Explications préliminaires.

1. Un capital est dit placé à *intérêts composés* lorsque, après chaque unité de temps, le plus souvent après un an, les intérêts sont joints au capital pour produire eux-mêmes intérêt dans le temps qui suit, concurremment avec le capital.

2. Lorsqu'un capital est placé à intérêts composés pendant un certain nombre d'années, on en obtient la valeur *définitive* (capital et intérêts compris) au moyen de la formule suivante :

$$A = a \times \left(1 + \frac{i}{100}\right)^n;$$

formule dans laquelle A représente le capital définitif, a le capital primitif, i le taux et n le nombre d'années du placement.

3. La formule qui précède fournit le moyen, connaissant le capital définitif, le taux et le temps, de déterminer le capital primitif. On déduit en effet de cette formule, en divisant les deux membres de l'égalité par $\left(1 + \frac{i}{100}\right)^n$,

$$a = \frac{A}{\left(1 + \frac{i}{100}\right)^n}.$$

4. Quand la durée du placement se compose d'un nombre d'années accompagnées de mois ou de jours, on ne calcule les

intérêts composés que pour le nombre entier d'années. Ces intérêts sont ensuite ajoutés au capital ; puis, de la somme résultante, on calcule les intérêts simples pour la fraction d'année restante.

5. Un problème d'intérêts composés peut toujours être résolu comme un problème d'intérêts simples : il suffit, pour cela, de faire autant de règles de trois qu'il y a d'années dans la durée du placement. Mais ce procédé, quoique très-simple, ne peut guère être employé que lorsque le temps du placement est faible. Dans le cas contraire, les calculs, trop longs, exposeraient à de nombreuses erreurs.

6. Pour faciliter le calcul des intérêts composés, on a établi une table indiquant, après un certain nombre d'années, la valeur de 1 fr. placé à intérêts composés aux taux les plus en usage. (Voir la table n° 2 à la fin de ce volume.)

7. On entend par *annuité* une somme fixe, composée partie des intérêts, partie d'une fraction de capital, qu'un débiteur verse chaque année pour éteindre une dette. On nomme encore annuité ou *placement annuel* une somme invariable que l'on ajoute chaque année à un capital pour le grossir.

8. On appelle *amortissement* le rachat, l'extinction d'une rente, d'une pension ou d'une dette quelconque au moyen d'un versement fixe effectué, le plus souvent annuellement, pendant un temps déterminé. Ce versement est calculé de telle sorte qu'au bout du temps fixé, le débiteur ait remboursé tout à la fois le capital dû et les intérêts composés que le créancier aurait pu en retirer.

9. Le *Crédit foncier* de France est une institution financière régie par une société d'administrateurs placés sous la surveillance du Gouvernement. Cette institution a pour objet de prêter, sur hypothèques, soit aux propriétaires d'immeubles, soit aux communes, soit aux départements, soit aux associations syndicales, les capitaux dont ils peuvent avoir besoin.

10. Les prêts du Crédit foncier se font pour une durée qui peut varier de 10 à 60 ans. Ils ne peuvent excéder la *moitié* de

la valeur des immeubles hypothéqués, voire même le *tiers*, lorsqu'il s'agit de vignes ou de bois.

11. Le taux d'intérêt des sommes prêtées est fixé par le conseil d'administration ; il ne peut dépasser le taux légal.

12. Les sommes empruntées se remboursent au moyen d'annuités qui comprennent :

1° les intérêts calculés au taux fixé par le contrat ;

2° l'amortissement déterminé par le taux et la durée des prêts ;

3° les frais annuels de commission et d'administration, qui varient de 0 fr. 35 à 0 fr. 60 pour 100 francs. (Voir, à la fin du volume, les tableaux 5 et 6 indiquant les annuités à payer.)

13. Les annuités se paient semestriellement, moitié au 31 janvier et moitié au 31 juillet de chaque année.

14. Les débiteurs du Crédit foncier ont le droit de se libérer par *anticipation*, en totalité ou en partie. Les remboursements anticipés sont effectués, au choix des débiteurs, soit en espèces, soit en obligations foncières appartenant à l'émission indiquée par le contrat du prêt. Mais alors ces obligations sont reçues au *pair*, c'est-à-dire pour leur valeur nominale, quel que soit leur cours.

15. Les remboursements anticipés donnent lieu, au profit de la Société, à une indemnité qui ne peut excéder 3 p. 0/0 et qui est actuellement (1872) fixée à $\frac{1}{2}$ p. 0/0 du capital remboursé.

16. Le fonds social du Crédit foncier se compose de 180000 actions de 500 fr. chacune, soit 90 millions de francs. Il est destiné à garantir les engagements de la société et les obligations foncières.

17. Pour se procurer les fonds nécessaires aux prêts qu'il fait, le Crédit foncier met en circulation des obligations foncières *nominatives* ou au *porteur* analogues à celles dont il a été question aux nos 2 et 6 page 41. Ces obligations, qui ne peuvent dépasser le montant des engagements des emprunteurs, sont garanties par le fonds social dont nous avons parlé au n° 16.

18. Les obligations du Crédit foncier, qui sont remboursées au pair par voie de tirage au sort, sont de plusieurs sortes :

1° les obligations foncières de 500 et de 100 fr. 4 et 3 p. 0/0, avec lots ou primes, de 1853 ;

2° les obligations foncières de 500 fr., avec primes, de 1863;

3° les obligations foncières, sans primes, 5 p. 0/0, rapportant net 25 fr. par an ;

4° les obligations communales de 500 et de 100 fr., 3 p. 0/0, avec primes ;

5° les obligations communales de 500 fr. 5 p. 0/0, sans primes, produisant net 25 fr. par an ;

6° les obligations communales à court terme de 100 à 5000 fr. à $4\frac{1}{2}$ et à 5 p. 0/0.

19. Les intérêts des obligations foncières et communales à long terme sont payés les 1er mai et 1er novembre de chaque année ; ceux des obligations communales à court terme, les 1er janvier et 1er juillet.

20. Le paiement des intérêts se fait, à Paris, au siége de l'administration et, dans les départements, chez les receveurs des finances.

21. La *caisse d'épargne* est une institution de bienfaisance destinée à recevoir, pour les faire fructifier, les plus petites sommes que les particuliers veulent y placer. Elle a été fondée dans la seule vue de l'utilité publique et pour offrir à toutes les personnes laborieuses et prévoyantes le moyen de se créer des économies.

22. Toute somme versée est inscrite sur un *livret* numéroté, remis gratuitement au déposant au moment du premier versement.

23. Les sommes versées peuvent être retirées en prévenant *huit* jours d'avance.

24. Aucun déposant ne peut avoir *plus d'un* livret à son nom personnel, soit dans la même caisse, soit dans des caisses différentes.

25. Nul versement ne peut être inférieur à 1 fr. ni comprendre des fractions de franc ; il ne peut non plus excéder

300 fr. Les remplaçants militaires ont seuls le droit de déposer, en une seule fois, le prix de leur remplacement.

26. On n'admet qu'un versement par semaine, et l'on ne reçoit plus rien lorsque l'avoir du déposant s'élève à 1000 fr., capital et intérêts compris.

27. Les versements et les remboursements s'effectuent ordinairement le dimanche et à une heure indiquée.

28. Le taux de l'intérêt des sommes déposées est généralement de $3 \frac{1}{2}$ p. 0/0. Cet intérêt court à partir du jour du versement et expire le dimanche qui précède le jour désigné pour le remboursement.

29. Le calcul des intérêts de caisse d'épargne se fait comme celui des intérêts composés, c'est-à-dire qu'à la fin de chaque année les intérêts se joignent au capital pour porter eux-mêmes intérêt l'année suivante.

30. Quand, par suite du règlement annuel des intérêts, un compte atteint le maximum de *mille francs*, si le déposant, dans un délai de trois mois, ne réduit pas son avoir, l'administration de la caisse d'épargne achète, sans frais et pour le compte dudit déposant, 10 fr. de rente sur l'État.

31. Les *Assurances sur la vie* sont des contrats par lesquels une compagnie s'engage à procurer certains avantages soit à la personne sur la tête de laquelle repose l'assurance, soit à ses héritiers ou ayant-droit, et cela moyennant le versement immédiat ou à terme d'une somme convenue et stipulée dans l'acte.

32. Les assurances sur la vie, ainsi que les avantages qui y sont attachés, sont basées sur les chances probables de vie ou de mort de l'assuré dans un certain laps de temps, chances qui sont calculées d'après la table de mortalité de Deparcieux ou celle de Duvillard. Ces tables, dont les élèves auront plusieurs fois occasion de faire usage, se trouvent à la fin de ce volume sous les n°s 3 et 4.

33. Les rentes viagères sont des annuités payées à une personne jusqu'à son décès, moyennant l'abandon fait par elle d'un capital ou d'une propriété quelconque à fonds perdu.

34. Les rentes viagères, de même que les assurances sur la vie, sont basées sur la durée probable de la vie des personnes au profit desquelles ces rentes sont payées.

35. On se sert généralement de la table de Deparcieux pour les calculs relatifs aux rentes viagères, et de celle de Duvillard pour ceux qui concernent les assurances sur la vie.

36. Les *caisses dotales* sont le plus souvent des associations formées, pour une durée de 20 ans, par un nombre plus ou moins grand de pères de famille qui veulent assurer une dot à leurs enfants à l'époque de leur majorité.

37. Lors de la dissolution de la société, les membres se partagent, en parties proportionnelles, les capitaux qu'ils ont mis en commun et les intérêts produits par ces capitaux. Pour le calcul des sommes revenant à chaque sociétaire survivant, on fait usage de la table de Deparcieux.

38. On nomme *pension* de *retraite* la somme que l'État paie annuellement à tout fonctionnaire ou employé public ayant 30 ans de services et 60 ans d'âge au moins. (Loi du 9 juin 1853.).[1] Cette pension, calculée sur le traitement moyen des 6 dernières années d'exercice, ne peut, dans aucun cas, excéder les [illegible] de ce traitement moyen.

39. Pour assurer les ressources nécessaires au service des pensions de retraite, l'État retient aux fonctionnaires et employés des administrations publiques, savoir :

1° Le vingtième de leur traitement annuel ;

2° Pour la première année seulement, le douzième de ce même traitement et de toute augmentation ultérieure, plus le vingtième du reste.

NOTA. — *Plusieurs questions de ce paragraphe nécessitent l'emploi des calculs logarithmiques et ne s'adressent, par conséquent, qu'aux élèves les plus avancés.*

3218. On demande combien on devra recevoir, après 8

1. Les employés des douanes, des contributions, des postes, des forêts et les militaires, ont droit à pension après 25 ans de services.

ans $\frac{1}{2}$ pour le capital et les intérêts composés de 100 fr. placés à 5 p. 0/0 par an.

3219. Un capital de 4500 fr. a été placé à 5 p. 0/0 et à intérêts composés. On demande quel sera, au bout de 10 ans 7 mois, la valeur acquise de ce capital.

3220. On demande de calculer la valeur acquise d'un capital de 3500 francs placés pendant 12 ans à intérêts composés à $4\frac{1}{2}$ p. 0/0.

3221. Un instituteur, âgé de 50 ans, possédait à la caisse d'épargne, au 1er janvier 1854, 1250 fr. provenant de retenues antérieures à cette époque faites sur son traitement. On demande quelle somme il a touchée pour ce dépôt en quittant l'instruction à l'âge de 60 ans. L'interêt des caisses d'épargne est composé et à $3\frac{1}{2}$ p. 0/0. (Voir n° 2 des explications.)

3222. On offre à un particulier deux placements, l'un à 5 p. 0/0 et à intérêts simples ; l'autre à 4 $\frac{1}{2}$ et à intérêts composés. Le placement devant durer 9 ans, on demande lequel des deux placements le particulier doit préférer.

3223. Une personne a prêté 26225 fr. à $\frac{1}{2}$ p. 0/0 par mois, à condition qu'à la fin de chaque mois on joindra les intérêts au capital et qu'elle ne sera remboursée, en capital et intérêts, qu'au bout de 3 ans $\frac{1}{4}$. Combien touchera-t-elle à cette époque ?

3225. Quel capital doit-on placer à intérêts composés à 4 p. 0/0 pour que, après 10 ans de placement, la valeur acquise de ce capital soit 6000 fr. ? (Voir n° 2 des explications.)

3226. Quelle somme devrait-on verser immédiatement à 6 p. 0/0 pour toucher, en capital et intérêts composés, 20474 fr. 85 au bout de 5 ans 4 mois ?

3227. Quel est le taux annuel d'une somme placée à 1 $\frac{1}{2}$

p. 0/0 par trimestre, les intérêts étant composés et capitalisés tous les trois mois ?

3228. A quel taux doit-on placer un capital de 4000 fr. à intérêts composés pendant 10 ans pour que ce capital vaille après ce temps 6000 fr. ?

3229. A quel taux devrait-on placer un capital quelconque à intérêts composés pour qu'il fût triplé en 25 ans ?

3230. A quel taux faut-il placer 7280 fr. à intérêts composés pour que, au bout de 4 ans $\frac{1}{2}$, cette somme ait acquis une valeur de 9291 fr. 33 ?

3231. Une somme de 10000 fr., placée pendant 2 ans à intérêt composé, a produit 20 fr. 25 de plus que si elle eût été placée pendant le même temps à intérêt simple. Quel est le taux d'intérêt ?

3232. A quel taux faut-il placer un capital quelconque pour qu'il soit quintuplé au bout de 37 ans ? On supposera : 1° qu'on capitalise les intérêts tous les ans ; 2° tous les 6 mois.

3233. Pendant combien de temps doit-on placer 5000 fr. à intérêts composés à 4 p. 0/0 pour que ce capital acquière une valeur de 9000 fr. ? [1]

3234. Après combien de temps un capital, placé à 5 p. 0/0 et à intérêts composés, sera-t-il doublé ?

3235. Pendant combien de temps doit-on placer chaque année un capital de 1000 fr. à 4 p. 0/0 et à intérêts composés pour que la somme des placements et des intérêts soit de 12000 fr. ?

3236. Au bout de combien de temps 12546 fr., placés à intérêts composés à 4 $\frac{1}{2}$ p. 0/0 par an, auront-ils acquis une valeur de 17596 fr. 25 ?

3237. Après combien de temps une somme de 7280 fr., placée à 5 p. 0/0 et à intérêts composés, vaudra-t-elle 9291 fr. 53 ?

1. Les Élèves qui seraient embarrassés pour faire ces calculs pourront avoir recours à la table n° 2 qui se trouve à la fin du volume.

3238. Même question que la précédente pour un capital de 100000 fr. placé à 6 p. 0/0 et dont la valeur définitive serait de 161775 fr. 58.

3239. On place chaque année et pendant 10 ans 500 fr. à intérêts composés à 4 p. 0/0. Quelle sera la valeur acquise de ces divers placements au bout de ce temps ?

3240. Une personne place chaque année 100 fr. à intérêts composés à 5 p. 0/0. Quelle somme possédera-t-elle au bout de 20 ans ?

3241. Quelle somme égale doit-on placer chaque année à intérêts composés à $4\frac{1}{2}$ p. 0/0 pour que, après 10 ans, la somme des placements et des intérêts soit égale à 12000 fr. ?

3242. Un négociant, qui doit 60000 fr., dont il paie les intérêts sur le pied de $5\frac{1}{2}$ p. 0/0, voudrait joindre chaque année aux intérêts une somme égale et telle qu'il se trouvât libéré après 12 ans. On demande combien il devra verser en tout chaque année.

3243. On a placé 25000 fr. à 4 p. 0/0 et à intérêts composés. On prélève 1500 fr. à la fin de chaque année. Au bout de combien de temps le capital et les intérêts seront-ils épuisés?

3244. On place 50000 fr. à 5 p. 0/0. Au bout de la première année, on prélève 1200 fr. et on joint le reste des intérêts au capital pour qu'ils produisent intérêt avec lui ; on répète la même opération pendant 20 ans, et l'on demande quelle sera alors la valeur du capital placé.

3245. Une personne a prêté, pour 7 années, une somme de 3600 fr.; on doit, sur le pied de 6 p. 0/0 par an, lui payer trimestriellement l'intérêt. Cette personne meurt immédiatement après avoir fait ce prêt, et les héritiers veulent vendre ce contrat pour avoir de l'argent tout de suite. Quelle somme recevront-ils ?

3246. Un capital de 25000 fr. placé, partie à 5 p. 0/0, partie à 10 p. 0/0, a augmenté de 8619 fr. $37\frac{1}{2}$ en 4 ans. Déterminer, en ayant égard aux intérêts des intérêts, les parties placées à 5 et à 10.

3247. Une personne doit payer 6 annuités de 2000 fr. chacune ; on lui offre de capitaliser cette dette à raison de 5 p. 0/0 par an et de s'acquitter ensuite par des paiements semestriels de 1000 fr. chacun, le taux de l'intérêt composé étant de 2,80 pour 6 mois. Doit-elle accepter ?

3248. On achète une coupe de bois 10000 fr. Combien, la coupe enlevée, devra-t-on payer le fonds. On admet qu'après 20 ans une nouvelle coupe de même valeur pourra être exploitée. On sait d'ailleurs que l'acquéreur veut placer son argent à 5 p. 0/0 et à intérêts composés.

3249. Quelle somme faudrait-il payer annuellement pour éteindre, en 8 ans, une dette de 15000 fr., le taux de l'intérêt composé étant $4\frac{1}{2}$ p. 0/0 par an ?

3250. On veut acquitter une dette de 9800 fr., exigible dès maintenant, en 10 paiements égaux faits d'année en année. Quel doit être le montant de chaque paiement ? On tient compte des intérêts composés à 5 p. 0/0.

3251. Une personne emprunte 10000 fr. qu'elle s'engage à rembourser en 10 paiements égaux d'année en année. Quel sera le montant de chaque annuité ? On tiendra compte des intérêts composés à 5 p. 0/0.

3252. On veut amortir une dette de 9300 fr. au moyen de paiements annuels s'élevant à 750 fr. chacun. Dans combien d'années cette dette sera-t-elle acquittée ? On tiendra compte des intérêts composés à 5 p. 0/0.

3253. Une commune, dont le principal des quatre contributions directes s'élève au chiffre de 6720 fr., fait à 5 p. 0/0 un emprunt de 18000 fr. Combien lui faudra-t-il de temps pour rembourser cet emprunt, si elle s'impose annuellement de 0 fr. 20 par franc ?

3254. Pour construire une maison d'école, dont le devis monte à 15200 fr., une commune, qui dispose annuellement d'un revenu de 1800 fr., emprunte, à 5 p. 0/0, la somme nécessaire au paiement de sa construction. Au bout de combien de temps sera-t-elle libérée ?

3255. On place chaque année 1000 fr. à intérêts composés au taux 5. Au bout de combien d'années ces divers placements auront-ils atteint une valeur assez considérable pour payer une dette actuelle de 10000 fr. produisant intérêt aux mêmes conditions ? Traiter également cette question en n'ayant égard qu'aux intérêts simples.

3256. Une commune peut disposer chaque année de 1268 fr. Elle veut faire un emprunt et le rembourser en 4 annuités, de même valeur chacune, payables à la fin de chaque année. A combien peut s'élever le capital emprunté ?

3257. Deux frères achètent ensemble une propriété pour 26000 fr. Pour la payer, ils empruntent au Crédit foncier, pour une durée de 25 ans, la somme nécessaire. Quelle somme auront-ils à payer semestriellement 1° pour les 8 premières années? 2° pour les 8 années suivantes ? 3° pour les 9 dernières années ? et quelle somme paieront-ils en tout? (Voir, à la fin du volume, le tableau n° 6.)

3258. Pour payer une vigne achetée sur le pied de 3000 fr. les 40 ares, un propriétaire a emprunté, pour 20 ans, au Crédit foncier, un capital pour lequel il paie, pour chacune des 6 premières années, une annuité de 1309 fr. 53. Quelle est la contenance de la vigne? (Voir, à la fin du volume, le tableau n° 6.)

3259. Une ville a fait construire un hôpital. Pour le payer, elle emprunte au Crédit foncier, pour une durée de 35 ans, la somme nécessaire, somme pour laquelle elle paie par semestre 6345 fr. 45. Combien a coûté la construction de cet hôpital ? (Voir le tableau n° 5.)

3260. Une commune veut faire construire une église dont le devis s'élève à 42520 fr. Comme elle n'a en caisse que 10500 fr., elle emprunte le surplus au Crédit foncier, surplus qu'elle se propose de rembourser en 20 ans. Quel sera, dans ce cas, le montant de l'annuité payée par elle ? On sait : 1° que le taux du prêt est 5 p. 0/0 ; 2° que celui de l'amortissement pour la durée du prêt, y compris les frais d'administration, est 3,57. On demande, en outre, de combien par franc cette commune devra s'imposer annuellement pour se libérer dans le temps voulu, sachant que le principal de ses quatre contributions directes s'élève à 14760 fr.

3261. Une ville emprunte 150000 fr. à 5 p. 0/0 qu'elle affecte au paiement d'une halle aux grains, et elle veut se libérer en 15 ans. Quel sera, dans ce cas, le montant de l'annuité qu'elle devra payer ?

3262. Un propriétaire achète, à raison de 720 fr. l'hectare, 50 hectares de mauvaises terres pour l'amendement desquelles il dépense 165 fr. par hectare. Pour payer ces dépenses, il emprunte au Crédit foncier, pour une durée de 30 ans, la somme nécessaire. Quelle annuité devra-t-il servir pour amortir sa dette, si le prêt lui est fait au taux légal et si, en outre, il doit payer par an 1 fr. 97 p. 0/0 pour l'amortissement et les frais d'administration ?

3263. Un vigneron, qui a emprunté à 5. p. 0/0 au Crédit foncier un certain capital pour 15 ans, remarque que, s'il eût emprunté le même capital pour 25 ans, il aurait eu à verser en moins tous les 4 ans une somme de 751 fr. 65 : quel est le capital emprunté ? On sait que, pour une durée de 15 ans, le taux moyen de l'annuité à payer pour 100 fr. est de 10, 0555, et que, pour une durée de 25 ans, il est de 7, 55.

3264. Un ouvrier, qui a placé 600 fr. à la caisse d'épargne, les retire 7 ans 5 mois après. On demande le montant des intérêts qu'il a touchés. L'intérêt des caisses d'épargne est composé, et l'on admet que le taux est $3\frac{1}{2}$.

3265. Un ouvrier dépose, au commencement de chaque année, la somme de 72 fr. à la caisse d'épargne. Combien retirera-t-il en tout au bout de 10 ans, le taux étant $3\frac{1}{2}$ p. 0/0, en ayant égard aux intérêts des intérêts ?

3266. Un journalier gagne 2 fr. 60 par jour et dépense en moyenne 1 fr. 35 pour son entretien. Au bout de l'année, il dépose à la caisse d'épargne ses économies. Quelle somme aura-t-il après 3 ans, le taux de l'intérêt étant $3\frac{1}{2}$ p. 0/0 ? On sait qu'il ne travaille que 303 jours par an.

3267. Un sculpteur gagne 5 fr. par jour ; il met de côté chaque mois une somme égale au gain de 5 jours de travail et, à la fin de l'année, il confie ses économies à la caisse d'épargne. Il fait de même les deux années suivantes. De combien s'en faudra-t-il, à la fin de la troisième année, que son compte atteigne le maximum de 1000 fr. ? On sait que le taux est $3\frac{1}{2}$ p. 0/0.

3268. Deux frères, qui font bourse commune, dépensent ensemble 5 fr. par jour. Ils gagnent, l'un 3 fr. 50, l'autre 3 fr. 75 par jour. On demande : 1° la somme qu'ils pourront déposer chaque semaine à la caisse d'épargne, sachant qu'ils se reposent le dimanche; 2° à combien s'élèvera leur avoir, capital et intérêts, à la fin de la deuxième année.

3269. Un ouvrier maçon, qui gagne 78 fr. par mois, verse 10 fr. toutes les semaines à la caisse d'épargne et cela pendant 22 années consécutives. A combien s'élèvera son avoir à la fin de la vingt-deuxième année, y compris les 48 fr. de rente 3 p. 0/0 que, sur sa demande, l'administration achètera en son nom tous les deux ans ? On admet que le cours moyen de la rente est de 66 fr .

3270. Un ouvrier veut déposer au commencement de chaque année la même somme à la caisse d'épargne pour retirer le tout au bout de 10 ans. Quel pourra être le maximum de chaque versement, le taux étant $3\frac{1}{2}$ p. 0/0 ? (Voir le n° 26 des explications.)

3271. Une personne place 5000 fr. sur la tête de son fils, âgé de 7 ans, avec aliénation du capital et des intérêts en cas de mort de l'enfant. En admettant que l'enfant vive, quelle somme la compagnie devra-t-elle lui payer à l'âge de 21 ans ? La table de mortalité de Duvillard, qui compte 565838 vivants à 7 ans, n'en compte plus que 496317 à 21 ans. On tiendra compte des intérêts composés à 5 p. 0/0.

3272. Un particulier, âgé de 20 ans, s'engage à verser chaque année et pendant 26 ans, entre les mains d'une compagnie d'assurances sur la vie, une somme de 500 fr. dont les intérêts seront capitalisés à 5 p. 0/0. Au bout de ce temps, la compagnie, qui prélève 5 p. 0/0 sur chaque versement, devra lui servir une rente annuelle dont on demande le montant.

3273. Une personne, âgée de 25 ans, verse tous les ans et pendant 32 ans, pour être capitalisés, 200 fr. à une compagnie d'assurances sur la vie. Quelle somme, après sa mort, recevront ses héritiers ? On sait que la compagnie retient, pour ses honoraires, 6 p. 0/0 de la valeur acquise, et que les sommes versées produisent 5 p. 0/0 par an.

3274. Une personne, âgée de 28 ans, s'engage à verser, à la fin de chaque année, dans la caisse d'une compagnie d'assurances sur la vie, une somme de 500 fr. jusqu'à l'âge de 50 ans exclusivement, à condition qu'à partir de cette époque elle touchera, sa vie durant, une rente annuelle. Quel sera le montant de cette rente, les intérêts se capitalisant à 5 p. 0/0 par an ? On sait que la compagnie prélève 5 p. 0/0 des sommes versées. (Voir la table de Duvillard.)

3275. Un père, âgé de 30 ans, verse au commencement de chaque année, pour être capitalisés à 5 p. 0/0 et donnés, après son décès, à ses enfants, 100 fr. dans la caisse d'une compagnie d'assurances. Que recevront ceux-ci, la compagnie retenant, pour ses honoraires, 5 p. 0/0 de la valeur acquise ? (Voir la table de Duvillard.)

3276. Un graveur, qui gagne 5 fr. 60 par jour, a la fâcheuse habitude de ne pas travailler le lundi et dépense d'ailleurs, ce jour-là, en moyenne 2 fr. 60. De sages conseils le déterminent à changer de conduite et à placer, à la fin de chaque année, à intérêts composés et à 5 p. 0/0, l'argent qu'il perdait ainsi inutilement. A la fin de sa quarante-huitième année, il retire le montant des divers placements qu'il a effectués depuis l'âge de 26 ans et le place, à $4\frac{1}{2}$ p. 0/0, dans une société d'assurances sur la vie qui prélève, pour son bénéfice, 5 p. 0/0 de la somme versée. On demande si le capital déposé par lui sera suffisant pour qu'il puisse jouir, à l'âge de 60 ans, d'une rente viagère de 700 fr. (Voir la table de Deparcieux.)

3277. Une personne, âgée de 60 ans, place sur sa tête, en

rente viagère, un capital de 12000 fr. Quel devra être le montant de sa rente annuelle? On admet, d'après la table de mortalité de Deparcieux, que la vie probable d'une personne de 60 ans est de 14 ans.

3278. Un vieillard a aliéné un capital de 2000 fr. pour se créer 180 fr. de rente viagère. Combien de temps ce vieillard doit-il vivre encore pour que le preneur ne perde pas à son marché? On aura égard aux intérêts composés calculés sur le pied de 5 p. 0/0.

3279. Avec un capital de 2000 fr., un vieillard s'est créé une rente viagère de 180 fr. Sachant qu'il est mort 20 ans après ce placement, on demande à quel taux s'est ainsi trouvé placé son avoir.

3280. Une personne, âgée de 59 ans, veut placer 2000 fr. en rente viagère. Quel doit être le montant de cette rente? D'après la table de mortalité de Duvillard, cette personne peut espérer encore 14 ans de vie. On supposera que le taux est 5 et que les intérêts sont composés.

3281. Un menuisier, qui gagne en moyenne 4 fr. 50 par jour et qui travaille 25 jours par mois, dépense chaque année 840 fr. pour la nourriture et l'entretien de sa famille. On demande : 1° combien cet ouvrier peut mettre de côté chaque année ; 2° quel sera, à la fin de sa quarante-neuvième année, le montant de ses économies si, depuis l'âge de 25 ans, il les a placées à la fin de chaque année à $4\frac{1}{2}$ p. 0/0 et à intérêts composés ; 3° quelle sera la rente dont il pourra jouir à l'âge de 65 ans si, à partir de sa cinquantième année, il a placé dans une société d'assurances le produit total de ses économies. On sait que la société alloue un intérêt de 5 p. 0/0 après avoir prélevé, pour son bénéfice, 6 p. 0/0 du capital versé. (Voir table de Duvillard.)

3282. Un père prévoyant place sur la tête de son fils, âgé de 2 ans, une somme de 650 fr. à $4\frac{1}{2}$ p. 0/0. Quelle somme la société d'assurances, qui prélève 10 p. 0/0 sur le capital versé, devra-t-elle remettre à l'enfant lorsqu'il aura atteint sa majorité (21 ans) ? (Voir table de Deparcieux.)

3283. Un père a une fille âgée de 8 ans; il veut lui constituer une dot de 30000 fr. pour l'époque où elle atteindra sa vingtième année. Quelle somme doit-il placer aujourd'hui à intérêts composés ?

3284. Une veuve, qui désire assurer le remplacement de son fils s'il vient à être pris soldat, place sur sa tête, au moment de sa naissance, une somme de 1200 fr. Il est convenu que, si l'enfant meurt, la somme versée et ses intérêts seront entièrement acquis à la société. Quelle somme, dans ces conditions, celle-ci doit-elle s'engager à payer à l'enfant s'il vit à l'âge de 20 ans, le taux de l'intérêt étant 5 p. 0/0 par an? (Voir table de Deparcieux.)

3285. Un fonctionnaire public entre en fonctions à l'âge de 22 ans. En admettant : 1° qu'il jouisse, dans le cours de sa carrière, d'un traitement moyen annuel de 2000 fr.; 2° qu'il subisse chaque année, sur ce traitement, une retenue de 5 p. 0/0 prélevée par quarts de 3 en 3 mois; 3° qu'à l'âge de 60 ans il ait une pension de 1266 fr. 60, on demande de déterminer le taux auquel les sommes qu'on lui a retenues ont été ainsi placées. Les calculs seront établis selon les intérêts composés.

XIX. PROBLÈMES DE RÉCAPITULATION GÉNÉRALE.

(LA PLUPART DIFFICILES.)

NOTA. — *Les questions marquées d'une astérisque ont été proposées dans des concours d'admission à différentes écoles : Alfort, Écoles normales primaires, Cluny, Grignon, Châlons, École des mines de Saint-Étienne, etc., et dans des examens pour l'obtention de divers emplois : conducteur des ponts-et-chaussées, agent-voyer, instituteur, employé des postes, des télégraphes, etc.*

3286. Un commandant veut, avec son bataillon, former un carré. En essayant d'une certaine manière, il lui reste 44 hommes ; s'il met un homme de plus sur chacun des côtés, il lui en manque 5. De combien d'hommes est composé ce bataillon ?

3287*. Partager 600 en trois parties, de façon que l'une de ces parties, ajoutée au carré de la plus grande, donne pour total 57730.

3288. Combien pourrait-on mettre de pièces de 2 fr. sur une table carrée de 6561 centimètres carrés de surface ? et quelle sera la surface de la partie de la table non recouverte par les pièces ? On sait que la pièce de 2 fr. a 0 m. 027 de diamètre.

3289. On a ajouté au carré d'un nombre les $\frac{5}{6}$ de ce nombre, et l'on a obtenu ainsi les $\frac{53}{6}$ du nombre primitif. Quel est-il ?

3290. On ajoute au cube d'un nombre le $\frac{1}{11}$ de ce nombre et l'on obtient les $\frac{5333}{99}$ de ce même nombre. Quel est-il ?

3291. On demande combien 100 roubles de Russie valent de francs, sachant que 83 fr. valent 7 ducats d'Autriche ; que 10 ducats valent 32 écus de Prusse, et que 40 écus valent 37 roubles de Russie.

3292*. Combien 50 guinées anglaises valent-elles de francs? On sait que 111 fr. valent 20 piastres du Mexique ; que 110 piastres du Mexique valent 111 piastres d'Espagne; que 3 piastres $\frac{87}{110}$ d'Espagne valent 1 florin de Hollande ; que 3 florins valent 5 ducats $\frac{66}{237}$ d'Autriche, et que 11 ducats d'Autriche valent 5 guinées $\frac{430}{2521}$.

3293. Une personne fait, en revendant un terrain, 450 fr. de bénéfice. Elle gagne de la sorte 5 p. 0/0 sur le prix d'achat. Combien ce terrain lui a-t-il coûté et combien l'a-t-elle revendu ?

3294*. Une pièce d'étoffe, de 172 m. 05 de longueur, a été vendue 137 fr. 64 par le fabricant qui a réalisé ainsi un gain de 17 fr. 20 $\frac{1}{2}$. Le tissage lui ayant coûté 0 fr. 15 le mètre, on demande le prix du fil employé et le prix de revient d'un mètre d'étoffe.

3295. Combien doit-on vendre une étoffe qui coûte 16 fr. le mètre pour faire un bénéfice égal aux 0,16 du prix de vente ?

3296. Un marchand gagne 15 p. 0/0 en revendant un mètre de drap ; s'il avait gagné les 0,15 du prix de vente, il aurait gagné 0 fr. 45 de plus. Faire connaître le prix d'achat et le prix de vente du mètre.

3297*. Un marchand a acheté une pièce de drap à raison de 63 fr. les 7 mètres ; il l'a revendue à raison de 126 fr. les 11 mètres et a ainsi gagné 24 fr. On demande le nombre de mètres de la pièce.

3298*. Un commerçant, qui doit faire 15 paiements égaux de 251 fr. 20 tous les mois, à partir du 20 mai 1869, désire payer le tout en une seule fois. A quelle époque devra-t-il effectuer ce paiement unique ? Le taux d'escompte est 6 p. 0/0 par an.

3299. Un négociant achète pour 20000 fr. de marchandises ; il convient de payer 5000 fr. comptant et le reste par $\frac{1}{3}$

de mois en mois. Il propose ensuite de payer le tout ensemble. A quelle époque devra-t-il effectuer ce paiement unique, le taux étant 6 p. 0/0 par an ?

3300. Deux billets, l'un de 1280 fr., l'autre de 1285 fr., ayant le même temps d'échéance et escomptés, le premier au taux de $5\frac{1}{2}$, le deuxième au taux de 6 p. 0/0, ont la même valeur actuelle. Déterminer 1° le temps d'échéance ; 2° leur valeur actuelle. (Escompte en dedans.)

3301*. Antoine emprunte, à 5 p. 0/0, 2115 fr. qu'il doit rembourser en 12 paiements égaux de 25 en 25 jours, à partir du jour où il contracte cet emprunt (20 juin). Combien devra-t-il donner au dernier paiement, qui doit comprendre l'intérêt simple des diverses parties du capital ?

3302. En ajoutant 4,5 à un nombre, on l'a rendu 7 fois plus grand. Quel est ce nombre ?

3303. En retranchant 4,5 d'un nombre, on l'a rendu 7 fois plus petit. Quel est ce nombre ?

3304. Un marchand achète à un fabricant pour 3859 fr. 25 d'étoffe; ne pouvant régler sur-le-champ, il fait un billet payable dans 18 mois. On demande la somme qui doit être portée sur le billet, le taux de l'intérêt étant $\frac{3}{4}$ p. 0/0 par mois.

3305*. Un rentier avait placé 10800 fr. au taux de $4\frac{1}{2}$; 17200 fr. au taux de 4 ; 14400 fr. au taux de 5 p. 0/0. Il retire toutes ces sommes et les place ensemble à un taux unique. De cette manière, il retire annuellement 650 fr. de plus qu'auparavant : on demande de déterminer le taux unique.

3306*. Une machine à vapeur dépense 658 kilog. de charbon en 30 jours. Une modification apportée à cette machine réduit la dépense à 550 kil. en 35 jours. Quelle est l'économie annuelle due à cette modification ? On suppose que la machine travaille 309 jours par an et que le charbon coûte 3 fr. 50 le quintal.

3307*. Un industriel avait une machine à vapeur, de la force de 120 chevaux, qui consommait en 40 heures 30554 kilog. d'une houille coûtant 3 fr. 60 les 100 kil. Il remplace cette machine par deux autres ayant ensemble la même force, et il réalise ainsi une économie de 27 p. 0/0 sur le combustible. La substitution des deux nouvelles machines à l'ancienne ayant occasionné une dépense de 205000 fr., on demande ce que cette somme rapporte annuellement pour cent. Les nouvelles machines, comme l'ancienne, marchent toute l'année, sans interruption.[1]

3308. En multipliant un nombre par 9,75, on l'a augmenté de 280 : quel est ce nombre?

3309. En multipliant un nombre par 0,75, on l'a diminué de 8 : quel est ce nombre ?

3310*. Un fondeur a livré une cloche au prix de 3 fr. 80 le kilo. Il a employé pour la fondre : 1° 500 kil. de cuivre valant 2 fr. 75 le kilo ; 2° 140 kil. d'étain à 2 fr. 90 le kilo. Il y a 6 p. 0/0 de déchet à la fonte ; les frais de main-d'œuvre et autres se sont élevés à 265 fr. On demande le bénéfice du fondeur.

3311*. Un marchand achète 3 pièces de drap, la première, de 24 m. 65, au prix de 11 fr. 25 le mètre ; la deuxième, de 17 m. 85, au prix de 12 fr. 45 le mètre, et la troisième, de 20 m. 50, au prix de 13 fr. 75. Il a vendu la première pièce à 15 p. 0/0 de bénéfice, la deuxième à 13 fr. 20 le mètre, et la troisième à un prix tel que le bénéfice total est de 12 p. 0/0 sur les 3 pièces. On demande le prix de vente du mètre de la troisième pièce.

3312. Pour donner 3 plumes à chacun des élèves d'une école, il faudrait avoir 20 plumes de plus ; si l'on n'en donnait que 2 à chacun, il en resterait 20. Combien y a-t-il d'élèves dans la classe?

3313. Un fils a le quart de l'âge de son père ; dans 4 ans, il en aura le $\frac{1}{3}$. Déterminer l'âge de chacun d'eux.

3314. Une mère a 35 ans 7 mois et sa fille 4 ans 3 mois.

1. En mécanique, on appelle *cheval-vapeur* une force capable d'élever en une seconde un poids de 75 kil. à 1 mètre de hauteur. — Le cheval-vapeur est l'*unité* de force des machines.

Dans combien d'années la mère n'aura-t-elle plus que le double de l'âge de sa fille ?

3315*. Un métallurgiste, qui établit son prix de vente sur un bénéfice de 8 p. 0/0, vend la tonne de fer 226 fr. Il emploie dans son usine un minerai qui renferme 70 p. 0/0 de fer ; mais le traitement occasionne un déchet de 4 p. 0/0 du fer. Combien faut-il que ce métallurgiste traite de tonnes de minerai pour gagner 10000 fr.?

3316*. On traite annuellement dans une usine 31240 quintaux de minerai de cuivre argentifère. Ce minerai contient 2,4 p. 0/0 de cuivre et 0,0000695 p. 0/0 d'argent. La perte en cuivre, lors de l'extraction, est de 40 p. 0/0 et celle en argent de 5 p. 0/0. Calculer la production annuelle et sa valeur, en admettant que le kilo d'argent vaille 220 fr. et que le quintal de cuivre se vende 210 fr.

3317. En divisant un nombre par 3,2, on l'a diminué de 99. Quel est ce nombre?

3318. En divisant un nombre par 0,32, on l'a augmenté de 153. Quel est ce nombre ?

3319. Le rapport par quotient de deux nombres est $\frac{5}{6}$ et leur rapport par différence 5. Quels sont ces deux nombres ?

3320. Pour préparer l'eau de seltz artificielle, on fait dissoudre, dans un vase clos, d'une capacité de deux litres et rempli d'eau, 22 grammes de bi-carbonate de soude et 17 grammes d'acide tartrique. Le bi-carbonate de soude valant 0 fr. 30 le $\frac{1}{2}$ kilo et l'acide tartrique 4 fr. le kilo, on demande: 1° la quantité d'eau de seltz qu'a fabriquée un distillateur qui a employé 1547 gr. d'acide tartrique ; 2° le prix de revient du litre.

3321*. Une marchandise vaut 225 fr. 75 les 100 kilog. Une personne en achète 121 kil. avec un rabais de 7 $\frac{1}{3}$ p. 0/0. On demande ce qu'elle a à payer.

3322*. Une personne dépense successivement la huitième partie de ce qu'elle a dans sa bourse, la moitié de ce qui lui reste, la cinquième partie du nouveau reste, et enfin le $\frac{1}{3}$ du dernier reste. Trouver combien cette personne a dépensé et ce qu'elle avait primitivement, sachant qu'elle possède encore 280 fr.

3323*. Une laitière porte du lait dans 4 maisons. Dans la première, elle laisse le $\frac{1}{5}$ de son lait; dans la deuxième, le $\frac{1}{3}$ de ce qui lui reste ; dans la troisième, les $\frac{3}{8}$ du dernier reste, et dans la quatrième, la moitié du dernier reste. Elle revient avec 5 litres. Combien avait-elle de lait d'abord et combien en a-t-elle laissé dans chaque maison ?

3324. On retire d'un sac d'argent 50 fr. de plus que la moitié; du reste, 30 fr. de plus que le $\frac{1}{5}$, et du second reste 20 fr. de plus que le $\frac{1}{4}$. Sachant qu'il ne reste plus dans le sac que 10 fr., on demande quelle somme il renfermait d'abord.

3325. Il reste encore de la journée les $\frac{4}{5}$ de ce qui est déjà écoulé. Quelle heure est-il ?

3326. Quelle heure est-il, sachant qu'il s'est écoulé depuis midi le $\frac{1}{5}$ du temps qui s'écoulera jusqu'à minuit ?

3327. Quelle heure est-il, sachant que le $\frac{1}{4}$ du temps qui s'est écoulé depuis midi est égal à la $\frac{1}{2}$ du temps qui doit s'écouler jusqu'à minuit ?

3328*. Une horloge avance de 12 secondes par heure. Le 6 janvier, à midi, elle marque 1 h. 35′. Quelle heure sera-t-il le 13 janvier lorsqu'elle marquera 3 h. 20′ du soir ?

3329. 125 ouvriers, hommes et femmes, travaillent dans une fabrique. Chaque homme reçoit 105 fr. par mois et chaque femme 70 fr. Sachant qu'ils ont reçu ensemble 11270 fr. pour un mois, dire combien d'hommes et de femmes sont employés dans cette fabrique.

3330. On a du vinaigre de deux qualités. En prenant 80 l. de la première et 56 l. de la seconde, on forme un mélange qui vaut 46 fr. 32 ; en prenant, au contraire, 56 l. de la première et 80 l. de la deuxième, on obtient un mélange qui vaut 43 fr. 44. Prix du litre de chaque qualité ?

3331*. Trois marchands se sont associés pour habiller un régiment. Le premier a fourni 510 m. de drap rouge; le deuxième a fourni 2000 m. de drap bleu, et le troisième 3900 m. de toile. La qualité du drap bleu est les $\frac{4}{5}$ de celle du drap rouge, et le prix de la toile est le $\frac{1}{8}$ de celui du drap bleu. On demande ce qui revient à chaque marchand sur un bénéfice de 3750 fr.

3332. Un homme laisse par testament une somme à partager entre 3 domestiques. Le valet de chambre aura 200 fr. et la moitié du reste ; la cuisinière, le $\frac{1}{5}$ du reste et 400 fr. en sus, et les 1100 fr. qui restent reviendront au cocher. Quelle est la somme à partager ?

3333. Un oncle, par son testament, lègue son bien à 4 neveux ; le premier doit avoir 300 fr. et le $\frac{1}{5}$ du reste; le deuxième, le $\frac{1}{3}$ du reste moins 100 fr.; le troisième 1900 fr. plus le $\frac{1}{4}$ du reste, et le quatrième, le surplus, qui est de 3330 fr. On demande la valeur du bien et la part de chaque héritier.

3334*. Un joueur fait 4 parties. A la première, il perd $\frac{1}{6}$ de son argent ; à la seconde, il gagne $\frac{1}{5}$ de l'argent qu'il avait apporté ; à la troisième, il perd $\frac{1}{6}$ de ce qu'il a gagné dans la deuxième; enfin, à la quatrième, il gagne les $\frac{7}{15}$ de la somme qu'il avait apportée. Il compte alors son argent et il trouve qu'il a gagné 28 fr. Combien avait-il apporté ? (Concours académique des lycées et colléges, 1868.)

3335. Une personne lègue son bien à 3 héritiers ; le premier aura $\frac{1}{4}$ du bien plus $\frac{1}{9}$ de la somme des deux autres ; le deuxième $\frac{1}{5}$ du bien plus le $\frac{1}{7}$ de ce qu'auront les autres ; le troisième aura 12000 fr. Faire connaître la part de chacun des deux premiers.

3336. Une personne ordonne que sa fortune soit partagée entre ses enfants de la manière suivante : le premier aura 1000 fr. plus le $\frac{1}{7}$ du reste ; le deuxième 2000 fr. plus le $\frac{1}{7}$ du reste ; le troisième 3000 fr. plus le $\frac{1}{7}$ du reste, et ainsi de suite jusqu'au dernier, qui aura le reste. De cette façon, sa fortune s'est trouvée partagée par portions égales. Valeur du bien et nombre d'enfants ?

3337. Un fonctionnaire économise la vingtième partie de son traitement. On augmente ce traitement de $\frac{1}{3}$. Quelle partie devra-t-il alors économiser pour doubler sa réserve première ?

3338. Un fonctionnaire économise $\frac{1}{30}$ de son traitement. Ce traitement étant augmenté de $\frac{1}{5}$ et la dépense du fonctionnaire restant la même, il peut alors économiser les $\frac{7}{36}$ de son nouveau traitement. Quel était son traitement primitif ?

3339*. Un professeur économise chaque année la quinzième partie de son traitement, qui est de 2200 fr. Celui-ci étant augmenté de $\frac{1}{3}$, on demande : 1° quelle portion de son nouveau traitement le professeur devra mettre de côté pour que son économie soit les $\frac{3}{4}$ de ce qu'elle était d'abord ; 2° quel revenu annuel il aura si, après 20 ans d'exercice avec ses nouveaux appointements, il se retire en plaçant ses réserves à $4\frac{3}{4}$ p. 0/0.

3340. Un particulier laisse en mourant les $\frac{3}{4}$ de sa fortune à ses deux enfants ; les $\frac{2}{9}$ à un hospice et $\frac{1}{12}$ à son serviteur. Lorsqu'il s'agit de faire le partage, il manque 7352 fr. 50. Que recevront les légataires si l'on veut satisfaire aux intentions du testateur ?

3341. On veut creuser une citerne cylindrique de 2 m. 80 de profondeur et devant contenir 75 mètres cubes. Quelle sera la circonférence de cette citerne ?

3342*. Un puits cylindrique, de 5 m. 80 de profondeur et de 0 m. 73 de diamètre, est alimenté par deux sources qui donnent, l'une 0 l. 6 et l'autre 0 l. 4 d'eau par minute. Il entretient 45 ménages qui consomment en moyenne 30 litres d'eau par jour chacun. L'eau s'élevant à la hauteur de 3 m. 80, on demande : 1° le volume d'eau que peut contenir le puits ; 2° le volume d'eau qu'il contient actuellement ; 3° de combien de centimètres l'eau aura monté ou descendu après 24 heures.

3343. Une sphère métallique creuse a 0 m. 20 de diamètre. La partie vide, qui est également de forme sphérique, a un rayon de 0 m. 05. Quel est le poids de la sphère, la densité du plomb qui la compose étant 11, 35 ?

3344. Deux pièces d'étoffe de même qualité ont été vendues, la première, de 28 m. 40 de longueur sur 0 m. 65 de largeur, au prix de 73 fr.; la seconde, de 20 m. 50 de longueur sur 0 m. 70 de largeur, au prix de 57 fr. Laquelle est à meilleur marché ?

3345. Un tonneau plein d'eau pure pèse 210 kil.; plein d'une huile, dont la densité est 0,91, il pèse 193 kil. 80. Trouver le poids et la capacité du tonneau.

3346. Un vase plein d'eau pure pèse 15 kil.; plein d'eau de mer, il pèse 15 kil. 351. Quelle en est la capacité ? On sait que la densité de l'eau de mer est 1, 026.

3347. Une pierre pèse dans l'eau 403 kil. 2 et hors de l'eau 739 kil. 2. On en demande le volume et le poids spécifique.

3348. On a trouvé dans une fouille un objet en métal dont on ne connaît pas positivement la nature ; pesé dans l'air, il accuse un poids de 7508 gr. 7 ; plongé dans un décalitre contenant de l'eau, il fait monter le liquide de 0 m. 0239. Quelle est, d'après cela, la nature de l'objet trouvé? (Voir, à la fin du volume, la table des densités.)

3349. Une boîte prismatique a pour bases deux triangles équilatéraux de 72 centimètres de périmètre. Le vide étant parfaitement fait dans cette boîte, on demande quelle sera la pression atmosphérique exercée sur la base supérieure. Le baromètre marque 0 m. 76.

3350. Sachant que la boîte du n° précédent a une hauteur de 36 centimètres à l'extérieur, on demande de quel poids on devra la charger pour l'immerger totalement dans l'eau de mer dont la densité est 1, 026. On sait que l'enveloppe de cette boîte est en zinc de 0 m. 002 d'épaisseur et dont la densité est 7, 19.

3351. Le 24 mai 1870, un débiteur paie 995 fr. 25, capital et intérêts simples compris, pour une somme empruntée le 12 avril 1868. Quelle est la somme empruntée, le taux de l'intérêt étant 5 ?

3352. Un capital, placé à 4 $\frac{1}{2}$ p. 0/0, rapporte 222 fr. 60 ; un autre capital, supérieur de 400 fr., placé à 5 p. 0/0 pendant le même temps, a produit 259 fr. Déterminer les deux capitaux et la durée du placement.

3353. On demande à emprunter à un particulier, pour 4 ans 8 mois, une somme de 12960 fr., en lui offrant de lui rembourser, à l'échéance, le capital et ses intérêts simples au taux 5, ou bien le capital et ses intérêts composés au taux 3 $\frac{1}{2}$. Lequel des deux modes est le plus avantageux au prêteur ?

3354. Un particulier a placé une certaine somme le 1er janvier 1858. Il l'a portée au triple le 1er janvier 1863, et il a quadruplé ce second capital au commencement de 1866. La totalité des intérêts simples s'élevant à 3794 fr. 40 au 1er janvier 1870 et le taux étant 5, on demande de déterminer le capital primitif.

3355. Un capitaliste, qui a placé les $\frac{4}{5}$ de ses fonds à 5 p. 0/0 et le reste à $4\frac{1}{2}$, a retiré au bout de l'année, en capital et intérêts, une somme de 6222 fr. 50. Quel capital a-t-il placé ?

3356. L'hectolitre de houille coûte 3 fr. 25 et le stère de bois 10 fr. A volume égal, la houille donne 2 fois $\frac{1}{5}$ autant de chaleur que le bois. Quel est le rapport des dépenses en bois et en houille pour une même quantité de chaleur ?

3357. Le stère de bois dur, pesant 380 kil., vaut 20 fr.; l'hectolitre de charbon de bois, pesant 22 kil., vaut 4 fr.; l'hectolitre de houille, pesant 82 kil., vaut 5 fr. Les puissances calorifiques de ces trois matières, à poids égal, étant respectivement 3, 5 et 6, on demande de déterminer 1° le plus économique de ces combustibles; 2° l'avantage p. 0/0 qu'il offre sur chacun des deux autres.

3358. Un cheval traîne une certaine charge en faisant une lieue à l'heure; mais il ne peut marcher que 8 heures par jour, tandis que si l'on employait 2 chevaux pour traîner cette même charge, ils feraient une lieue $\frac{2}{10}$ à l'heure et pourraient marcher 10 h. par jour. Il y a 30 myriamètres à parcourir. La dépense du cheval serait de 2 fr. par jour et celle du conducteur de 3 fr. Le deuxième cheval ne coûterait que 1 fr. 50 par jour. On demande lequel de ces deux modes de transport on doit préférer.

3359. On consomme dans une famille, pendant une année, 15 st. 29 de bois. L'année suivante, elle brûle de la houille au lieu de bois en employant un foyer qui économise 25 p. 0/0 du combustible employé l'année précédente. Trouver la différence des dépenses en supposant : 1° que le bois ne développe que les $\frac{7}{12}$ de la chaleur produite par le même poids de houille; 2° que le stère de bois coûte 15 fr.; 3° que le prix de la houille soit de 3 fr. 30 le quintal.

3360*. Un train part à 10 h. du matin de Paris pour Boulogne-sur-Mer ; il doit mettre 7 heures 10 m. pour parcourir les 254 kilom. qui séparent ces deux villes. On veut qu'un second train, partant de Paris 1 h. 20 m. après le premier, le rattrape à Amiens, qui est à 131 kilom. de Paris. Quelle doit être sa vitesse à l'heure ?

3361*. Deux courriers, situés aux points A et B distants de 210 kilom., marchent l'un vers l'autre. Celui qui part du point A fait 15 kilom. par heure, tandis que l'autre n'en fait que 13. Après leur rencontre, ils se dirigent tous deux vers le point B. Trouver combien il s'écoulera de temps entre l'arrivée des deux courriers au point B.

3362*. A partir du point A, on a placé sur une route des bornes espacées de 1 kilom. et des poteaux télégraphiques espacés de 84 m. Quelle est la plus petite distance qu'on pourra parcourir sur cette route, en partant du point A, pour trouver, à l'endroit où l'on s'arrêtera, un poteau et une borne ?

3363*. Une citerne est alimentée par deux rigoles. Si on laisse couler la première pendant 3 heures et la seconde pendant 5 heures, elles remplissent ensemble le $\frac{1}{4}$ de la citerne ; si, au contraire, on laisse couler la première pendant 5 heures et la deuxième pendant 3 heures, elles en remplissent le $\frac{1}{3}$. D'après cela, on demande le temps que mettrait chaque rigole, coulant seule, pour remplir le bassin.

3364. Un bassin est rempli par trois robinets. Lorsque le bassin est vide, le premier robinet et le deuxième, coulant ensemble, mettraient pour le remplir 1 h. $\frac{5}{7}$; le premier et le troisième 1 h $\frac{7}{8}$; le deuxième et le troisième 2 h. $\frac{2}{9}$. On demande de calculer le temps que mettrait chaque robinet, coulant seul, pour remplir le bassin.

3365. Les sommes deux à deux de 3 nombres sont respectivement 786, 858 et 614. Quels sont ces trois nombres?

3366. Les populations de Bordeaux et de Lille s'élèvent ensemble à 348990 habitants; celles de Bordeaux et de Nantes, à 306197 ; enfin celles de Nantes et de Lille, à 266715. Quelle est la population de chacune de ces trois villes?

3367. D'un tonneau contenant 136 lit. de vin on tire, chaque jour et pendant 5 jours, 8 l. que l'on remplace par de l'eau. On demande combien, après cela, il reste de vin pur dans le tonneau.

3368. On tire d'un fût, contenant 138 l. de vin, une première fois 5 litres, que l'on remplace par de l'eau; une deuxième fois 6 litres, que l'on remplace encore par de l'eau; enfin une troisième fois 7 litres, que l'on remplace également par de l'eau. Combien a-t-on ainsi retiré de vin pur du tonneau ?

3369*. On a deux pièces de vin de différentes qualités contenant, la première 176 lit., la seconde 324 l. On tire de chaque pièce la même quantité de vin et l'on met dans la première ce qu'on a retiré de la deuxième et réciproquement. Quelle quantité de vin a-t-on dû ainsi échanger pour que les deux pièces de vin soient de même qualité ?

3370. Un tonneau, d'une capacité de 156 l., est rempli d'un vin qui revient à 43 fr. 50 l'hectolitre. On enlève 23 litres que l'on remplace par 17 litres de vin à 0 fr. 60 le litre et par 6 litres d'eau ; on en enlève ensuite 14 litres que l'on remplace par 10 litres de vin à 0 fr. 20 et par 4 litres d'eau. Combien doit-on vendre au comptant le liquide de ce tonneau pour gagner 15 p. 0/0 ?

3371. L'heure réelle d'Auxerre est de 4 minutes $56''\frac{2}{3}$ en avance sur l'heure réelle de Paris. Déterminer la longitude d'Auxerre.

3372. La longitude de Tonnerre est de 1 degré 38′ 6″ est. Quelle heure est-il à Tonnerre lorsqu'il est midi à Paris ?

3373*. Un ouvrier peut faire une besogne en 4 j. $\frac{2}{7}$; un autre, en 4 j. $\frac{1}{11}$. On les emploie tous deux ensemble, et, la besogne faite, on leur donne 15 fr. pour le tout. Que revient-il à chacun.

3374. Partager 475 en parties inversement proportionnelles aux fractions $\frac{3}{4}$, $\frac{5}{6}$ et $\frac{6}{7}$.

3375. Partager le nombre 130 en deux parties telles que les $\frac{4}{5}$ de la première, diminuée de 3, valent les $\frac{5}{4}$ de la seconde, diminuée de 4.

3376*. Un nombre est tel que, si on le partage en deux parties qui soient entre elles dans le rapport de 4 à 3, l'excès des $\frac{3}{4}$ de ce nombre sur 15 est égal à la plus grande des deux parties. Quel est ce nombre ?

3377. On paie, pour le passage d'un pont, 5 centimes par piéton, 6 centimes par cavalier, 8 centimes par voiture à un cheval et 10 centimes par voiture à deux chevaux et au-dessus. Sachant que le nombre des voitures attelées de plus d'un cheval est les $\frac{6}{7}$ de celui des voitures attelées d'un cheval; celui des voitures attelées d'un cheval, les $\frac{5}{3}$ de celui des cavaliers, et celui des cavaliers le $\frac{1}{9}$ de celui des piétons ; sachant, en outre, que la recette annuelle s'est élevée à 825 fr. 50, on demande combien il est passé sur ce pont pendant l'année de piétons, de cavaliers, etc.

3378*. L'hectolitre de blé pèse 76 kil. et perd à la mouture le $\frac{1}{4}$ de son poids. 100 kilog. de farine donnent 120 kil. de pain. Le boulanger, qui vend le kilo de pain 0 fr.32, gagne 12 p. 0/0. Combien a-t-il payé l'hectolitre de blé ?

3379. Une commune veut faire distribuer pendant 120 jours, dans un temps de disette, 11 kil. de pain bis par jour à ses indigents. L'hectolitre de froment, pesant 75 kil., lui coûte 35 fr.; l'hectolitre de seigle, pesant 65 kil., 22 fr. On suppose d'ailleurs: 1° que le meunier retient, pour son paiement, le déchet résultant de la mouture, déchet qui est de 8 p. 0/0 pour le froment et de 15 p. 0/0 pour le seigle ; 2° que le boulanger ne donne sur le surplus, à cause des frais de fabrication, que 5 kil. de pain pour 6 kil. de farine ; 3° qu'il entre dans le pain bis $\frac{1}{3}$ de farine de seigle et $\frac{2}{3}$ de farine de blé. Calculer, d'après ces données, la dépense de cette commune.

3380. Le même que le précédent ; seulement la commune peut faire une dépense de 750 fr. Combien, dans ce cas, devra-t-elle acheter d'hectolitres de blé et d'hectolitres de seigle?

3381. Un sac contient 10 kil. 4 de pièces de 20 fr. et de 5 fr., celles-ci en argent. Le poids total des premières est les $\frac{5}{8}$ de celui des secondes. Combien renferme-t-il des unes et des autres?

3382. Partager entre 3 personnes 42 tonneaux, dont 14 pleins, 14 vides et 14 demi-pleins, de façon que chaque personne ait la même quantité de tonneaux et de vin.

3383. Les fortunes de deux personnes sont telles que les $\frac{3}{4}$ de celle de la première valent les $\frac{5}{6}$ de celle de la seconde, et que les $\frac{2}{3}$ de la fortune de la seconde valent les $\frac{3}{7}$ de celle de la première plus 2000 fr. Quelles sont ces deux fortunes?

3384. Deux immeubles ont des valeurs telles que, si l'on augmentait celle du premier de 3000 fr., elle serait les $\frac{3}{4}$ de celle du second, et que, si on la diminuait au contraire de 3000 fr., elle n'en serait plus que les $\frac{2}{3}$. Déterminer la valeur de chacun des immeubles.

3385. Les gains de deux fabriques sont entre eux dans le rapport de 2 à 3. Si elles gagnaient chacune 3150 fr. de plus, leurs gains respectifs seraient entre eux comme 7 est à 9. Quel est le gain de chaque fabrique?

3386*. Le 26 mai 1870, l'âge de Paul était les $\frac{55}{71}$ de l'âge de Pierre; le 26 juillet suivant, il n'en était plus que les $\frac{7}{9}$. Trouver la date de naissance de chacun d'eux. Les mois sont comptés de 30 jours et l'année de 360.

3387. L'air est un composé d'oxygène et d'azote contenant en volume 21 parties d'oxygène et 79 d'azote. Sachant que la densité de l'oxygène est de 1, 1057, on demande de faire connaître celle de l'azote.

3388. L'air, qui est composé de deux gaz, l'oxygène et l'azote, pèse, à volume égal, 770 fois moins que l'eau. L'oxygène et l'azote entrent dans la composition de l'air dans les proportions suivantes :

	Volume.	Poids.
Oxygène	21,	23,13,
Azote	79;	76,87.

D'après cela, on demande de déterminer, en volume et en poids, les quantités de ces deux gaz contenues dans une chambre dont les dimensions sont : longueur 3 m. 95 ; largeur 3 m. 20; hauteur 2 m. 95.

3389. Un gouvernement emprunte 450 millions de francs. Outre un intérêt de 5 p. 0/0, il s'engage à payer une prime annuelle de 2250000 fr. à ses créanciers. On demande à quel taux réel cette prime fait monter l'intérêt du capital emprunté.

3390*. Un sculpteur achète, au prix de 2500 fr. le mètre cube, un bloc de marbre de Paros ayant 3 m. de longueur, 1 m. 65 de largeur et 1 m. 20 d'épaisseur. Comme il ne possède que 2945 fr., il emprunte la somme qui lui manque pour payer son achat. 2 ans $\frac{2}{5}$ après, il rembourse le prêteur et lui donne, en capital et intérêts, 13333 fr. 60. A quel taux lui avait-on prêté ?

3391. Quel capital doit-on posséder pour que, placé à intérêt simple, à 5 p. 0/0 pendant 3 ans, il acquière une valeur qui, placée à 6 p. 0/0, donne un revenu annuel de 1200 fr.?

3392. Un commerçant a reçu d'un libraire 65 volumes pour lesquels il a payé 118 fr. 20. Le libraire donnant 13 volumes pour 12 et faisant en outre $1\frac{1}{2}$ p. 0/0 de remise sur le montant des factures, on demande de déterminer 1° le prix de facture du volume ; 2° le montant p. 0/0 de la remise totale.

3393. A quel taux doit-on placer un capital à intérêts composés pour qu'il soit doublé après 16 ans de placement ?

3394. On a un bois aménagé en 5 coupes qui produisent, de 4 en 4 ans, une valeur nette de 850 fr. en moyenne. Combien doit-on payer le fonds aussitôt après l'enlèvement de l'une des coupes ? On capitalisera à 4 p. 0/0 et à intérêts composés.

3395. Une personne fait partie d'une société composée de 4685 individus âgés de 26 ans. A chacun des membres survivants à l'âge de 43 ans, la société doit payer 18750 fr. La personne en question a besoin d'argent et désire vendre son contrat. Combien peut-elle exiger de l'acheteur, sachant que, d'après les tables de mortalité, il ne reste plus à 43 ans que 3404 sociétaires ? On tiendra compte des intérêts composés à 4 p. 0/0 par an.

3396*. 5 ouvriers ont reçu ensemble, pour 15 jours de travail, une somme de 214 fr. 50. Que gagne chaque ouvrier par jour, si deux d'entre eux ont une force supérieure de $\frac{1}{4}$ à celle des autres ?

3397. Deux ouvriers, d'inégale force, font en 5 j. $\frac{1}{3}$ un ouvrage qui leur est payé 60 fr. Le premier ouvrier est d'une force telle que, seul, il ferait l'ouvrage en 9 j. $\frac{1}{2}$. On demande quelle est la partie de l'ouvrage faite par chaque ouvrier et la somme qui revient à chacun.

3398*. Une somme inconnue, mais inférieure à 10000 fr., est exactement payable en francs, en florins (monnaie allemande) et en souverains (monnaie anglaise). Trouver cette somme, sachant qu'un florin vaut 2 fr. 20 et qu'un souverain vaut 25 fr. 12.

3399. L'étendue du territoire d'une commune est à la fois un nombre exact de centaines d'arpents et d'hectares. Quelle est cette étendue, sachant que le nombre d'hectares est représenté par 4 chiffres et celui des arpents par 5 chiffres? Il est ici question d'un arpent de 51 ares 072.

3400. Trouver deux nombres tels que leur somme, augmentée de leur différence, donne 100.

3401. Combien y a-t-il de nombres divisibles par 9 et par 11 depuis 1 jusqu'à 10000?

3402. Un vitrier a fourni pour une construction le verre nécessaire à la vitrerie de 84 croisées pour chacune desquelles il en a fallu 1 m. c. 65 à 5 fr. 45 le mètre carré. A quelle époque a-t-il été payé si les intérêts, sur le pied de 5 p. 0/0 par an, se montaient à 90 fr. 01 $\frac{1}{2}$?

3403. Un marchand de bois a vendu 145 stères de charpente à 4 fr. 90 le décistère. A l'époque du paiement, il a reçu, tant en capital qu'en intérêts simples, une somme égale aux $\frac{5}{4}$ de la valeur du bois vendu. Au bout de combien de temps a-t-il été payé, le taux étant 6 ?

3404. On demande de déterminer la différence de volume d'une pièce de 5 fr. en argent et d'une pièce de 100 fr. en or. On prend pour densité de l'or 19, 26, de l'argent 10, 47 et du cuivre 8, 79, et l'on suppose que ces métaux ne se dilatent ni ne se contractent par leur alliage.

3405. Un stère de bois de chêne, pesant 680 kilos, vaut 9 fr. 50; un stère de bois de peuplier, pesant 280 kilos, vaut 3 fr. 90. On demande combien on doit payer un stère de bois de chêne et de peuplier mélangés pesant 443 kilos.

3406. Un sac, pesant net 5516 gr. $\frac{4}{31}$, contient 2600 fr. en monnaies d'argent et d'or. Quelle est la valeur de chacune de ces monnaies?

3407. Quels sont les deux nombres que l'on doit ajouter, l'un au numérateur, l'autre au dénominateur de la fraction $\frac{9}{15}$ pour que cette fraction ne change pas de valeur et que la somme de ses termes soit 56 ?

3408. Quels sont les deux nombres que l'on doit ajouter, l'un au numérateur, l'autre au dénominateur de la fraction $\frac{9}{15}$ pour que cette fraction ne change pas de valeur et que la différence de ses termes soit 14 ?

3409*. La première mesure qui a été faite du quart du méridien terrestre, pour l'établissement du système métrique, a donné 5130740 toises anciennes; mais des mesures plus précises, faites postérieurement, ont donné 5131245 toises. De quelle longueur le mètre établi d'après cette dernière donnée surpasserait-il le mètre en usage?

3410*. Un blâtier a acheté 376 hectolitres de blé. En le recevant, il s'aperçoit qu'une partie est avariée et obtient une réduction de prix égale aux $\frac{2}{7}$ du prix convenu. De cette façon, il donne 1428 fr. 80 de moins. Quel était le prix convenu de l'hectolitre de blé?

3411*. Outre les frais d'acquisition, qui s'élèvent à 6 p. 0/0 du prix d'achat, un terrain a coûté 21920 fr. Pour améliorer ce terrain, le nouveau propriétaire a employé 19 ouvriers pendant 18 jours, chaque ouvrier gagnant 2 fr. 35 par jour, qui ont transporté sur ce terrain 1985 mètres cubes de boue de route à 1 fr. 10 le mètre cube; de plus, 7 jardiniers y ont travaillé chacun 23 jours, au prix de 2 fr. 95 par jour; ils ont en outre fourni 1545 pieds d'arbres à 65 fr. le cent et pour 43 fr. 25 de diverses graines. A combien revient ainsi cette propriété ?

3412. Deux industriels fabriquent annuellement, le premier

pour 1825000 fr. de produits ; le second pour 2462500 fr. Le premier gagne 5,70 p. 0/0, le second 4,875. Les dépenses du premier s'élèvent aux $\frac{2}{3}$ de son bénéfice, celles du second aux 0,80 du sien. En leur supposant actuellementla même fortune, on demande dans combien d'années le premier aura 127987 fr. 50 de plus que le second.

3413*. Pour le transport de la houille par chemin de fer on paie 0 fr. 08 par tonne et par kilom. plus, pour le chargement, un droit de 2 fr. par wagon contenant 30 mètres cubes. Combien, tout compris, coûtera le transport de 6000 hectolitres à une distance de 15 myriamètres ? L'hectolitre de houille pèse 82 kil.

3414*. Les vins paient (1863) à leur entrée dans Paris 10 fr. par hectolitre de droits d'octroi et 8 fr. de droits d'entrée plus un double décime par franc sur chacun de ces droits. Un commerçant a fait venir 52 hectol. 60 de vin qui, rendus à la barrière, lui reviennent à 0 fr. 90 le litre. Après leur entrée, il ajoute 25 lit. d'eau par hectolitre. Combien doit-il vendre au détail la bouteille de 0 l. 75 pour gagner 30 p. 0/0 sur le prix de revient du vin ? Les bouteilles vides coûtent 18 fr. le cent.

3415. Un marchand a reçu, au prix de 112 fr. 50 l'une, 5 barriques d'eau-de-vie coûtant ensemble 280 fr. 25 de droits et 40 fr. de transport. Que doit-il revendre le litre pour gagner 31 p. 0/0 sur son marché, si chaque barrique contient 220 l.? et quelle somme devra-t-il au banquier qui lui a avancé, pour 20 jours, au taux 6, la somme nécessaire pour payer l'eau-de-vie rendue à domicile ?

3416. Deux industriels possèdent chacun un capital qu'ils placent dans l'industrie de la verrerie. Celui du premier produit 6 p. 0/0 et celui du second, qui surpasse de 9000 fr. celui du premier, produit 8 p. 0/0. Sachant que le second touche annuellement, en intérêts, 1160 fr. de plus que le premier, on demande le montant des deux capitaux.

3417. Pour une somme empruntée le 1er janvier 1852, un débiteur paie, pour les intérêts échus, calculés au taux 5 jusqu'au jour du paiement, et le surplus comme à-compte sur le capital : 1° 1750 fr. au 1er juillet 1853 ; 2° 3600 fr. au 1er novembre 1854 ; 3° 2375 fr. au 1er février 1856 ; 4° 1250 fr. au 1er mai 1857 ; 5° 3125 fr. au 1er mars 1858. Sachant que ce dernier paiement libère complètement le débiteur, on demande la somme empruntée par lui.

3418*. Un négociant prélève au commencement de l'année 1500 fr. sur son avoir pour les dépenses de sa maison, et au bout de chaque année sa fortune est augmentée de $\frac{1}{10}$ de ce qu'il lui reste en commerce. Après la 3e année, son avoir primitif étant augmenté de $\frac{1}{4}$, on demande de calculer cet avoir.

3419. Un marchand a deux qualités de drap qui lui coûtent, l'un 22 fr., l'autre 18 fr. le mètre. Il en échange avec un autre marchand une portion égale de chaque qualité, qu'il compte 25 fr. le mètre pour la première et 20 fr. pour la seconde, contre du drap à 14 fr. le mètre qui lui est compté 17 fr. Cet échange ayant valu 50 fr. de bénéfice au second marchand, on demande combien le premier a échangé de mètres de drap et combien il a reçu de mètres en échange.

3420*. Un marchand veut gagner 180 fr. sur une pièce de moire qu'il vend 17 fr. 25 le mètre. Le premier jour il vend $\frac{1}{8}$ de la pièce; le deuxième, le $\frac{1}{7}$ du reste ; le troisième, le $\frac{1}{6}$ du reste ; le quatrième, le $\frac{1}{5}$ du reste ; le cinquième, le $\frac{1}{4}$ du reste ; le sixième, le $\frac{1}{3}$ du reste, et le septième, la $\frac{1}{2}$ du reste. Ces ventes ont déjà produit le prix d'achat plus 3 fr. 75. Quelle est la longueur de la pièce de drap ?

3421. Un cabaretier achète, au prix de 22 fr. l'hectolitre, 12 feuillettes de vin contenant chacune 136 l. Au bout de 8 mois, lorsqu'il veut vendre son vin, il trouve un déchet de 85 l. $\frac{1}{2}$. Quel doit être le prix de vente du litre pour réaliser, en tenant compte des intérêts du prix d'achat au taux 6, un bénéfice net de 12 $\frac{1}{4}$ p. 0/0 ?

3422*. Un négociant achète de la soie de deux qualités. Il prend 54 m. de la première, qui a $\frac{6}{5}$ de mètre de large, et il débourse 2700 fr. Combien a-t-il dû débourser pour 73 m. de la seconde qualité, dont la largeur est $\frac{5}{6}$ de mètre, sachant que, si les deux espèces de soie avaient la même largeur, le prix du mètre de la première serait les $\frac{8}{7}$ du prix du mètre de la seconde ?

3423. Un cheval au galop va 10 fois plus vite qu'un piéton faisant 4 kilom. à l'heure. Cela admis, on demande quel chemin aura à parcourir un cheval au galop pour dépasser de 29 kilom. un piéton qui a 52 kilom. d'avance.

3424. On laisse tomber d'une hauteur de 1 m. 70, perpendiculairement à la surface d'une table de marbre, une bille de cristal qui rebondit, chaque fois qu'elle touche la table, aux $\frac{3}{5}$ de la hauteur d'où elle est tombée. On demande à quelle hauteur au-dessus du marbre elle s'élèvera encore après l'avoir touchée 12 fois.

3425. On sait que, lorsqu'un corps lourd tombe librement, la vitesse de ce corps est proportionnelle au temps de la chute et que les espaces parcourus par lui sont entre eux comme les carrés des temps employés à les parcourir. On sait aussi que l'espace parcouru dans la première seconde est de 4 m. 90. Cela étant, on demande : 1° le temps que mettra, pour atteindre le sol, un corps pesant qui tombe d'une hauteur de 1971 m. 3024 ; 2° quelle sera sa vitesse lorsqu'il touchera le sol ; 3° quel sera l'espace parcouru pendant chaque seconde.

3426. D'après le problème précédent, calculer la hauteur de la flèche de la cathédrale de Strasbourg. On sait qu'une balle de plomb met 5 secondes 325 pour tomber du sommet sur le sol.

3427. Un ouvrier place, la première semaine de l'année, à la caisse d'épargne, une économie de 2 fr., et, chaque semaine suivante, il y dépose 2 fr. de plus. Quelle somme déposera-t-il ainsi dans l'année?

3428. Un fermier ignorant, croyant faire une bonne affaire, consent à acheter un bœuf aux conditions suivantes : il paiera un centime pour le premier clou de ses fers, 2 centimes pour le second clou, 4 centimes pour le troisième, et ainsi de suite en doublant jusqu'au vingt-quatrième et dernier. Que paiera-t-il ainsi le bœuf si le marché a lieu?

3429. Déterminer la valeur en kilom. 1° de l'ancienne lieue de 25 au degré ; 2° de l'ancienne lieue marine de 20 au degré.

3430. Le plus gros diamant de la couronne de France, le *Régent*, pesait 30 grammes avant d'être soumis à la taille. Calculer sa valeur brute. On admet qu'un diamant brut de 1 carat vaut 48 fr. et que les valeurs des diamants sont proportionnelles aux carrés de leurs poids. On sait en outre : 1° que la livre ancienne, équivalant à 489 gr. $\frac{1}{2}$, valait 16 onces, l'once 8 gros, le gros 72 grains; 2° que le carat, unité de poids pour les diamants, vaut 4 grains.

3431. D'après les conditions du problème précédent, quelle perte éprouverait un joaillier qui briserait, en le travaillant, un diamant de 3 décigr. 2 en deux parties dont l'une d'elles pèserait 2 décigr. 1 ?

XX. PROBLÈMES D'ALGÈBRE.[1]

(Équations du premier degré, suivies de quelques questions simples du second degré.)

Nota. — *Les questions marquées d'une astérisque ont été proposées au baccalauréat es-sciences.*

3432. Partager 173 en deux parties dont la différence soit 17.

3433. Déterminer 3 nombres dont la somme soit 135 et tels que le second surpasse le premier de 5 et que le troisième surpasse de 9 la somme des deux autres.

3434. Trouver un nombre dont le quadruple, diminué de 9, soit égal au double, augmenté de 17.

3435. La somme de deux nombres est 44 et le triple de leur différence 18. Quels sont ces deux nombres ?

3436. Partager le nombre 330 en quatre parties telles que la première surpasse la seconde de 21 ; celle-ci, la troisième de 3; celle-ci, la quatrième de 9.

3437. La différence de deux nombres est 368 et leur quotient $14\frac{1}{7}$. Quels sont ces deux nombres ?

3438. La somme de deux nombres est 140 et leur quotient 4, 6. Quels sont ces deux nombres ?

3439. Quelle heure est-il, sachant que les $\frac{2}{3}$ de ce qui est écoulé du jour sont égaux aux $\frac{3}{4}$ de ce qui reste à s'écouler? (jour de 24 heures.)

1. Nous avons cru devoir placer, à la fin de ce recueil, un certain nombre de problèmes algébriques. Nous sommes convaincu que les Maîtres et les Élèves nous sauront gré de l'avoir fait.

3440. Quelle heure est-il, sachant qu'il reste encore de la journée les $\frac{4}{3}$ de ce qui est déjà écoulé? (jour de 12 heures.)

Résoudre les équations suivantes :

3441. $10x + 18 + \frac{2x}{3} = 16x - 14.$

3442. $\frac{5}{7}x - \frac{1}{3}x + \frac{2}{x} = 1 - \frac{3}{4}.$

3443. $\frac{x}{3} + \frac{x}{4} + \frac{x}{5} = 9x - 19.$

3444. $8 - \frac{2x + 6}{6} = 4 + \frac{18 - 4x}{3}.$

3445. $\frac{3x}{5} - \frac{7x}{10} + \frac{3x}{4} - \frac{7x}{8} + 15 = 0.$

3446. $\frac{3 \times (2x + 1)}{4} - 5 - \frac{3x + 2}{10} = \frac{2 \times (3x - 1)}{5}.$

3447. Un père a 49 ans et son fils 11. Dans combien d'années l'âge du père ne sera-t-il plus que le triple de celui du fils ?

3448. Un père a 36 ans et sa fille 7. Dans combien de temps les deux âges seront-ils dans le rapport de 7 à 4 ?

3449. Une mère a le double de l'âge de son fils ; si elle avait 11 ans de moins et son fils 8 ans de plus, ils auraient tous deux le même âge. Quel est l'âge de chacun ?

3450. Une mère a 21 ans de plus que sa fille ; si l'âge de celle-ci était triplé, il serait égal à celui de la mère plus 9. Quel est l'âge de chacune ?

3451. Trois personnes font ensemble une dépense sur laquelle la seconde a payé 17 fr. de plus que la première et la troisième 25 fr. de plus que la seconde. Il arrive que la troisième a payé à elle seule autant que les deux autres ensemble. Déterminer la dépense de chaque personne.

3452. Trouver un nombre tel que son produit par 5 surpasse d'autant le nombre 20 qu'il est lui-même au-dessous de 20.

3453. On demandait à un copiste combien il écrivait de

feuilles par semaine de 6 jours. En travaillant 4 heures par jour, répondit-il, je ne puis en écrire 70 feuilles ; mais si je travaillais 10 heures par jour, je dépasserais ce nombre d'autant que je reste au-dessous dans le premier cas. Combien écrit-il de feuilles par semaine?

3454. 100 de mes pas ne font pas tout à fait 88 mètres. En les augmentant chacun de $\frac{1}{5}$, je dépasserais cette longueur d'autant que je reste en deçà dans le premier cas. Quelle est la longueur de mon pas?

3455. Pour payer toutes mes dépenses, disait un ouvrier, il me faudrait gagner 1080 fr. par an ; mais je ne les gagne pas. Si je gagnais 3 fois $\frac{1}{2}$ autant que ce que je gagne, non-seulement je paierais mes dépenses, mais j'épargnerais encore chaque année autant que ce qui me manque maintenant pour faire la somme nécessaire. Que gagne cet ouvrier par an ?

3456. Une personne économise par an le $\frac{1}{7}$ de son revenu et dépense le reste. Si elle avait 500 fr. de plus de revenu, elle pourrait en économiser le $\frac{1}{5}$ et ajouter encore 280 fr. à ses dépenses ordinaires. Quel est le revenu de cette personne ?

3457. Un bibliophile, qui avait dépensé jusqu'alors le $\frac{1}{4}$ de son revenu en achats de livres, se décide à y consacrer le $\frac{1}{3}$, parce que, ce revenu s'étant augmenté, il a calculé qu'il lui resterait la même somme pour ses autres dépenses. De combien s'est accru son revenu ?

3458. Pourquoi m'as-tu dépassé de 3000 pas, quand chacun de mes pas est double de chacun des tiens? disait Louis à Jules. — C'est vrai, répondit Jules ; mais je fais, dans le même temps, 5 fois plus de pas que toi. Combien Louis et Jules ont-ils fait de pas chacun ?

3459. Un libraire met un ouvrage en loterie ; si les billets étaient à 1 fr. 50, il gagnerait 50 fr.; s'ils étaient à 0 fr. 80, il perdrait 6 fr. Combien a-t-on fait de billets et quelle est la valeur de l'ouvrage ?

3460. Quel même nombre faut-il ajouter à chacun des termes de la fraction $\frac{3}{7}$ pour qu'elle soit multipliée par 2 ?

3461. Une fraction est telle que, si l'on retranche 9 de son dénominateur, elle devient équivalente à $\frac{3}{4}$, tandis que, si l'on retranche 2 seulement, elle est équivalente à $\frac{2}{3}$. Quelle est cette fraction ?

3462. Quelle quantité faut-il ajouter à chacun des termes de la fraction $\frac{1}{73}$ pour avoir une fraction équivalente à $\frac{17}{25}$?

3463. Calculer une fraction telle que la somme de ses termes soit 378 et que, réduite à sa plus simple expression, elle devienne $\frac{2}{7}$.

3464*. Déterminer une fraction telle que le produit de ses termes soit 198450, sachant que, réduite à sa plus simple expression, elle devient $\frac{2}{9}$.

3465*. Trouver une fraction telle que, si l'on ajoute une unité à son numérateur, elle devienne équivalente à $\frac{2}{7}$, et que, si l'on retranche une unité de ce même numérateur, elle devienne équivalente à $\frac{3}{11}$.

3466*. Quel même nombre faut-il ajouter d'une part et retrancher de l'autre aux deux facteurs d'un produit pour que ce produit ne change pas?

3467. Un nombre est tel que, si l'on ajoute 1 à sa moitié et 4 à ses $\frac{2}{5}$, la somme de ces deux résultats est égale à l'excès de 100 sur les $\frac{9}{10}$ de ce nombre. Quel est ce nombre ?

3468. Un nombre est tel que, si l'on ajoute 1 à sa moitié et 4 à ses $\frac{2}{5}$, la somme de ces deux résultats est égale aux $\frac{9}{10}$ de ce même nombre augmentés de 100. Quel est ce nombre ?

3469. On demande un nombre dont la moitié plus 8 multipliés par la moitié moins 8 donnent 316,25.

3470. Quel est le nombre dont les $\frac{3}{4}$ moins 3 multipliés par ses $\frac{3}{8}$ plus 2 donnent pour produit 165 ?

3471. Quel est le côté d'un carré dont la surface contient 3 fois autant de mètres carrés que son contour contient de mètres ?

3472. Calculer la surface d'un carré qui contient 11 fois $\frac{1}{2}$ autant de mètres carrés que son contour contient de mètres.

3473. Quel est le côté d'un carré dont le périmètre contient 2 fois autant de mètres que sa surface contient de mètres carrés ?

3474. Un nombre entier est composé de deux chiffres dont la somme est 9. Quand on les transpose, on obtient un nombre qui est égal à 4 fois le premier plus 9. Quel est le nombre primitif ?

3475. Un nombre entier est composé de deux chiffres dont la somme est 12. Si on le renverse, on obtient un nouveau nombre dont l'excès sur 15 est égal au double du premier. Quel est ce nombre ?

3476. Un nombre entier est composé de trois chiffres dont la somme est 19. Quel est-il, sachant qu'en ayant égard aux valeurs relatives le second chiffre est le produit du premier (celui des unités) par $11\frac{2}{3}$, et le troisième le produit du second par $8\frac{4}{7}$?

3477. Un nombre entier est composé de trois chiffres dont la somme est 14. Le chiffre des centaines n'est que le $\frac{1}{4}$ de celui des unités; et, si l'on ajoute 594 à ce nombre, on obtient le nombre renversé. Quel est ce nombre?

3478. Un nombre entier est composé de trois chiffres dont la somme est 23: le chiffre des centaines surpasse de 3 celui des dizaines, lequel n'est que les $\frac{3}{4}$ de celui des unités. Quel est ce nombre?

3479. Un marchand reçoit une pièce de drap qu'il paie à raison de 10 fr. le mètre. En la mesurant, il trouve que la pièce a 5 mètres de plus qu'elle ne devrait avoir; mais le drap est de si mauvaise qualité que le marchand sera forcé de le vendre au prix de 8 fr. le mètre. La pièce vendue à ce prix, il ne fait qu'une perte de 13 $\frac{1}{3}$ p. 0/0. Combien la pièce aurait-elle dû contenir de mètres?

3480*. Un négociant achète une pièce de soie à raison de 7 fr. 50 le mètre. La pièce contient 10 mètres de plus; mais l'étoffe est de mauvaise qualité, et l'on ne pourra la revendre que 6 fr. le mètre. De cette façon, le gain du marchand sera de 9 $\frac{17}{27}$ p. 0/0. Combien de mètres contient réellement la pièce?

3481*. Les deux diagonales d'un losange sont dans le rapport de 2 à 3. Quelle est leur longueur, la surface du losange étant de 4 ares 32?

3482. Un triangle a une surface de 1946 m. c. 88. Sachant que sa base est quadruple de sa hauteur, on demande de déterminer les dimensions de ce triangle.

3483. Une revendeuse a 306 pommes dans 7 paniers. On demande combien chaque panier contient de pommes, sachant que, si elle ôtait $\frac{1}{7}$ de ce que contient le premier, la moitié du cinquième, 3 pommes du quatrième, et qu'elle augmentât le septième panier du $\frac{1}{6}$ de son contenu, le deuxième de 5 pommes et le troisième de 29, il y aurait un nombre égal de pommes dans chaque panier.

3484. Un domestique gagne par an 420 fr. plus un habit. Au bout de 8 mois, il se retire et reçoit 252 fr. et l'habit. Que gagnait-il réellement par an ?

3485. Un négociant a gagné la première année le $\frac{1}{10}$ des fonds employés dans son commerce ; la seconde année il a encore vu augmenter son nouveau fonds de $\frac{1}{10}$; mais la troisième année il a perdu le $\frac{1}{10}$ de son dernier avoir. Il ne lui reste plus alors pour tout bénéfice que 4005 fr. On demande avec quelle somme il était entré dans le commerce.

3486. Un joueur emprunte une certaine somme et fait 3 parties. A la première, il gagne le triple de son emprunt moins 32 fr.; à la deuxième, il perd la moitié de ce qu'il possède ; enfin à la troisième, il perd les $\frac{2}{5}$ de son reste. Il lui manque alors 4 fr. 40 pour rembourser son emprunt. Quelle somme avait-il empruntée ?

3487. Le même que le précédent ; seulement, à la fin, il lui reste 17 fr. 20 après remboursement de la somme empruntée.

3488. Une fruitière dit qu'elle a vendu la moitié d'une caisse d'oranges plus 6, et que ce qui lui reste égale les $\frac{2}{5}$ de la caisse plus 3. Combien d'oranges contenait la caisse ?

3489. On demandait à un cuisinier combien il avait de citrons dans son panier. Il répondit : la douzaine m'a coûté 1 fr. 80, et, si j'avais eu 4 citrons de plus pour l'argent que j'ai dépensé, la douzaine m'aurait coûté 0 fr. 20 de moins. Combien avait-il de citrons ?

3490. On donne à chaque lettre la valeur du nombre qui en marque le rang dans l'alphabet, et l'on propose de trouver le nom formé de 5 lettres dont la somme est 42, et qui sont telles que la première, augmentée de la dernière, donne la troisième plus 2, celle-ci étant 4 fois plus grande que la seconde moins

2 et le $\frac{1}{4}$ de la quatrième plus 2, laquelle vaut 18 fois la première.

3491. Un propriétaire avait réservé 52000 fr. pour l'acquisition d'un immeuble; mais cet immeuble lui a été accordé à un prix bien moins élevé, car, pour atteindre cette valeur, il aurait dû le payer le triple de ce qu'il lui a coûté, moins le $\frac{1}{4}$ de ce qui lui reste. A quel prix lui a-t-il été adjugé ?

3492*. Une fabrique, assurée à raison de 2 fr. 10 p. 1000, est détruite aux $\frac{3}{5}$ par un incendie. Le propriétaire, déduction faite de la prime d'assurance annuelle, ayant reçu 86695 fr. 50 de la compagnie, on demande de faire connaître la valeur totale de la fabrique et le montant de la prime d'assurance.

3493. Une personne ordonne par testament que son bien soit partagé entre ses enfants de la manière suivante : le premier aura 1000 fr. plus le $\frac{1}{7}$ du reste ; le deuxième 2000 fr. plus le $\frac{1}{7}$ du reste ; le troisième 3000 fr. plus le $\frac{1}{7}$ du reste, et ainsi de suite jusqu'au dernier, qui aura le reste. De cette façon, le bien s'est trouvé partagé en parties égales. On demande de déterminer la valeur du bien et le nombre des enfants.

3494. Un père laisse en mourant un certain nombre d'enfants et une certaine somme qu'ils se partagent comme il suit : le premier a 100 fr. plus le $\frac{1}{10}$ du reste ; le deuxième 200 fr. plus le $\frac{1}{10}$ du reste ; le troisième 300 fr. plus le $\frac{1}{10}$ du reste, et ainsi de suite. Les parts étant toutes égales, trouver le nombre d'enfants et la somme partagée.

3495. Trouver deux nombres tels que, si l'on ajoute 42 au premier, il devient quintuple du second, et que, si l'on ajoute 42 au second, il devient triple du premier.

3496. Trouver deux nombres tels que le quadruple du premier, augmenté du triple du second, donne pour somme 26, et que 7 fois le premier, moins 8 fois le second, donnent pour différence 29.

3497. Pierre et Paul ont ensemble 46 pommes. Si Pierre donnait à Paul 4 pommes, celui-ci en aurait 20 de plus que Pierre; si Paul donnait à Pierre 7 pommes, celui-ci en aurait 20 de plus que Paul. Combien ont-ils de pommes chacun ?

3498. Deux compagnies de perdreaux se rencontrent. La deuxième dit à la première : venez 2 avec nous, et nous serons le double de vous ; la première dit à la deuxième : venez 2 avec nous, et nous serons autant que vous. Combien y a-t-il de perdreaux dans chaque compagnie ?

3499. Avec 38 pièces de 5 fr. et de 1 fr. on a pu faire la longueur du mètre, en mettant leurs diamètres sur une même droite. Combien a-t-on pris de chacune d'elles ? On sait que la pièce de 5 fr. a 0 m. 037 de diamètre et la pièce de 1 fr. 0 m. 023.

3500. Comment payer 98 fr. 50 avec des pièces de 2 fr. et de 0 fr. 50, en n'employant que 80 pièces ?

3501. Partager $\frac{1}{3}$ en deux parties telles que, si l'on divise par $\frac{1}{4}$ la première et par $\frac{3}{5}$ la seconde, la somme des deux quotients soit 1.

3502. Trouver les deux facteurs d'un produit, sachant qu'ils sont entre eux dans le rapport de 1 à 5, et qu'en les augmentant respectivement de ces deux derniers nombres, le second produit surpasse le premier de 75.

3503. En mesurant la surface de deux propriétés contiguës, qui doivent être de même contenance, on a remarqué que, si l'on ôtait $\frac{1}{5}$ de la contenance de la première pour l'ajouter à celle de la seconde, celle-ci aurait une contenance double de l'autre, et que, si l'on ôtait 75 ares de la contenance de la deuxième pour l'ajouter à celle de la première, celle-ci serait double de la deuxième. Combien la plus grande propriété doit-elle remettre à l'autre ?

3504. Pierre, Paul et André ont ensemble 20 fr. Si Pierre donne à Paul 1 fr., Paul a le double de Pierre; si André donne à Pierre 2 fr., Pierre a autant que Paul, et si Paul donne ce qu'il possède à André, celui-ci a le triple de ce qu'a Pierre. Combien ont-ils chacun?

Résoudre les équations suivantes :

3505. $x + y = 58,$
$x - y = 4.$

3506. $x + y = 30,$
$19\,x - 11\,y = 486.$

3507. $4\,x + 3\,y = 55,$
$5\,x - 4\,y = 1.$

3508. $\frac{2x}{3} + \frac{y}{7} = 21,$
$\frac{3x}{4} + \frac{2y}{5} = 32.$

3509*. $8\,x - 11\,y = 1,$
$19\,y - 12\,x = 11.$

3510. $\frac{3x^2}{4} - \frac{5}{7} = \frac{2x^2}{3} + 2\frac{2}{7}.$

3511. $(x + 5) \times (y + 7) = (x + 1) \times (y - 9 + 112),$
$2\,x + 10 = 3\,y + 1.$

3512. $(x + 5) \times (y + 4) = x\,y \times 160,$
$(x - 6) \times (y - 7) = x\,y - 170.$

3513. $x + y - \frac{1}{2} = 89 - \frac{7x}{8} - \frac{2y}{3} + \frac{1}{2},$
$x - 20 + \frac{11y}{10} - \frac{32}{5} = 60 - \frac{y}{2} - \frac{4x}{5}.$

3514. Déterminer deux nombres dont la somme, qui est 201, soit égale à la différence de leurs carrés.

3515. Deux négociants possédaient ensemble 3700 fr. Les achats du premier s'élèvent aux $\frac{3}{4}$ de son avoir et ceux du second aux $\frac{4}{5}$ du sien. Sachant que la dépense totale se monte à 2840 fr., on demande ce que possédait chaque négociant.

3516. Deux frères possèdent ensemble 2195 fr. Le premier dépense les $\frac{3}{5}$ de son argent et le second les $\frac{3}{4}$ du sien. Il ne leur reste plus alors ensemble que 735 fr. 50. Quel était l'avoir de chacun?

3517. Quelle est la composition d'un alliage d'or et d'argent qui pèse 3312 gr. dans l'air et 3072 gr. dans l'eau? On prendra 19,3 pour densité de l'or et 10,5 pour celle de l'argent.

3518. Les contenances de deux propriétés sont entre elles comme les nombres 3 et 4; si elles avaient chacune 3 hect. 20 de plus, elles seraient entre elles comme les nombres 5 et 6. Quelle est la contenance de chacune?

3519. Deux joueurs se mettent au jeu avec la même somme. En le quittant, le premier, qui a perdu 25 fr., a 5 fois autant d'argent que le second, qui en a perdu 31. Combien avaient-ils chacun au commencement de la partie?

3520. Une directrice d'asile promet 9 noix à chaque garçon qui sera sage et 7 à chaque fille. La distribution faite, il ne reste rien dans le panier qui contenait les noix. Mais si chaque fille eût reçu 9 noix et chaque garçon 7, il en serait resté 2. Trouver le nombre des garçons et des filles récompensés.

3521. Un capital, qu'on a placé à 5 p. 0/0 pendant un nombre de jours qui lui est numériquement égal, a rapporté 950 fr. Quel est ce capital?

3522. Si, à un capital, on ajoute ses intérêts de 18 mois $\frac{2}{3}$, on trouve un nombre qui est à ce capital comme 97 est à 90. A quel taux est-il placé?

3523. J'ai deux fois l'âge que vous aviez quand j'avais l'âge que vous avez, et quand vous aurez l'âge que j'ai, nous aurons à nous deux 63 ans. Quel est l'âge de chacun?

3524*. Le 26 mai 1870, l'âge de Paul était les $\frac{55}{71}$ de l'âge de

Pierre ; le 26 juillet suivant, il n'en était plus que les $\frac{7}{9}$. Déterminer les dates de naissance de ces deux personnes. Les mois sont comptés de 30 jours et l'année de 360.

3525. On a deux qualités d'huiles. 80 litres de la première et 56 litres de la seconde valent 154 fr. 40 ; 56 litres de la première et 80 litres de la seconde valent 144 fr. 80. Prix du litre de chaque qualité ?

3526. Deux ouvriers, d'inégale force, travaillent ensemble; le premier, qui a fait 35 journées, a reçu 4 fr. 50 de plus que le second, qui en a fait 26. Si le premier avait fait 29 journées et le second 23, il (le premier) aurait touché 2 fr. 10 de moins que le second. Quel est le prix de chaque journée ?

3527. Trois personnes ont dépensé une certaine somme : la première et la seconde ont dépensé 26 fr.; la première et la troisième, 28 fr.; la troisième et la seconde, 30 fr. Qu'ont-elles dépensé chacune?

3528. On a 3 espèces de vins : 25 litres de la première, 37 l. de la seconde et 48 l. de la troisième valent 47 fr. 30 ; 30 l. de la première, 33 l. de la seconde et 27 de la troisième valent 40 fr. 50 ; 75 l. de la première, 18 l. de la seconde et 12 de la troisième valent 51 fr. 60. On demande le prix du litre de chaque qualité.

3529. Un compotier, son couvercle et sa soucoupe pèsent ensemble le carré du poids du couvercle exprimé en grammes; le compotier seul pèse autant que le couvercle et la soucoupe réunis, et le poids de la soucoupe n'est que la moitié du poids du compotier et de son couvercle. Quels sont, séparément, les poids du compotier, du couvercle et de la soucoupe ?

Résoudre les équations suivantes :

3530. $x + y + z = 22,$
$2x + y - z = 17,$
$x - y + 2z = 10.$

3531. $30x + 20y + 10z = 230,$
$15x + 6y + 12z = 138,$

$10x + 5y + 4z = 75.$

3532*. $5x + 3y - 2z = 37,$
$3x - y + 4z = 18,$
$2x + 7y + 5z = 59.$

3533. $5x - 6y + 4z = 15,$
$7x + 4y - 3z = 19,$
$2x + y + 6z = 46.$

3534*. $\frac{x}{3} + \frac{y}{5} + \frac{2z}{7} = 58,$
$\frac{5x}{4} + \frac{y}{6} + \frac{z}{3} = 76,$
$\frac{x}{2} - \frac{y}{5} + \frac{7z}{40} = \frac{147}{5}.$

3535. $6x + 8z = 40,$
$10x - 4u = 36,$
$8z + 18y = 70,$
$12x - 14u = 34.$

3536. $\frac{901 - x}{y + z} = \frac{1}{2},$
$\frac{901 - y}{x + z} = \frac{1}{3},$
$\frac{901 - z}{x + y} = \frac{1}{4}.$

3537. $3x + 6y - 2z + 9u = 6,$
$-5x + 4y + 5z - 6u = 5,$
$-3x + 8y + 2z - 3u = 3,$
$-4x + 10y + 3z + 9u = 9.$

3538*. $4x - 3y + z = 4,$
$2x - 2u - 5y = 3,$
$2x - 3u - 3z = 1,$
$3x + 2y - 5z = 2.$ (Concours d'admission à l'École centrale en 1858.)

3539. Un fermier mène à la foire un bœuf, une vache et un âne. Il veut vendre le bœuf et la vache 758 fr.; la vache et l'âne 504 fr.; le bœuf et l'âne 646 fr. Prix de chaque animal ?

3540. On a acheté séparément les charges de 3 voitures. La

première, qui contient 4 hectol. $\frac{1}{2}$ de blé, $3\frac{1}{2}$ d'orge et 7 de seigle, a coûté 255 fr. 50; la deuxième, contenant 6 hectol. de blé, 8 d'orge et $5\frac{2}{5}$ de seigle, a coûté 324 fr. 40; la troisième, qui contient 8 hectol. de blé, 5 d'orge et 3 de seigle, a coûté 286 fr. Prix de l'hectolitre de chaque espèce de grain?

3541*. La poudre de guerre est composée de salpêtre, de soufre et de charbon. Le mélange est tel que le triple du poids du salpêtre employé est égal à 13 fois celui du charbon plus 5 fois celui du soufre, et que 5 fois le poids du salpêtre vaut 37 fois le poids du soufre, moins 7 fois celui du charbon. On demande combien, sur 100 kilos de poudre, il entre de chacune de ces matières.

3542. On a placé, pour un temps composé d'autant de jours que 302 fois le taux contient d'unités, un capital 1000 fois plus grand que ce même taux. Les intérêts simples produits s'étant élevés à 764 fr. $\frac{7}{16}$, déterminer le capital, le temps et le taux.

3543. Trois nombres sont proportionnels à 3, 5 et 7. La somme de leurs carrés est 1328. Quels sont ces trois nombres?

3544*. Trouver 4 nombres proportionnels à 3, 4, 7, 9, et tels que la différence des cubes des deux premiers soit égale à 4625. (Admission à l'École centrale en 1859.)

3545. Trois frères ont acheté une vigne pour 4000 fr. Le troisième pourrait la payer seul si le second lui donnait la $\frac{1}{2}$ de son argent; le second la paierait seul si l'aîné lui donnait le $\frac{1}{3}$ de ce qu'il possède; enfin l'aîné aurait besoin du $\frac{1}{4}$ de l'argent du plus jeune pour payer cette vigne à lui seul. Que possède chacun des trois frères?

3546*. A quelle condition doivent être assujettis le capital et le taux pour que les intérêts simples soient numériquement égaux au nombre des jours du placement?

3547. Une personne place une somme de 20000 fr. à intérêts simples, partie à $4\frac{1}{2}$ et partie à 5 p. 0/0. Au bout de 5 ans, les intérêts s'élèvent à 4790 fr. Quelle est la partie placée à $4\frac{1}{2}$?

3548. Une personne possède un capital qu'elle fait valoir à un certain taux ; une autre personne, qui possède 1000 fr. de plus que la première et qui fait valoir son capital à 0 fr. 50 de plus p. 0/0, a un revenu supérieur de 85 fr.; une troisième personne, qui possède 2000 fr. de plus que la seconde et qui fait valoir son bien à $1\frac{1}{2}$ de plus p. 0/0 que la première, a un revenu qui surpasse de 200 fr. celui de la seconde. On demande de déterminer le capital de chaque personne et le taux auquel elle le fait valoir.

3549. Un banquier, en escomptant un billet selon l'escompte commercial, a placé son argent à $6\frac{1}{4}$ p. 0/0. On demande de calculer l'échéance du billet.

3550. De combien de manières peut-on payer 48 fr. avec des pièces de 5 fr. et de 2 fr. ? [1]

3551. Dans un repas, on a bu pour 62 fr. de vins, bordeaux et champagne. Le premier coûte 3 fr. la bouteille et le second 5 fr. Combien a-t-on bu de bouteilles de chaque sorte ?

3552. On achète des chèvres et des moutons. Chaque chèvre coûte 8 fr. et chaque mouton 27 fr. Il se trouve qu'on paie pour les chèvres 97 fr. de plus que pour les moutons. Combien a-t-on acheté de chèvres et de moutons ?

3553. Deux paysannes ont ensemble 100 œufs. L'une dit à l'autre : quand je compte mes œufs par huitaines, il y a un surplus de 7. La seconde répond: si je compte les miens par dizaines, je trouve le même surplus de 7. Combien chaque paysanne a-t-elle d'œufs ?

1. Nous ne donnons ici que 4 problèmes à solutions en nombre indéterminé. Ces questions, aussi délicates qu'elles sont peu utiles, ne font même pas partie du programme d'examen pour l'admission à l'École polytechnique.

3554. La différence de deux nombres est 4 et leur produit 221. Quels sont ces deux nombres ?

3555. La somme de deux nombres est 48 et leur produit 567. Quels sont ces deux nombres ?

3556. La somme de deux nombres est 30 et la somme de leurs carrés 458. Quels sont ces deux nombres ?

3557. La différence de deux nombres est 30 et la somme de leurs carrés 1250. Quels sont ces deux nombres ?

Résoudre les équations suivantes :

3558. $3\,x \times \frac{x}{2} = 1584,375.$

3559. $x^2 + 7\,x = 918.$

3560. $4\,x^2 + 324 = 3240.$

3561. $\frac{2x^2}{3} = 216.$

3562. $x^2 - 5\frac{3}{4}\,x = 573,75.$

3563. $x^2 + x^2 = (x + 3,5)^2.$

3564. $(x + 7)\,(x - 7) = 32.$

3565. $(2\,x + 7)\,(2\,x - 7) = (x + 1)\,(x - 1).$

3566. $\frac{9x - 18}{5x} = \frac{x}{x + 2}$

3567. Un nombre est tel que, si on le multiplie par $8\frac{2}{3}$, le produit obtenu est égal à la différence entre le cube et le $\frac{1}{3}$ de ce nombre. Quel est-il ?

3568. Partager le nombre 27 en deux parties telles que le produit du carré de la première par la deuxième ajouté au produit de la première par le carré de la seconde donne 2970.

3569. La différence entre la diagonale d'un carré et son côté est de 8 m. 284. Quelle est la surface du carré ?

3570. Un marchand fait escompter en dehors deux billets, l'un de 400 fr. payable dans 5 mois, l'autre de 540 fr. payable dans 8 mois. Il reçoit pour le tout 905 fr. 60. On demande le taux d'après lequel l'escompte a été réglé.

3571*. Un rectangle a 317 m. 80 de contour et 41 ares 08 de surface. Quelles en sont les dimensions?

3571 *bis**. La somme des côtés d'un triangle rectangle est 132 ; celle de leurs carrés est 6050. Quels sont ces côtés?

3572*. Un triangle rectangle a 240 m. c. de surface et 80 m. de contour. Quelles en sont les dimensions?

3573. Trouver le triangle rectangle dont les côtés sont trois nombres entiers consécutifs.

3574. 10000 fr., placés à intérêts composés pendant 6 ans, ont produit 1940 fr. 53. Quel était le taux du placement?

3575. Déterminer le taux de l'escompte d'un billet de 2400 fr., payable dans 7 mois, dont la différence entre l'escompte en dehors et l'escompte en dedans serait de 2 fr.

3576. Déterminer l'échéance d'un billet dont la différence entre l'escompte en dehors et l'escompte en dedans, calculé au taux 5, est 2 fr. 25, le montant du billet étant de 3500 fr.

3577. En admettant 1° qu'un diamant de 3 décigrammes vaille 120 fr.; 2° que les valeurs de deux diamants soient entre elles comme les carrés de leurs poids, on demande quels sont les poids respectifs de deux diamants pesant ensemble 1 gramme, sachant qu'ils vaudraient 640 fr. de plus s'ils ne formaient qu'un seul diamant.

3578. Deux ouvriers, d'inégale force, ont été payés au bout d'un certain temps. Le premier a reçu 100 fr. et le second, qui a travaillé 4 jours de moins, a reçu 97 fr. 20. Si le second avait travaillé tous les jours et que le premier eût manqué 4 jours, ils auraient reçu, le premier 90 fr. et le second 108 fr. On demande combien de jours chacun a travaillé et le prix de sa journée.

3579*. Une somme de 1127 fr. devait être distribuée également entre un certain nombre de personnes; 5 d'entre elles meurent, ce qui augmente de 2 fr. $\frac{27}{44}$ la part de chacune des autres. Combien y avait-il d'abord de partageants?

3580. Une somme de 2201 fr. devait être distribuée en parties égales entre un certain nombre de personnes ; 7 autres personnes se joignent aux précédentes, ce qui diminue de 2 fr. $\frac{61}{78}$ la part de celles-ci. Combien de partageants y avait-il d'abord?

3581*. Un chapelier achète un chapeau qu'il revend 11 fr. A ce compte, il gagne sur le prix d'achat autant p. 0/0 que le chapeau lui a coûté de francs. Combien a-t-il payé le chapeau ?

3581 *bis.* Un oncle laisse 25000 fr. à deux neveux âgés de 11 et de 14 ans, legs que, aux termes du testament, ils doivent se partager de telle sorte que chacun, plaçant sa part immédiatement à 5 p. 0/0, reçoive la même somme à sa majorité (21 ans), capital et intérêts composés compris. Quelle est la part du capital qui revient à chacun ?

XXI. PROBLÈMES ÉLÉMENTAIRES SUR LA PHYSIQUE, LA CHIMIE ET LA MÉCANIQUE.

NOTA.— *Les numéros accompagnés d'une astérisque ont été donnés pour le baccalauréat es-sciences ou pour le brevet supérieur.*

3582. On sait que le son parcourt environ 340 m. par seconde. Cela étant, à quelle distance se trouve d'un orage une personne qui entend le bruit du tonnerre 9 secondes après avoir vu l'éclair? On considère la transmission de la lumière comme instantanée.

3583. *Il est démontré qu'à partir de 26 mètres de profondeur, profondeur où règne une température invariable de 12 degrés, la chaleur intérieure de la terre augmente à raison de 1 degré par 31 mètres environ.* D'après cela, de quelle profondeur proviennent les eaux du Geyser (Islande) dont la température est de 124 degrés?

3584. Énoncer le principe d'Archimède; en donner la démonstration par l'expérience.

3585. Pourquoi la pierre tombe-t-elle au fond de l'eau alors que le bois surnage ?

3586*. Un parallélipipède de glace, dont les dimensions sont 10 m. 50, 15 m. 75 et 20 m. 45, plonge dans l'eau de mer; la densité de la glace est 0,93 et celle de l'eau de mer 1,026. On demande quelle sera la hauteur du parallélipipède au-dessus de la surface de la mer [1].

3587. *Le poids d'un corps flottant sur un liquide quelconque est toujours égal au poids du liquide qu'il déplace.* Ceci posé, quels sont le poids et la densité d'un morceau de peuplier qui a 3 m. 20 de long sur 0 m. 30 d'équarrissage, sachant que, placé horizontalement sur l'eau, il s'y enfonce de 0 m. 12?

3588*. Quel effort exigerait, pour être soutenu dans du mercure, un décimètre cube de platine, la densité du mercure étant 13,6 et celle du platine 21,5 ?

3589. Expliquer la construction et l'usage du paratonnerre.

3590. *L'expérience a démontré qu'un paratonnerre protége un espace circulaire d'un rayon égal au double de sa hauteur.* D'après cela, on demande de combien de paratonnerres on devra munir, pour le préserver sûrement de la foudre, un édifice long de 140 m., et à quelle distance ils seront les uns des autres, si les tiges ont 5 m. de longueur au-dessus du comble.

3591. Expliquer la construction et les usages du baromètre.

3592. Pourquoi ne fait-on pas de baromètres à eau ?

3593. Lorsque le baromètre à mercure marque 0 m. 76, quelle serait la hauteur 1° d'un baromètre à eau ? 2° d'un baromètre à alcool, la densité de ce liquide étant 0,83 ? On prendra pour celle du mercure 13,596.

1. Tout corps plongé dans un fluide quelconque y perd une partie de son poids égale au poids du fluide déplacé. (Principe d'Archimède.)

3594. Le baromètre marquant 0 m. 76, la main d'un homme est placée sur un tube cylindrique de 0 m. 08 de diamètre qu'elle bouche hermétiquement. Le vide étant parfaitement fait dans ce tube, on demande si cet homme pourra retirer sa main, en admettant qu'il puisse employer une force égale à 60 kg. On prendra pour densité du mercure 13.6.

3595. Pourquoi l'eau, dans un corps de pompe, ne monte-t-elle pas plus haut que 10 m. 33 environ? et que doit-on faire pour l'élever à une plus grande hauteur?

3596*. Deux cylindres creux fermés à un bout et ayant un diamètre intérieur commun de 0 m. 20 peuvent s'adapter hermétiquement par leurs ouvertures. La jonction opérée, on fait le vide parfaitement dans le cylindre résultant. Dire si, après cela, il sera possible à deux hommes, ayant chacun une force de 65 kg., de désunir les deux cylindres. La hauteur barométrique est 0 m. 76.

3597. Un manchon creux cylindrique de 0 m. 20 de diamètre intérieur est fermé à sa partie supérieure par du taffetas gommé bien tendu et pouvant supporter, sans se rompre, un poids de 7 kil. $\frac{1}{2}$. Qu'arrivera-t-il si l'on fait le vide dans ce manchon? Expliquer le phénomène qui se produira.

3598*. On a un tonneau plein de vin et hermétiquement bondonné. Qu'arrivera-t-il si l'on pratique à l'un des fonds un trou de vrille? Expliquer le phénomène.

3599. Pourquoi la fumée et la vapeur montent-elles au lieu de descendre?

3600. Pourquoi la pomme qui se détache de la branche descend-elle au lieu de monter?

3601. Expliquer la construction et l'usage du thermomètre à alcool.

3602. Pourquoi ne fait-on pas de thermomètres à eau?

3603. Lorsque le thermomètre centigrade marque 26 degrés de chaleur, quelle est la hauteur du thermomètre de Réaumur?

3604. L'eau de pluie provenant en très-grande partie de l'évaporation des eaux de la mer, comment se fait-il que celle-là soit douce quand celles-ci sont salées ?

3605. Pourquoi souffle-t-on le feu ? et pourquoi, toutes choses égales d'ailleurs, le gros bois brûle-t-il moins bien que le petit ?

3606. *On sait que, jusqu'à une hauteur de 2340 m. la colonne barométrique baisse régulièrement de 1 millimètre par 10 m. 80 d'élévation.* Cela étant, on demande la hautenr du Puy-de-Dôme, montagne au faîte de laquelle le baromètre marque 0 m. 622, tandis qu'il marque 0 m. 758 au bord de la mer.

3607. La hauteur du mont Dore, dans le département du Puy-de-Dôme, est de 1936 m. Le baromètre marquant 0 m. 76 au bord de la mer, on demande, d'après le problème précédent, quelle hauteur il marquera sur la crête dn mont Dore.

3608. Un aréomètre de Fahrenheit pèse 85 gr., et il faut 35 gr. pour le faire affleurer dans l'eau distillée et 42 gr. pour le faire affleurer dans un autre liquide. Trouver 1° la densité du second liquide; 2° le volume de l'aréomètre jusqu'au point d'affleurement.

3609*. La densité du lait est 1,03. Pour déterminer l'affleurement dans le lait d'un aréomètre de Nicholson, dont le volume immergeable est 120 centim. cubes, il a fallu employer 28 gr.; pour déterminer l'affleurement dans l'eau distillée, il en a fallu $27\frac{1}{2}$. Le lait est-il pur ?

3610. Un aréomètre à volume constant pèse 60 gr. et s'enfonce jusqu'au point d'affleurement dans de l'alcool dont la densité est 0,82. De combien de grammes faut-il charger le plateau pour qu'il affleure dans l'acide azotique dont la densité est 1,52 ?

3611. Une pierre pèse dans l'eau 201 kil. 6 et hors de l'eau 369 kil. 6. On en demande le volume et le poids spécifique.

3612*. Une boule de platine pèse 100 gr. dans l'air, 95 gr. 4 dans l'eau et 91 gr. 5 dans l'acide sulfurique. On demande le poids spécifique du platine et celui de l'acide sulfurique.

3613*. Étant donné un corps A, pesant dans l'air 7 gr. 55, dans l'eau 5 gr. 17 et dans un autre liquide B 6 gr. 35, déduire de ces données la densité du corps A et celle du liquide B.

3613 *bis**. Une boule de verre pèse 2 kilog. On demande la surface de cette boule, sachant que la densité du verre est 2,38.

3614. Calculer la pression atmosphérique qui s'exerce sur un cercle dont le diamètre est 1 m. 37, en supposant la hauteur barométrique égale à 0 m. 76.

3615. Quelle est, lorsque le baromètre s'élève à 0 m. 76, la pression de l'air sur une sphère de 0 m. 30 de rayon? On prend pour densité du mercure 13,598.

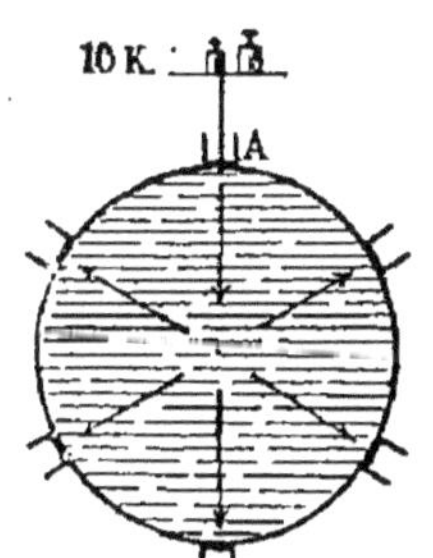

3616. *Il est démontré que les fluides transmettent, en tous sens et avec la même intensité, les pressions exercées en un point quelconque de leur masse.* Ceci posé, on a une sphère creuse remplie d'eau et percée de 6 ouvertures égales fermées par des pistons mobiles. Si, sur l'un d'eux, A, on place un poids de 10 kilog., quelle sera la pression totale exercée par le liquide, de dedans en dehors, sur les 5 autres pistons? et quelle serait cette pression, si ces 5 derniers pistons avaient une surface triple de celle du premier?

3617. Il s'est déclaré, à la cale d'un navire, une voie d'eau de forme circulaire et d'un rayon de 0 m. 10. La hauteur verticale de l'eau au-dessus de l'ouverture est de 3 m. 03. L'eau de mer ayant pour densité 1,03, on demande en kilos le poids qu'il faudrait mettre sur le tampon qui bouche cette voie pour empêcher l'eau d'entrer dans le navire. On sait que le tampon pèse 1 kil. 6. [1]

1. Les liquides exercent de *bas* en *haut* la même pression que de haut en bas. La pression exercée sur l'ouverture en question est donc égale à celle d'une colonne d'eau ayant pour base cette ouverture et pour hauteur la distance verticale de cette ouverture au niveau extérieur de la mer.

3618. Un bateau chargé, dont la partie inférieure a 24 m. de long sur 4 m. 50 de large, est immergé dans l'eau de rivière aux $\frac{4}{5}$ de sa hauteur extérieure, laquelle est de 1 m. 85. Quelle est, de bas en haut, la poussée exercée par l'eau sur le fond du bateau ?

3619. *Lorsqu'un corps tombe librement dans le vide, les vitesses acquises, à des temps différents, sont proportionnelles à ces temps, et les espaces parcourus par ce corps sont entre eux comme les carrés des temps employés à les parcourir. On sait aussi que l'espace parcouru dans la première seconde est de 4 m. 904.* Ceci posé, quelle sera, après 45 secondes, la vitesse d'un corps qui tombe librement dans le vide ? [1]

3620. Pendant combien de temps doit tomber un corps dans le vide pour acquérir une vitesse de 600 m., vitesse qui est celle d un boulet de canon ? (On sait que, dans le vide, les corps tombent *tous* également vite.)

3621. Quel est le temps nécessaire à un corps pour tomber dans le vide d'une hauteur de 1000 mètres ?

3622. De quelle hauteur devrait tomber un corps dans le vide pour acquérir une vitesse de 300 m. ?

3623. Un vase plein d'eau de mer, dont la densité est 1,026, pèse 15 kil. 551 ; plein d'eau douce, il pèse 15 kil. 2. Déterminer le poids et la capacité du vase.

3624. Un tonneau plein d'eau pure pèse 232 kil.; rempli de vin Bourgogne, dont la densité est 0,991, il pèse 230 kil. 20. Trouver le poids et la capacité du tonneau.

3625. On a un vase cylindrique de 0 m. 15 de diamètre intérieur et de 0 m. 28 de hauteur. Après y avoir versé

1. En général, si e représente l'espace parcouru, t le temps employé, g la vitesse acquise au bout d'une seconde, et v la vitesse acquise au bout d'un temps déterminé, on a les deux formules

$$e = \frac{gt^2}{2} \quad \text{et} \quad v = gt,$$

formules qui permettent de calculer deux quelconques des quantités qu'elles renferment lorsque les autres quantités sont connues.

48 kil. 06648 de mercure dont la densité est 13,6, on finit de le remplir avec de l'eau pure. Déterminer le poids de cette eau.

3626*. On verse dans un double litre en étain 11 hectogr. d'une huile dont la densité est 0,92. A quelle hauteur s'élèvera le liquide dans le vase, sachant que sa hauteur est double de son diamètre?

3627. Le poids de l'air étant $\frac{1}{770}$ du poids d'un même volume d'eau, faire connaître le poids de l'air contenu dans un cylindre dont la circonférence de la base est 0 m. 3 et la hauteur 0 m. 8.

3628*. Une machine soufflante lance 14 kilog. d'air par minute; cette machine se compose d'un cylindre dont le diamètre intérieur est de 0 m. 75; la course du piston est de 0 m. 50; de telle sorte que chaque coup de piston lance un volume d'air égal à celui d'un cylindre de 0 m. 50 de hauteur et 0 m. 75 de diamètre. Combien dure chaque coup de piston? On sait que le mètre cube d'air pèse 1 kil. 299.

3629. Une barre de fer a 2 m. 6 de long à zéro : quelle sera sa longueur à 80 degrés, le coefficient de dilatation linéaire du fer étant 0,0000122 ? [1]

3630*. On a une barre de 3 m. d'un métal qui a pour coefficient de dilatation linéaire $\frac{1}{754}$; une autre barre de 5 m., d'un autre métal, se dilate, pour un même nombre de degrés, autant que la première. En trouver le coefficient de dilatation.

3631. On a 8 litres d'air à 0° : quel en sera le volume à 25 degrés, le coefficient de dilatation de l'air étant 0,00366 et la pression restant la même?

1. En physique, on nomme *coefficient de dilatation linéaire* d'un corps l'*allongement* que subit l'unité de longueur de ce corps lorsque sa température s'élève d'un degré, et *coefficient de dilatation cubique* l'*accroissement* que subit, dans le même cas, l'unité de volume.

3632. Étant donnés 17 gr. 745 d'air à 50 degrés, quel en sera, d'après le numéro précédent, le volume à 0° ?

3632 *bis**. A quelle température faut-il élever 75 l. 25 d'air à 0° pour tripler son volume, le coefficient de dilatation cubique de l'air étant 0,00367 ?

3633*. On a un aérostat sphérique de 4 m. de diamètre ; on l'emplit d'hydrogène impur qui pèse 100 gr. le mètre cube ; le taffetas verni dont est formée l'enveloppe pèse 250 gr. le mètre carré. On demande combien il faut d'hydrogène pour le remplir et à quel poids il peut faire équilibre, sachant que l'air pèse 1300 grammes le mètre cube.

3634. Un ballon sphérique, de 11 m. de diamètre, est à moitié rempli de gaz hydrogène dont la densité est 0,07 ; l'enveloppe et les accessoires pèsent ensemble 150 kil. D'après cela, on demande quel poids ce ballon pourra enlever à son départ.[1]

3635. On forme un alliage d'or et d'argent dont les densités sont 19,26 et 10,47. On demande celle de l'alliage obtenu, sachant que le volume de ce dernier a subi une contraction égale au $\frac{1}{70}$ du volume des métaux composants. Les poids des deux métaux alliés sont respectivement 96 kil. 30 et 91 kil. 23.

3636. Une cuiller en or du poids de 32 gr. ne pèse dans l'eau que 30 gr. : quel en est le titre ? La densité de l'or est 19,26 et celle du cuivre 8,79.

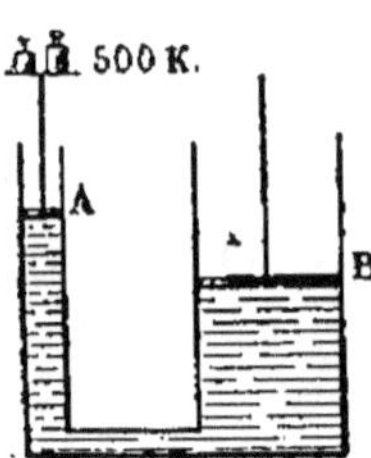

3637. *La presse hydraulique est une machine puissante basée sur l'égalité de pression en tous sens des liquides.* Le petit piston A (figure ci-contre) d'une presse hydraulique a pour base un cercle de 10 centimètres de diamètre et est chargé d'un poids de 500 kil.; la base du grand piston B a 0 m. 80 de rayon. Quelle sera en tonnes

1. Pour les gaz, l'unité de densité est l'air atmosphérique.

la pression exercée sur la surface interne du piston B ? (Voir le n° 3616.)[1]

3638. Les surfaces des deux pistons d'une machine hydraulique sont dans le rapport de 1 à 400 ; un homme, qui a une force de 60 kil , manœuvre le petit piston à l'aide d'un levier disposé de telle sorte que son point d'appui est 15 fois moins éloigné du petit piston que de l'homme. Quelle sera, d'après ces données, la force de pression du grand piston ? (Voir la note au bas de la page 287.)

3639. Calculer l'espace parcouru par un corps lourd qui tombe librement sous l'action de la pesanteur pendant 5 secondes 7.[2]

3640. Un corps tombe librement sous l'action de la pesanteur pendant 3 secondes 9. On demande : 1° le chemin parcouru par lui ; 2° la vitesse qu'il a au bout de ce temps.

3641. D'après la loi de Mariotte, *le volume d'une masse de gaz, la température restant la même, est en raison inverse de la pression qu'elle supporte.* On a un vase, à parois compressibles, qui contient 4 l. 3 d'air, la pression étant 0 m. 71 ; quel sera le volume de cet air à la pression 0 m. 76 et à la même température ?

3642. On a 20 litres de gaz sous la pression d'une atmosphère. A quelle pression doit être soumis ce volume pour qu'il se réduise à 8 litres ? (En physique, *on entend par poids d'une atmosphère la pression exercée par l'air atmosphérique sur une surface donnée.*

3643*. Un litre d'air pèse 1 gr. 3 à zéro et sous la pression de 0 m. 76 de mercure ; quel serait son poids, à température égale, si la pression était 0 m. 72 ?

1. La presse hydraulique est utilisée dans tous les travaux qui nécessitent de grandes pressions. On l'emploie pour fouler les draps, pour extraire le suc des betteraves, l'huile des graines oléagineuses, pour réduire considérablement le volume des fourrages qu'on veut transporter sur mer, etc.

2. Les corps lourds, à cause de leurs densités considérables par rapport à celle de l'air, peuvent être regardés comme n'éprouvant pas de résistance de la part de ce fluide. Leur chute s'effectue donc dans l'air comme dans le vide.

3644. A 90 degrés, une barre de cuivre a 3 m. 4 de long; quelle sera sa longueur à zéro, le cofficient de dilatation du cuivre étant 0,0000172 ?

3645. Une barre métallique a une longueur de 2 m. 10 à 27 degrés; quelle sera sa longueur à 72 degrés, le coefficient de dilatation étant 0,0000124 ?

3646. Selon Gay-Lussac, *la vapeur d'eau occupe un volume 1698 fois plus considérable que le volume d'eau qui l'a formée.* D'après cela, on demande : 1° le volume de vapeur résultant de la vaporisation de 17 litres d'eau ; 2° de quelle quantité d'eau proviennent 169 m. cub. 8 de vapeur.

3647. Le poids d'un litre d'air sec, à la température de 100 degrés, est de 0 gr. 951. La densité de la vapeur d'eau, par rapport à celle de l'air à 0°, étant 0, 6235, on demande le rapport qui existe entre un certain volume d'eau et celui de toute la vapeur qu'il peut produire.

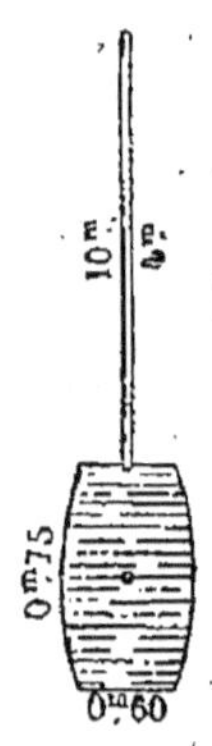

3648. *Pascal a démontré que la pression exercée par un liquide sur le fond d'un vase dépend uniquement de la surface du fond et de la hauteur verticale du liquide au-dessus de la base du vase, et non de sa forme.* D'après cela, on demande quel sera le poids supporté par le fond inférieur d'un tonneau plein d'eau pure dont la base a 0 m. 60 de diamètre et dont la hauteur est de 0 m. 75, en admettant qu'on adapte, perpendiculairement au fond supérieur du tonneau, un petit tube d'une longueur de 4 m. également plein d'eau, laquelle communique à celle du tonneau.

3649. D'après le n° précédent, quel sera le poids supporté par le fond supérieur du tonneau, si l'on suppose que le petit tube a 10 m. de hauteur? et quel accident arrivera très-probablement au tonneau.

3650*. L'eau bout-elle partout à la même température? Dire à quel moment elle entre en ébullition et expliquer pourquoi, dans certains pays, l'eau bouillante ne peut pas cuire les haricots.

125 K. A 180 K.

3651. Un corps A est sollicité par deux forces parallèles de 125 et de 180 kilog. agissant au même point. Trouver leur résultante 1° si elles sont de même direction; 2° si elles sont de direction contraire. [1]

3652. On a deux forces parallèles et de même direction de 25 et de 75 kil. appliquées aux deux extrémités d'un levier AB. Déterminer la résultante de ces deux forces, sa direction et son point d'application. [2]

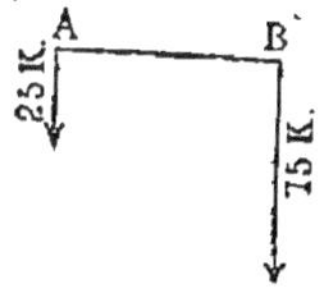

A B 25 K. 75 K.

3653. On veut faire équilibre à deux forces parallèles de 30 et de 50 kil. appliquées dans le même sens aux extrémités d'un levier de 3 m. 20 de longueur en leur opposant une force unique. On demande de déterminer le point d'application de la résistance, sa direction et son poids. Faire la figure.

3654. On veut faire équilibre à deux forces parallèles de 50 et de 30 kil., agissant en sens contraire aux extrémités d'un levier de 3 m. 20 de longueur, à l'aide d'une résistante unique. Déterminer le point d'application de la résistance, sa direction et sa force. Faire la figure.

3655. Quelle force faut-il appliquer à l'extrémité d'un levier de 0 m. 85 de longueur pour faire équilibre à un poids de 208 kil. appliqué à l'autre extrémité, celle-ci étant distante du point d'appui de 0 m. 54 ?

3656. Calculer la force ascensionnelle d'un ballon sphérique de 6 m. de diamètre et rempli d'hydrogène impur. On suppose que le taffetas verni du ballon pèse 250 grammes le mètre carré; que le gaz dont on fait usage pèse 100 gr. le mètre cube, et que l'air atmosphérique pèse 1 gr. 3 le litre.

3657. Un ballon sphérique de 2 m. de rayon est rempli

1. Lorsque deux forces parallèles sont appliquées à un même point, elles ont une résultante égale à leur somme, quand elles sont de *même direction*, et à leur différence, quand elles sont de *direction contraire*.

2. Lorsque deux forces parallèles et de même direction sont appliquées aux extrémités d'une droite, leur résultante est égale à leur somme, leur est parallèle, et partage cette droite en deux parties *inversement proportionnelles* aux intensités de ces forces.

d'hydrogène dont la densité est 0,069 par rapport à celle de 'air. Quelle sera la force ascensionnelle de ce ballon, le poids de l'enveloppe et des accessoires étant de 15 kil.?

3658. La longueur d'une barre de métal à 0° est de 2 m. 537; elle est de 2 m. 859 à 30°,25. On demande le coefficient de dilatation linéaire de ce métal. Sachant aussi que 1 décimètre cube de ce métal pèse 3 kil. 548 à 0°, quel sera le poids de 1 décimètre cube de ce même métal à 45°,15 ?

3659. Une barre de fer à 3 m. de long; le coefficient de dilatation linéaire est $\frac{1}{81900}$. On demande quelle devrait être la longueur d'une barre de zinc dont le coefficient est $\frac{1}{34000}$ pour qu'elle se dilatât autant que la barre de fer?

3660*. Un morceau de liége verni pèse 30 gr. dans l'air; une boule de plomb pèse 110 gr. dans l'eau. Le liége et le plomb, liés ensemble et suspendus par un fil à l'un des plateaux d'une balance, sont plongés dans l'eau et ne pèsent plus que 15 gr. Quel est le poids spécifique du liége?

3661. Un morceau de sapin pèse 55 gr. dans l'air et un morceau de fer 95 gr. dans l'eau. On lie ensemble le sapin et le fer, et le tout ne pèse plus que 50 gr. dans l'eau. Quelle est la densité du sapin?

3662. Calculer le poids du mercure que peut contenir un vase conique dont la hauteur intérieure est 0 m. 87 et dont la base a 0 m. 23 de rayon. On prendra pour densité du mercure 13,596.

3663. La hauteur intérieure d'un cylindre est de 0 m. 42 et le rayon de 0 m. 125. Calculer le poids de l'alcool rectifié que peut contenir le cylindre. On sait que la densité de ce liquide est 0,833.

3664. Un bloc cubique de pierre de 0 m. 70 d'arête a pour densité 2,40. Un homme, qui peut employer une force égale à 75 kil., agit à l'extrémité d'un levier long de 1 m. 80 dont l'extrémité opposée est placée au centre du bloc. Le point d'appui du levier se trouvant à 0 m. 25 du bloc, on demande si l'homme pourra soulever ainsi la masse de pierre. Si non, quelle sera la force qui manquera? [1]

3665. Quelle devrait être la longueur du levier pour que, les conditions du problème précédent restant les mêmes, l'homme pût soulever le bloc?

3666. Les conditions du n° 3664 restant les mêmes, quelle puissance, pour soulever le bloc de pierre, devrait-on exercer en un point du grand bras distant du point d'appui de 3 m. 60 ?

3667. On a un carré de tôle de 3 m. de côté à 0°; on en porte la température à 64 degrés. Calculer ce que deviendra sa surface, sachant que le coefficient de dilatation linéaire du fer est 0,0000122.

3668. Le poids spécifique du cuivre à 0° est 8,878. Quelle sera la densité de ce métal à 100°, son coefficient de dilatation cubique étant $\frac{1}{19400}$?

3669. La densité du cuivre à 0° est 8,878 et son coefficient de dilatation cubique $\frac{1}{19466}$. Le poids spécifique de l'eau à 15° est 0,9991. Ceci posé, on demande quelle perte de poids éprouvera par le fait de son immersion dans l'eau à 15° un morceau de cuivre pesant 426 gr.

3670*. On a un morceau de chêne sec cubique dont la densité est 0,89. De quel poids devra-t-on le charger pour l'immerger totalement dans l'eau de mer dont la densité est 1,026? On sait que le morceau de bois a 0 m. 22 d'arête.

3671. Quel serait en kilog. le poids dont il faudrait charger une soupape circulaire de 7 centimètres de diamètre pour l'empêcher de se soulever avant que la pression de la vapeur ait atteint dans la chaudière une tension de 8 atmosphères?

1. Toute force agissant sur un levier rectiligne a une puissance en raison directe de la distance de cette force au point d'appui du levier, c'est-à-dire que cette force devient double, triple, décuple, quand sa distance au point d'appui devient elle-même 2 fois, 3 fois, 10 fois plus grande.

3672. Un corps homogène flotte sur l'eau ; son volume est de 30 décim. cubes ; le volume de la partie immergée est de 24 décim. cubes. Trouver la densité de ce corps.

3673. Une sphère creuse de fer pesant 12500 gr. flotte sur l'eau. Quel est le volume immergé?

3674. Expliquer la construction et le jeu d'une pompe aspirante à eau. Faire la figure.

3675. Expliquer la construction et le jeu d'une pompe foulante. Faire la figure.

3676. Expliquer la construction et le jeu d'une pompe composée. Faire la figure.

3677. Le son peut-il se produire dans le vide? Si non, expliquer pourquoi. Rendre compte de l'expérience relative à cette question.

3678. L'air que nous respirons étant composé, en volume, de 79 parties d'azote et de 21 d'oxygène, quel est, séparément, le volume de l'azote et de l'oxygène contenus dans 7 hectogr. 9 d'air ?

3679. Le poids spécifique de l'oxygène étant 1,1057, quel est, d'après les données du n° précédent, celui de l'azote?

3680*. L'air atmosphérique est composé d'oxygène et d'azote dans les proportions suivantes :

Volume { oxygène 21, azote 79; Poids { oxygène 23, 13, azote 76, 87.

D'après cela, on demande de déterminer, en volume et en poids, les quantités de chacun de ces deux gaz contenues dans une chambre dont les dimensions sont: longueur, 4 m. 95 ; largeur 3 m. 10 ; hauteur 2 m. 85.

3681. L'eau pure est composée, en poids, de 8 parties d'oxygène et de 1 d'hydrogène, et en volume, de 2 d'hydrogène et de 1 d'oxygène. On demande, d'après cela, en volume et en poids, la quantité d'oxygène et d'hydrogène que renferme un mètre cube d'eau.

3682. La densité de l'oxygène étant 1,1057, celle de l'hydrogène 0,07, et celle de l'eau (par rapport à l'air) 770, on demande, d'après le n° précédent, de déterminer en litres la quantité de chacun de ces deux gaz qui entre dans un mètre cube d'eau.

3683. En décomposant une certaine quantité d'eau, on a obtenu 3020 décimètres cubes d'oxygène. Calculer, d'après les deux numéros précédents, le poids de l'hydrogène contenu dans cette quantité d'eau et le poids total de l'eau décomposée.

3684. Le poids des cendres provenant de la combustion du bois de chêne est environ les 0,03 du poids de ce bois, et le poids de la potasse contenue dans les cendres est la quinzième partie du poids de ces cendres. Cela étant, on demande combien on retirera de kilog. de potasse des cendres fournies par la combustion de 5 stères de bois de chêne dont la densité est 0, 94.

3685. Un bloc de marbre est tellement irrégulier qu'il est impossible d'en prendre les dimensions. On le plonge dans un vase cylindrique de 0 m. 31 de rayon et contenant une certaine quantité d'eau, laquelle s'élève après à une hauteur de 0 m. 24. Le bloc retiré, il se trouve que le liquide ne monte plus qu'à 0 m. 14. Quel est le poids du bloc de marbre, sa densité étant 2,65 ?

3686. On plonge dans un vase plein d'eau une sphère de zinc de 0 m. 252 de diamètre, et l'on demande : 1° la quantité d'eau qui sortira du vase ; 2° le poids de la sphère dans l'eau, la densité du zinc étant 7,19.

3687. Combien doit-on ajouter d'eau à 12 litres d'alcool marquant 58 degrés centésimaux pour obtenir de l'eau-de-vie à 19 degrés ?

3688. On a 544 kil. d'eau salée contenant 6 p. 0/0 de sel. Quelle quantité d'eau doit-on faire évaporer pour que le reste contienne 20 p. 0/0 de sel ?

3689. La distance des extrémités d'un levier du premier genre au point d'appui sont entre elles dans le rapport de 5 à 12 ; à l'extrémité du petit bras est suspendu un cône en argent de 0 m. 22 de hauteur et dont la base a une surface de 0 m. c. 04. On demande : 1° le poids en kilog. qui doit être suspendu à l'autre extrémité du levier pour faire équilibre à cette masse d'argent, la densité de ce métal étant 10,47 ; 2° la valeur en francs du cône d'argent, le prix du gramme étant supposé de 0 fr. 22.

3690. On sait que dans la balance de Quintez, connue sous le nom de bascule, la longueur du bras de levier destiné à recevoir les poids est égale à 10 fois celle du bras de levier destiné à supporter les objets à peser. D'après cela, on demande ce qu'un négociant doit payer, à raison de 0 fr. 06 par tonne et par kilom., pour le transport à 191 kilom. 5 d'un ballot de marchandises faisant, sur une bascule, équilibre à 600 fr. en monnaie de bronze.

3691. On a une balance à bras inégaux. Le plus petit a 0 m. 20 de longueur et l'autre 0 m. 23. A l'extrémité du grand bras on suspend un cylindre en fer de 0 m. 16 de diamètre sur 0 m. 30 de hauteur, lequel cylindre plonge aux $\frac{3}{4}$ dans de l'eau pure. Quel poids devra-t-on fixer à l'extrémité du petit bras pour rétablir l'équilibre ? On sait que la densité du fer est 7,79.

3692. Est-il possible de faire une pesée juste avec une balance fausse ? Expliquer la méthode des doubles pesées de Borda.

3693. On veut connaître la densité de l'huile d'olive. A cet effet, on prend un flacon vide pesant 112 gr.; on le remplit d'eau, et il pèse alors 1310 gr. Après l'avoir vidé et bien essuyé, on le remplit d'huile, et son poids est de 1210 gr. Déduire de cette expérience la densité de l'huile.

3694. On a trouvé dans une fouille un objet en métal dont on ne connaît pas positivement la nature ; pesé dans l'air, il accuse un poids de 7508 gr. 7 ; plongé dans un décalitre contenant de l'eau, il fait monter le liquide de 0 m. 0239. Quelle est, d'après cela, la nature de l'objet trouvé ? (Voir à la fin du volume, la table des densités.)

3695*. De quelle hauteur doit tomber un corps lourd pour venir frapper la terre avec une vitesse de 60 m. par seconde ?

3696. Un aéronaute laisse tomber une balle de plomb d'une hauteur de 6500 m. Combien de temps lui faudra-t-il pour effectuer sa chute et avec quelle vitesse viendra-t-elle frapper le sol?

3697*. On veut connaître la profondeur d'un puits. Pour cela, on y laisse tomber une pierre. Il s'écoule 2 secondes 4 depuis l'instant où l'on a abandonné la pierre jusqu'au moment où cette pierre arrive au fond du puits. Quelle est la profondeur demandée?

3698. Un pieu cylindrique de 0 m. 20 de diamètre est enfoncé verticalement dans une terre argileuse humide et très-grasse. Ce pieu pesant 40 kil., on demande la force qu'il faudra employer pour l'arracher. On suppose que le vide a été parfaitement fait par le pieu et que le baromètre marque 0 m. 755.

3699. Calculer la pression qu'exerce l'atmosphère sur un triangle équilatéral de 2 m. 70 de périmètre, la hauteur barométrique étant 0 m. 76.

3700*. Un fil d'argent de 125 m. de long pèse 6 gr. On en demande le diamètre, sachant que le poids spécifique de l'argent est 10,474.

3701. Calculer le rayon d'un boulet de fonte de 24 kilog., sachant que le poids spécifique de la fonte est 7,21.

3702. On mélange 18 kilog. d'acide sulfurique avec 8 kilog. d'eau, et l'on demande le poids spécifique du mélange. On sait que la densité de l'acide sulfurique est 1,84 et que le mélange subit une contraction égale à $\frac{1}{32}$ de la somme des volumes composants.

3703*. On a un cube de plomb de 4 centimètres de côté qu'on veut soutenir dans l'eau en le suspendant à une sphère de liége vernie. Quel diamètre doit avoir celle-ci pour que sa poussée de bas en haut fasse équilibre au poids du cube de plomb, la densité de ce métal étant 11,35 et celle du liége 0,24?

3704. Une pièce de bois, dont la densité est 0,782, flotte sur l'eau en laissant dépasser au-dessus du liquide une épaisseur de 0 m. 25. On demande : 1° l'épaisseur totale de la pièce de bois ; 2° quelle serait sa force ascensionnelle si elle était plongée entièrement dans l'eau, en admettant qu'elle ait un volume de 5 m. cubes.

3705*. Un verre à champagne, de forme conique, a intérieurement 0 m. 06 de diamètre au bord; il a été complétement rempli de mercure, d'eau et d'huile, en proportion telle que la couche formée par chacun de ces liquides a 0 m. 05 de hauteur. On sait que la densité du mercure est 13,596 et celle de l'huile 0,915. Calculer 1° le poids du mercure ; 2° le poids de l'eau ; 3° celui de l'huile.

DÉFINITIONS. — 1° On nomme en physique *calorie* ou *unité de chaleur* la quantité de chaleur nécessaire pour élever de 1 degré la température d'un kilog. d'eau ;

2° On appelle *calorique spécifique* ou *capacité calorifique* d'un corps la quantité de chaleur qu'il absorbe, lorsque sa température s'élève d'un degré, comparativement à cellequ'absorberait, dans le même cas, un poids égal d'eau.

3706. Quel poids de glace doit-on mettre dans 40 l. d'eau à 20 degrés pour en abaisser la température à 5° ? On sait que le calorique de fusion de la glace est 79, c'est-à-dire qu'il faut, pour fondre 1 kilogr. de glace, la quantité de chaleur qui est nécessaire pour élever 1 kil. d'eau de 0° à 79 degrés. (Voir les définitions qui précèdent.)

3707. La terre étant couverte d'une couche de neige de 0 m. 15 d'épaisseur à 0°, on demande quelle sera la couche de pluie nécessaire, tombant à 9°, pour obtenir la liquéfaction de cette neige. On suppose que la densité de la neige est 0,078 et l'on ne tient pas compte de la dilatation de l'eau. On sait d'ailleurs qu'il faut 79 calories pour fondre 1 kil. de neige. (Voir les définitions qui précèdent.)

3708. Un morceau de platine, pesant 80 kil., est placé dans un four et y reste assez longtemps pour en prendre la température ; on le retire ensuite, puis on le plonge dans une masse d'eau dont le poids est de 168 gr. et la température 12°, et l'on observe que le liquide s'échauffe jusqu'à 22 degrés. Sachant que la capacité calorifique du platine est 0,03243, on demande, d'après les définitions qui précèdent, la température du four.

3709. *L'intensité de la chaleur décroît en raison inverse du carré des distances.* Un thermomètre centigrade, placé à 8 centimètres d'une source de chaleur, marque 40 degrés. On demande quelle serait l'indication du thermomètre si on le plaçait à 0 m. 11 de la même source.

3710. *On sait que les durées des oscillations des pendules sont proportionnelles aux racines carrées des longueurs de ces pendules ; on sait de plus que le pendule qui bat la seconde, à Paris, a 0 m.* 9939 Cela admis, quelle est, sous la latitude de Paris, la durée d'oscillation d'un pendule de 3 m. 20 de longueur ? et quelle serait, dans ce même lieu, la longueur d'un pendule qui devrait faire 7 oscillations en 12 secondes ?

3711. Pour mesurer la hauteur d'une voûte, on fait osciller une lampe qui y est suspendue, et l'on remarque qu'elle fait 66 oscillations en 5 minutes. Sachant que le centre d'oscillation de la lampe est à 1 m. 50 au-dessus du sol, on demande (voir le n° précédent) la hauteur de la voûte. On sait que la longueur du pendule qui bat la seconde à Paris est de 0 m. 9939.

FIN DU RECUEIL DE PROBLÈMES.

TABLE

Des densités des principaux corps par rapport à l'eau.

N° 1.

1° Solides.	
Platine	21,53
Or	19,26
Mercure	13,596
Plomb	11,35
Argent	10,474
Cuivre	8,95
Fer en barre	7,79
Étain	7,29
Zinc	7,19
Diamant	3,52
Marbre et Pierre à chaux	2,70
Verre ordinaire	2,46
Gypse (Plâtre en poudre)	2,27
Chêne et Noyer verts	0,93
Charme et Orme verts	0,76
Bouleau vert	0,73
Peuplier vert	0,48
2° Liquides.	
Acide sulfurique concentré	1,97
Acide azotique concentré	1,45
Lait	1,03
Eau de mer	1,026
Eau distillée	1,00
Vin ordinaire	0,995
Huile d'olive	0,915
Eau-de-vie ordinaire	0,84
Alcool pur	0,79
3° Gaz par rapport à l'air.	
Chlore	2,44
Acide carbonique (ce gaz asphyxie)	1,529
Oxygène	1,1057
Air atmosphérique	1,00
Azote	0,972
Hydrogène	0,069

N° 2. TABLE *indiquant les valeurs de* 1 *fr. placé à intérêts composés depuis* 1 *an jusqu'à* 50.

Années	3 p. %	3 1/2 p. %	4 p. %	4 1/2 p. %	5 p. %	5 1/2 p. %	6 p. %	Années	3 p. %	3 1/2 p. %	4 p. %	4 1/2 p. %	5 p. %	5 1/2 p. %	6 p. %
1	1f03000	1f03500	1f04000	1f04500	1f05000	1f05500	1f06000	**26**	2f15659	2f44596	2f77247	3f14068	3f55567	4f02313	4f54938
2	1.06090	1.07123	1.08160	1.09203	1.10250	1.11303	1.12360	**27**	2.22129	2.53157	2.88337	3.28201	3.73346	4.24440	4.82235
3	1.09273	1.10872	1.12486	1.14117	1.15763	1.17424	1.19102	**28**	2.28793	2.62017	2.99870	3.42970	3.92013	4.47784	5.11169
4	1.12551	1.14752	1.16986	1.19252	1.21551	1.23883	1.26248	**29**	2.35657	2.71188	3.11865	3.58404	4.11614	4.72412	5.41839
5	1.15927	1.18769	1.21665	1.24618	1.27628	1.30696	1.33823	**30**	2.42726	2.80679	3.24340	3.74532	4.32194	4.98395	5.74349
6	1.19405	1.22926	1.26532	1.30226	1.34010	1.37884	1.41852	**31**	2.50008	2.90503	3.37313	3.91386	4.53804	5.25807	6.08810
7	1.22987	1.27228	1.31593	1.36086	1.40710	1.45468	1.50363	**32**	2.57508	3.00671	3.50806	4.08998	4.76494	5.54726	6.45339
8	1.26677	1.31681	1.36857	1.42210	1.47746	1.53469	1.59385	**33**	2.65234	3.11194	3.64838	4.27403	5.00319	5.85236	6.84059
9	1.30477	1.36290	1.42331	1.48610	1.55133	1.61909	1.68948	**34**	2.73191	3.22086	3.79432	4.46636	5.25335	6.17424	7.25103
10	1.34392	1.41060	1.48024	1.55297	1.62889	1.70814	1.79085	**35**	2.81386	3.33559	3.94609	4.66735	5.51602	6.51383	7.68609
11	1.38423	1.45997	1.53945	1.62285	1.71034	1.80209	1.89830	**36**	2.89828	3.45027	4.10393	4.87738	5.79182	6.87209	8.14725
12	1.42576	1.51107	1.60103	1.69588	1.79586	1.90121	2.01220	**37**	2.98523	3.57103	4.26809	5.09686	6.08141	7.25005	8.63609
13	1.46853	1.56396	1.66507	1.77220	1.88565	2.00577	2.13293	**38**	3.07478	3.69601	4.43881	5.32622	6.38548	7.64880	9.15425
14	1.51259	1.61870	1.73168	1.85194	1.97993	2.11609	2.26090	**39**	3.16703	3.82537	4.61637	5.56590	6.70475	8.06949	9.70351
15	1.55797	1.67535	1.80094	1.93528	2.07893	2.23248	2.39656	**40**	3.26204	3.95926	4.80102	5.81636	7.03999	8.51331	10.28572
16	1.60471	1.73399	1.87298	2.02237	2.18287	2.35526	2.54035	**41**	3.35990	4.09783	4.99306	6.07810	7.39199	8.98154	10.90286
17	1.65285	1.79468	1.94790	2.11338	2.29202	2.48480	2.69277	**42**	3.46070	4.24126	5.19278	6.35162	7.76159	9.47553	11.55703
18	1.70243	1.85749	2.02582	2.20848	2.40662	2.62147	2.85434	**43**	3.56452	4.38970	5.40050	6.63744	8.14967	9.99668	12.25045
19	1.75351	1.92250	2.10685	2.30786	2.52695	2.76565	3.02560	**44**	3.67145	4.54334	5.61652	6.93612	8.55715	10.54650	12.98548
20	1.80611	1.98979	2.19112	2.41171	2.65330	2.91776	3.20714	**45**	3.78160	4.70236	5.84118	7.24825	8.98501	11.12655	13.76461
21	1.86029	2.05943	2.27877	2.52024	2.78596	3.07823	3.39956	**46**	3.89504	4.86694	6.07482	7.57442	9.43426	11.73851	14.59049
22	1.91610	2.13151	2.36992	2.63365	2.92526	3.24754	3.60354	**47**	4.01190	5.03728	6.31782	7.91527	9.90597	12.38413	15.46592
23	1.97359	2.20611	2.46472	2.75217	3.07152	3.42615	3.81975	**48**	4.13225	5.21359	6.57053	8.27146	10.40127	13.06526	16.39387
24	2.03279	2.28333	2.56330	2.87601	3.22510	3.61459	4.04894	**49**	4.25622	5.39607	6.83335	8.64367	10.92133	13.78385	17.37750
25	2.09378	2.36325	2.66584	3.00543	3.38635	3.81339	4.29187	**50**	4.38391	5.58499	7.10668	9.03264	11.46740	14.54106	18.42015

Nota. — Pour calculer la valeur définitive d'un capital quelconque placé de 1 à 50 ans et à l'un des taux indiqués dans cette table, on n'a qu'à multiplier ce capital par le nombre qui correspond à la durée du placement et au taux désignés dans l'énoncé. Soit proposé, pour exemple, de trouver la valeur définitive de 1000 fr. placés, pendant 13 ans, à 4 1/2 p. % et à intérêts composés. Dans la colonne du 4 1/2 p. % et en regard du chiffre 13, on voit que 1 fr. vaut au bout de 13 ans 1 fr. 7722; 1000 fr. valent par conséquent 1 fr. 7722 × 1000 = 1772 fr. 20.

TABLE *indiquant le capital acquis à la fin de chaque année*
N° 2 *bis.* *par un versement annuel de* 1 *fr.*

Années	3 p. %	3 ½ p. %	4 p. %	4 ½ p. %	5 p. %	5 ½ p. %	6 p. %
1	1f03000	1f03500	1f04000	1f04500	1f05000	1f05500	1f06000
2	2.09090	2.10623	2.12160	2.13703	2.15250	2.16803	2.18360
3	3.18363	3.21494	3.24646	3.27819	3.31013	3.34227	3.37462
4	4.30914	4.36247	4.41632	4.47071	4.52563	4.58109	4.63709
5	5.46841	5.55015	5.63298	5.71689	5.80191	5.888[illegible]5	5.97532
6	6.66246	6.77941	6.89829	7.01915	7.14201	7.26689	7.39384
7	7.89234	8.05169	8.21423	8.38001	8.54911	8.72157	8.89747
8	9.15911	9.36850	9.58280	9.80211	10.02656	10.25626	10.49132
9	10.46388	10.73139	11.00611	11.28821	11.57789	11.87535	12.18079
10	11.80780	12.14199	12.48635	12.84118	13.20679	13.58350	13.97164
11	13.19203	13.60196	14.02581	14.46403	14.91713	15.38559	15.86994
12	14.61779	15.11303	15.62684	16.15991	16.71298	17.28680	17.88214
13	16.08632	16.67699	17.29191	17.93211	18.59863	19.29257	20.01507
14	17.59891	18.29568	19.02359	19.78405	20.57856	21.40866	22.27597
15	19.15688	19.97103	20.82453	21.71934	22.65749	23.64114	24.67253
16	20.76159	21.70502	22.69751	23.74171	24.84037	25.99640	27.21288
17	22.41444	23.49969	24.64541	25.85508	27.13238	28.48120	29.90565
18	24.11687	25.35718	26.67123	28.06356	29.53900	31.10267	32.75999
19	25.87037	27.27968	28.77808	30.37142	32.06595	33.86832	35.78559
20	27.67649	29.26947	30.96920	32.78314	34.71925	36.78608	38.99273
21	29.53678	31.32890	33.24797	35.30338	37.50521	39.86431	42.39229
22	31.45288	33.46041	35.61789	37.93703	40.43048	43.11185	45.99583
23	33.42647	35.66653	38.08260	40.68920	43.50200	46.53800	49.81558
24	35.45926	37.94986	40.64591	43.56521	46.72710	50.15259	53.86451
25	37.55304	40.31310	43.31174	46.57064	50.11345	53.96598	58.15638
26	39.70963	42.75906	46.08421	49.71132	53.66913	57.98911	62.70577
27	41.93092	45.29063	48.96758	52.99333	57.40258	62.23351	67.52811
28	44.21885	47.91080	51.96629	56.42303	61.32271	66.71135	72.63980
29	46.57542	50.62268	55.08494	60.00707	65.43885	71.43548	78.05819
30	49.00268	53.42947	58.32834	63.75239	69.76079	76.41943	83.80168
31	51.50276	56.33450	61.70147	67.66625	74.29883	81.67750	89.88978
32	54.07784	59.34121	65.20953	71.75623	79.06377	87.22476	96.34316
33	56.73018	62.45315	68.85791	76.03026	84.06696	93.07712	103.18375
34	59.46208	65.67401	72.65222	80.49662	89.32031	99.25136	110.43478
35	62.27594	69.00760	76.59831	85.16397	94.83632	105.76519	118.12087
36	65.17423	72.45787	80.70225	90.04134	100.62814	112.63727	126.26812
37	68.15945	76.02890	84.97034	95.13820	106.70955	119.88732	134.90421
38	71.23423	79.72491	89.40915	100.46442	113.09502	127.53613	144.05846
39	74.40126	83.95028	94.02552	106.03032	119.79977	135.60561	153.76197
40	77.66330	87.30956	98.82654	111.84669	126.83976	144.11892	164.04768
41	81.02320	91.60737	103.81960	117.92479	134.23175	153.10046	174.95054
42	84.48389	95.84863	109.01238	124.27640	141.99334	162.57599	186.50758
43	88.04841	100.23833	114.41288	130.91384	150.14301	172.57227	198.75803
44	91.71986	104.78167	120.02939	137.84997	158.70016	183.11917	211.74351
45	95.50146	109.48403	125.87057	145.09821	167.68516	194.24572	225.50812
46	99.39650	114.35097	131.94539	152.67263	177.11942	205.98423	240.09861
47	103.40840	119.38826	138.26321	160.58790	187.02539	218.36837	255.56453
48	107.54065	124.60185	144.83373	168.85936	197.42666	231.43363	271.95840
49	111.79687	129.99791	151.66708	177.50303	208.34800	245.21748	289.33590
50	116.18077	137.58284	158.77377	186.53566	219.81540	259.75944	307.75606

No 2 *ter.* TABLE *indiquant la somme à verser immédiatement pour recevoir 1 fr. après un nombre déterminé d'années.*

Années	3 p. °/o	3 1/2 p. °/o	4 p. °/o	4 1/2 p. °/o	5 p. °/o	5 1/2 p. °/o	6 p. °/o
1	0f97087	0f96618	0f96154	0f95694	0f95238	0f94787	0f94340
2	0.94260	0.93351	0.9 456	0.91573	0.90703	0.89845	0.89000
3	0.91514	0.90194	0.88900	0.876 0	0.86384	0.85161	0.83962
4	0.88849	0.87144	0.85480	0.83856	0.82270	0.80722	0.79209
5	0.86261	0.84197	0.82193	0.80 45	0.78353	0.76513	0.74726
6	0.83748	0.81350	0.79031	0.76790	0.74622	0.72525	0.70496
7	0.81309	0.78599	0.75992	0. 3483	0.71068	0.68744	0.66506
8	0.78941	0.75941	0.7 069	0.70319	0.67684	0.65160	0.62741
9	0.76642	0.73373	0.70259	0.67290	0.64461	0.61763	0.59190
10	0.74409	0.70892	0.67556	0.64393	0.61391	0.58543	0.55839
11	0.72242	0.68495	0.64958	0.61620	0.58468	0.55491	0.52679
12	0.70138	0.66178	0.62460	0.58966	0.55684	0.52598	0.49697
13	0.68095	0.6 910	0.60057	0.56427	0.53032	0.49856	0.46884
14	0.66112	0.61778	0.57748	0.53997	0.50507	0.47257	0.44230
15	0.64186	0.59689	0.55526	0.51672	0.48102	0.44793	0.41727
16	0.6 317	0.57671	0.53391	0.49447	0.45811	0.42158	0.39365
17	0.60502	0.55720	0.51337	0.47318	0.43630	0.40245	0.37136
18	0.58739	0.53836	0.49363	0.45280	0.41552	0.38147	0.35034
19	0.57029	0.52016	0.47464	0.43330	0.39573	0.36158	0.33051
20	0.55368	0.50257	0.45639	0.41464	0.37689	0.34273	0.31180
21	0.53755	0.48557	0.43883	0.39679	0.35894	0.32486	0.29416
22	0.52189	0.46915	0.42196	0.37970	0.34185	0.30793	0.27751
23	0.50669	0.4 329	0.40573	0.36335	0.32557	0.29187	0.26180
24	0.49193	0.4 796	0.39012	0.34770	0.31007	0.27666	0.24698
25	0.47761	0.42315	0.37512	0.33273	0.29530	0.26223	0.23300
26	0.46369	0.40884	0.36069	0.31840	0.28124	0.24856	0.2 981
27	0.45019	0.39501	0.34682	0.30469	0.26785	0.23560	0.20737
28	0.43708	0.38165	0.33348	0.29157	0.25509	0.22332	0.19563
29	0.42435	0.36875	0.32065	0.27941	0.24295	0.21168	0.18456
30	0.41199	0.35628	0.30832	0.26700	0.23138	0.20064	0.17411
31	0.39999	0.34423	0.29646	0.25550	0.22036	0.19018	0.16425
32	0.38834	0.33259	0.28 06	0.24450	0.20987	0.18027	0.15496
33	0.37703	0.32134	0.27409	0.23397	0.19987	0.17087	0.14619
34	0.36604	0.31048	0.26355	0.22390	0.19035	0.16196	0.13791
35	0.35538	0.29998	0.25342	0.21425	0.18129	0.15352	0.13011
36	0.34503	0.28983	0.24367	0.20503	0.17266	0.14552	0.12274
37	0.33498	0.28003	0.23430	0.19620	0.16444	0.13793	0.11579
38	0.32523	0.27056	0.22529	0.18775	0.15661	0.13074	0.10924
39	0.31575	0.26141	0.21662	0.17967	0.14915	0.12392	0.10306
40	0.30656	0.25257	0.20829	0.17193	0.14205	0.11746	0.09722
41	0.29763	0.24403	0.20028	0.16453	0.13528	0.11134	0.09172
42	0.28896	0.23578	0.19257	0.15744	0.12884	0.10554	0.08653
43	0.28054	0.22781	0.18517	0.15066	0.12270	0.10003	0.08163
44	0.27237	0.22010	0.17805	0.14417	0.11686	0.09482	0.07701
45	0.26444	0.21266	0.17120	0.13796	0.11130	0.08988	0.07265
46	0.25674	0.20547	0.16461	0.13202	0.10600	0.08519	0.06854
47	0.24926	0.19852	0.15828	0.12634	0.10095	0.08075	0.06466
48	0.24200	0.19181	0.15219	0.12090	0.09614	0.07654	0.06100
49	0.23495	0.18532	0.14634	0.11569	0.09156	0.07255	0.05755
50	0.22811	0.17905	0.14071	0.11071	0.08720	0.06877	0.05429

LOI

de la mortalité en France, d'après Deparcieux.

N° 3.

Ages	Vivants à chaque âge	Durée de la vie moyenne		Durée de la vie probable		Ages	Vivants à chaque âge	Durée de la vie moyenne		Durée de la vie probable		Ages	Vivants à chaque âge	Durée de la vie moyenne		Durée de la vie probable	
		ans.	m.	ans.	m.			ans.	m.	ans.	m.			ans.	m.	ans.	m.
0	1286	39	8	42	0	**32**	718	32	9	35	3	**64**	409	11	10	11	4
1	1071	46	4	53	2	**33**	710	32	2	34	6	**65**	395	11	3	10	8
2	1006	48	4	54	11	**34**	702	31	6	33	9	**66**	380	10	8	10	1
3	970	49	1	55	4	**35**	694	30	11	33	0	**67**	364	10	2	9	6
4	947	49	4	55	2	**36**	686	30	3	32	3	**68**	347	9	7	9	0
5	930	49	2	54	10	**37**	678	29	7	31	5	**69**	329	9	1	8	5
6	917	48	10	54	4	**38**	671	28	11	30	8	**70**	310	8	8	7	11
7	906	48	5	53	9	**39**	664	28	2	29	10	**71**	291	8	2	7	6
8	896	48	0	53	2	**40**	657	27	6	29	0	**72**	271	7	9	7	0
9	887	47	5	52	6	**41**	650	26	9	28	3	**73**	251	7	4	6	7
10	879	46	11	51	10	**42**	643	26	1	27	5	**74**	231	6	11	6	2
11	872	46	3	51	1	**43**	636	25	4	26	7	**75**	211	6	6	5	9
12	866	45	7	50	3	**44**	629	24	7	25	9	**76**	192	6	1	5	4
13	860	44	11	49	6	**45**	622	23	11	24	11	**77**	173	5	9	4	11
14	854	44	2	48	9	**46**	615	23	2	24	2	**78**	154	5	4	4	7
15	848	43	6	47	11	**47**	607	22	5	23	4	**79**	136	5	0	4	3
16	842	42	10	47	2	**48**	599	21	9	22	7	**80**	118	4	8	4	0
17	835	42	2	46	5	**49**	590	21	1	21	9	**81**	101	4	5	3	9
18	828	41	6	45	8	**50**	581	20	5	21	0	**82**	85	4	1	3	7
19	821	40	10	44	11	**51**	571	19	9	20	3	**83**	71	3	10	3	3
20	814	40	3	44	2	**52**	560	19	1	19	7	**84**	59	3	6	2	11
21	806	39	7	43	5	**53**	549	18	6	18	10	**85**	48	3	2	2	9
22	798	39	0	42	9	**54**	538	17	10	18	1	**86**	38	2	11	2	6
23	790	38	5	42	0	**55**	526	17	3	17	5	**87**	29	2	8	2	4
24	782	37	9	41	3	**56**	514	16	8	16	8	**88**	22	2	4	2	0
25	774	37	2	40	6	**57**	502	16	0	16	0	**89**	16	2	1	1	9
26	766	36	7	39	10	**58**	489	15	5	15	4	**90**	11	1	9	1	6
27	758	35	11	39	1	**59**	476	14	10	14	8	**91**	7	1	6	1	3
28	750	35	4	38	4	**60**	463	14	3	14	0	**92**	4	1	3	1	0
29	742	34	8	37	7	**61**	450	13	8	13	4	**93**	2	1	0	1	0
30	734	34	1	36	10	**62**	437	13	0	12	7	**94**	1	0	6	0	6
31	726	33	5	36	1	**63**	423	12	5	12	0	**95**	0				

NOTA. L'usage de cette table est des plus commodes. Veut-on connaître la durée de la vie probable d'une personne ? On n'a qu'à ajouter à son âge actuel la durée de la vie probable indiquée en regard de cet âge dans la 4e colonne. On trouve ainsi qu'un individu âgé de 25 ans peut espérer de vivre 25 ans + 40 ans 6 mois = 65 ans 6 mois. Veut-on, au contraire, savoir, sur un nombre déterminé de personnes de même âge, de 20 ans, par exemple, combien d'entre elles vivront à 50 ans? On n'a qu'à prendre, dans la colonne des vivants, le nombre inscrit en regard de l'âge donné. On trouve ainsi que, sur 814 individus âgés de 20 ans, 581 seulement atteindront l'âge de 50 ans.

LOI

de la mortalité en France, d'après Duvillard.

N° 4.

Ages	Vivants	Ages	Vivants	Ages	Vivants	Ages	Vivants	Ages	Vivants
0	1000000	**23**	484083	**46**	326843	**69**	127347	**92**	2466
1	767525	**24**	477777	**47**	319539	**70**	117656	**93**	1938
2	671834	**25**	471366	**48**	312148	**71**	108070	**94**	1499
3	624668	**26**	464863	**49**	304662	**72**	98637	**95**	1140
4	598713	**27**	458282	**50**	297070	**73**	89404	**96**	850
5	583151	**28**	451635	**51**	289361	**74**	80423	**97**	621
6	573025	**29**	444932	**52**	281527	**75**	71745	**98**	442
7	565838	**30**	438183	**53**	273560	**76**	63424	**99**	307
8	560245	**31**	431398	**54**	265450	**77**	55511	**100**	207
9	555486	**32**	424583	**55**	257193	**78**	48057	**101**	135
10	551122	**33**	417744	**56**	248782	**79**	41107	**102**	84
11	546888	**34**	410886	**57**	240214	**80**	34705	**103**	51
12	542630	**35**	404012	**58**	231488	**81**	28886	**104**	29
13	538255	**36**	397123	**59**	222605	**82**	23680	**105**	16
14	533711	**37**	390219	**60**	213567	**83**	19106	**106**	8
15	528969	**38**	383300	**61**	204380	**84**	15175	**107**	4
16	524020	**39**	376363	**62**	195054	**85**	11886	**108**	2
17	518863	**40**	369404	**63**	185600	**86**	9224	**109**	1
18	513502	**41**	362419	**64**	176035	**87**	7165	**110**	0
19	507949	**42**	355400	**65**	166377	**88**	5670		
20	502216	**43**	348342	**66**	156651	**89**	4686		
21	496317	**44**	341235	**67**	146882	**90**	3830		
22	490267	**45**	334072	**68**	137102	**91**	3093		

Nota. Cette table permet de déterminer la *vie probable* d'un individu à un âge donné. A 60 ans, par exemple, la table porte 213567 vivants sur un million de naissances. Or, les chances de vivre et de mourir seront égales lorsqu'il n'existera plus que la moitié de 213567, c'est-à-dire $\frac{213567}{2}$ ou 106783 de ces individus. Consultant la table, on trouve près de 71 ans; ce qui donne 71-60 ou 11 ans pour l'existence probable d'un individu de 60 ans.

TABLEAU

Indiquant les annuités à payer au Crédit foncier pour prêts sur propriétés bâties et sur toutes propriétés urbaines.

(Tarif de 1872.)

N° 5.

DURÉE des PRÊTS.	ANNUITÉS COMPRENANT L'INTÉRÊT A 5 P. %, L'AMORTISSEMENT ET LES FRAIS D'ADMINISTRATION Pr 100 FR.
60 ans. . .	Annuité de. 5f872359
55 ans. . .	— de. 5, 954042
50 ans. . .	— de. 6, 060000
45 ans. . .	— de. 6, 207618
40 ans. .	— de. 6, 405210
35 ans. . .	— de. 6, 679424
30 ans. . .	— de. 7, 070680
25 ans. . .	— de. 7, 651612
20 ans. . .	— de. 8, 567248
15 ans. . .	— de. 10, 155528
10 ans. . .	— de. 13, 429426

TABLEAU

Indiquant les annuités à payer au Crédit foncier pour prêts sur propriétés rurales.

N° 6. (Tarif de 1872.)

DURÉE des PRÊTS.	ANNUITÉS COMPRENANT L'INTÉRÊT A 5 P. %, L'AMORTISSEMENT ET LES FRAIS D'ADMINISTRATION Pr 100 FR.
60 ans. .	20 annuités de. 5f,822359
	20 — de. . . . . . . 5 ,772359
	20 — de. . . . . . . 5 ,722359
55 ans. .	18 — de. . . . . . . 5 ,904043
	18 — de. . . . . . . 5 ,854043
	19 — de. . . . . . . 5 ,804043
50 ans. .	16 — de. . . . . . . 6 ,012376
	16 — de. . . . . . . 5 ,962376
	18 — de. . . . . . . 5 ,912376
45 ans. .	15 — de. . . . . . . 6 ,157618
	15 — de. . . . . . . 6 ,107618
	15 — de. . . . . . . 6 ,057618
40 ans. .	13 — de. . . . . . . 6 ,355210
	13 — de. . . . . . . 6 ,305210
	14 — de. . . . . . . 6 ,255210
35 ans. .	11 — de. . . . . . . 6 ,629424
	11 — de. . . . . . . 6 ,579424
	13 — de. . . . . . . 6 ,529424
30 ans. .	10 — de. . . . . . . 7 ,020680
	10 — de. . . . . . . 6 ,970680
	10 — de. . . . . . . 6 ,920680
25 ans. .	8 — de. . . . . . . 7 ,601612
	8 — de. . . . . . . 7 ,551612
	9 — de. . . . . . . 7 ,501612
20 ans. .	6 — de. . . . . . . 8 ,517248
	6 — de. . . . . . . 8 ,467248
	8 — de. . . . . . . 8 ,417248
15 ans. .	5 — de. . . . . . . 10 ,105528
	5 — de. . . . . . . 10 ,055528
	5 — de. . . . . . . 10 ,005528
10 ans. .	3 — de. . . . . . . 13 ,379426
	3 — de. . . . . . . 13 ,329426
	4 — de. . . . . . . 13 ,279426

TABLEAU DES MONNAIES ALLEMANDES.[1]

No 7.

	NOM DES PIÈCES.	POIDS des pièces en gramme.	TITRE des Pièces.	VALEUR en franc des Pièces.
	Pièces communes à TOUS les États allemands. (Traité du 24 janvier 1857.)			
OR	Couronne	11 111	0 900	34 40
	$^1/_2$ couronne	5 555	0 900	17,20
ARGENT	Thaler	18 51	0 900	3.70
	Double thaler	37.02	0,900	7.40
	PRUSSE proprement dite. (L'unité monétaire est le **THALER**.)			
OR	Frédéric	6,682	0.903	20,79
	Double Frédéric	13.364	0.903	41.58
	$^1/_2$ Frédéric	3.341	0 903	10 39
ARGENT	Thaler ancien *(risdale)*	22 272	0 750	3,72
	3 einen thaler ($^1/_3$ de thaler)	8.30	0.5 0	1,23
	6 einen thaler ($^1/_6$ de thaler)	5.35	0 520	0,61
	12 einen thaler ($^1/_{12}$ de thaler)	3,20	0,520	0 30
BILLON	Groschen ou silbergroschen (30e de thaler)	2.[illegible]0	»	0,125
	$^1/_2$ groschen (60e de thaler)	1.10	»	0,06
BRONZE	90 einen thaler (4 pfennings)	6.10	»	0 043
	120 einen thaler (3 pfennings)	4.70	»	0,03
	180 einen thaler (2 pfennings)	3.00	»	0,02
	360 einen thaler (1 pfenning)	1.50	»	0,01
	BAVIÈRE. (L'unité monétaire est le **FLORIN**.)			
OR	Ducat	3 49	0 986	11.85
	Carolin (triple florin)	5 01	0 986	17 00
	Maximilien (double florin d'or)	7.56	0 986	25 66
ARGENT	2 gulden (double florin)	21,40	0 900	4 21
	Gulden (florin)	10,70	0.9 0	2,11
	$^1/_2$ gulden	5 35	0.900	1.05
BILLON	6 kreutzers	2.55	0,333	0.18
	3 kreutzers	3.00	»	0 09
	1 kreutzer	1,00	»	0.03
BRONZE	$^1/_2$ kreutzer	2.00	»	0 016
	SAXE. (L'unité monétaire est le **THALER**.)			
OR	Auguste ([illegible] thalers)	6.69	0 900	20.75
	Double Auguste (10 thalers)	13.38	0 900	41.50
ARGENT	Risdale (écu de convention)	28.48	0 833	5.[illegible]0
	$^1/_2$ risdale (florin)	14.24	0 833	2.60
	$^1/_4$ risdale ($^1/_2$ florin)	7 12	0,833	1.30
BILLON	24 einen thaler (24e de thaler)	2.00	»	0 15
	48 einen thaler (48e de thaler)	1 00	»	0,075
	20 pfennings	3 [illegible]0	»	0.[illegible]
	10 pfennings	2.00	»	0 10
BRONZE	5 pfennings	7,30	»	0,05
	GRAND DUCHÉ DE BADE. (L'unité monétaire est le **GULDEN**.)			
OR	10 florins	6 88	0.902	[illegible]1.37
	5 florins	3,44	0,902	10 68

NOTA. 1° Les valeurs indiquées dans ce tableau ne sont pas toujours rigoureusement *justes*. Les erreurs qui existent, erreurs d'ailleurs très-*petites*, viennent de l'impossibilité où l'on est de convertir *exactement* en valeurs françaises les monnaies allemandes

2° Les États allemands non désignés ici se servent des mêmes monnaies que ceux dont il est parlé.

1. Nous engageons les Élèves à apprendre ce tableau.

TABLE DES MATIÈRES.

TABLE DES MATIÈRES.

Abbeville. — Imp. Briez, C. Paillart et Retaux.

CIEL

HINE

E

ON

E-ÉDITEUR

Colonies

ELLECHASSE

www.ingramcontent.com/pod-product-compliance
Lightning Source LLC
LaVergne TN
LVHW020552230826
846091LV00002B/459

* 9 7 8 2 0 1 3 0 9 6 6 3 8 *